数学文化

周 玮/编著

S H U X
W E N H

U0351991

北京师范大学出版集团
BEIJING NORMAL UNIVERSITY PUBLISHING GROUP
北京师范大学出版社

图书在版编目(CIP)数据

数学文化 / 周玮编著. —北京：北京师范大学出版社，
2023.5(2024.1重印)

ISBN 978-7-303-29016-1

Ⅰ．①数… Ⅱ．①周… Ⅲ．①数学—文化 Ⅳ．①O1-05

中国国家版本馆 CIP 数据核字(2023)第 061892 号

图书意见反馈：gaozhifk@bnupg.com 010-58805079
营销中心电话：010-58802755 58800035

出版发行：北京师范大学出版社 www.bnupg.com
　　　　　北京市西城区新街口外大街 12-3 号
　　　　　邮政编码：100088
印　　刷：三河兴达印务有限公司
经　　销：全国新华书店
开　　本：787 mm×1092 mm 1/16
印　　张：17.5
字　　数：380 千字
版　　次：2023 年 5 月第 1 版
印　　次：2024 年 1 月第 2 次印刷
定　　价：49.90 元

策划编辑：周光明　　　　　责任编辑：周光明
美术编辑：焦　丽　　　　　装帧设计：焦　丽
责任校对：陈　民　　　　　责任印制：马　洁　赵　龙

·· 前 言

　　数学是什么？可能每个人的认识都有所不同。科学家们认为大自然这部伟大的书是用数学语言书写的，数学不仅是一种缜密的思想方法，一种新技术手段，更是一门有着丰富内容和不断向前发展的知识体系。数学拥有多个分支，是一门艺术，也是一种文化，它丰富和推动着世界文化的发展。但是这一点还没被人们普遍承认和认识，由于它枯燥的语言、晦涩的定义、冷峻的公式和看上去怪里怪气的符号，数学就像一堵高墙，把它和周围世界隔绝了。本课程就是要打破这堵高墙，从文化的角度引领学生欣赏数学，了解数学的真谛。

　　那么，何谓数学文化？其实数学文化就在我们身边，大家熟悉的绘画和建筑中的黄金分割，别具韵味的数字诗，还有陈景润摘取数学王冠上的明珠等，这些内容都属于数学文化。数学文化是传播人类思想的一种基本形式，是自然与人类社会相互联系的一种工具，数学的思想、数学的精神和方法、数学的观点以及它们的形成和发展、数学家的故事、数学史、数学美、数学发展中的人文成分等都属于数学文化的研究范畴。

　　本书主要从欣赏的视角展示数学文化，这和懂不懂数学或懂得多少数学都没有关系。数学家哈代说："现在也许难以找到一个受过教育的人，对数学美的魅力全然无动于衷，实际上没有什么比数学更为普及的科学了，大多数人能欣赏一点数学，正如同多数人能欣赏一支令人愉快的曲调一样。"对于不太懂数学的人，如果通过本书能感受到数学计算之巧妙，形式结构之精巧，论证推理之充分，数学发明之伟大，从而对数学产生一种崇敬之情，喜爱之心，那将是令人欣慰的。对于数学爱好者，如果能在欣赏数学、玩味数学的同时，对数学继续探幽发微，展开无穷无尽的想象空间，探求未知世界的难题，寻找迄今未知的规律，那更是令人期待的。

　　数学文化内容繁多。本书选材不是以数学的知识系统为线索，而是以浅显的知识为载体，结合高职高专数学的教学内容，讲授数学的精神和思想方法。本书不过深地涉及数学理论，只是简单地介绍数学的思想方法，主要突出趣味性，让读者感觉到数学好玩，以一种欣赏的心态学习，在轻松愉快的氛围下赏析数学。本书的编写历经五年，在教学过程中反复尝试，经过不断地探索，逐渐形成了以数学之美、数字之趣、数学奇观、奇妙数学史、数学传奇人物为主的教学内容体系。济南工程职业技术学院的数学文化课，是面向全院所有专业的公共选修课，共30课时。教师在教学实践过程中，可以根据具体情况进行必要的删减和增补。

数学文化课与一般数学课的区别，主要在于数学文化讲指导思想，一般的数学课讲具体知识和算法，因此在教学方式上应有所不同，尽量采用启发式、讨论式教学，强调师生互动，让学生体会数学中蕴含的精神和思想。本课程的考核建议以撰写读书报告、课堂演讲和学习总结的形式进行。撰写读书报告可以使学生深刻地认识数学的某一方面；以小组的形式进行课堂演讲，可以在课堂上交流学习成果；期末考试以总结的形式撰写学习收获和体会，可以反思学习内容，增加学习收获。

本书教学资源丰富，读者可以通过扫描书中的二维码观看微课视频，获取教学课件，也可以作为一本有趣的课外读物，随手翻阅，也会乐趣多多。

本书参考了国内外大量书籍，参考了顾沛、张顺燕、李毓佩、张景中等先生的著作，在此向他们表示衷心感谢。作者深感教好数学文化这门课非常不易，深耕数年，将多年的教学积累奉献给广大高职教师，希望能将数学文化广泛传播。由于作者水平有限，不当之处，恳请读者批评指正！

周　玮

目

录

第一章

数学文化概述

第一节
数学与文化

数学与文化视频　　数学与文化 PPT

数学是打开科学大门的钥匙。

———— 罗杰 · 培根

我搞了多年的数学教育，发现学生们在初中、高中接受的数学知识，因毕业进入社会后几乎没有什么机会应用，通常是出校门不到一两年就很快忘掉了。然而，不管他们从事什么业务工作，唯有深深铭刻于头脑中的数学精神、数学的思维方法、研究方法和着眼点等，都随时随地发生作用，使他们受益终身。

———— 米山国藏

數学的发展，特别是数学应用领域的不断拓展，使人们越来越认识到数学与人类文化休戚相关。纵观人类科学与文明发展的历史，我们可以发现，数学文化一直是人类文明发展的主要文化力量，同时人类文明的发展又极大地促进了数学的进步。

那么，为什么数学是一种文化？什么是数学文化呢？要回答这类问题，我们先来了解一下数学是什么，文化是什么。

一、数学的定义

数学人人都学过，似乎谁都知道数学是什么，但要把数学说清楚、说透彻却不是一件容易的事。关于数学的定义，那就更是仁者见仁、智者见智了。我国长期沿用的是 19 世纪时恩格斯给出的定义，恩格斯说，"数学是研究现实世界中的数量关系与空间形式的一门科学"。数与形是数学的两大基本柱石，整个数学都是由此提炼、演变与发展起来的。

古今中外，数学家对数学的说法有很多，南京大学方延明教授在《数学文化导论》①一书中搜集了数学的 15 种定义，并总结了 15 种有关数学的说法。

1. 万物皆数说

"万物皆数说"是古希腊著名数学家和哲学家毕达哥拉斯提出的，他认为，一是最神圣的数字，一生二，二生诸数，数生点，点生线，线生面，面生体，体生万物。他认为数的规律是世界的根本规律，一切都可以归结为整数与整数比。当然这种"万物皆整数"的说法是不恰当的，但是毕达哥拉斯最早指出事物间数量关系所起的重要作用，这在人类认识史上是一个进步。

2. 哲学说

"哲学说"来自希腊，代表人物有亚里士多德、欧几里得等人。亚里士多德曾说，新的思想家把数学和哲学看作相同的，即数学是一种哲学。确实，古希腊的许多数学家同时也是哲学家。牛顿在《自然哲学之数学原理》的序言中也说，他是把这本书"作为哲学的数学原理著作""在哲学范围内尽量把数学问题呈现出来"，这也可以看作数学的"哲学说"。

3. 科学说

数学是精密的科学。数学与自然科学的关系是众所周知的，最早是力学，接着是物理学、天文学，而后是化学、生物学等。在 20 世纪数学与自然科学越来越紧密地互相结合，越来越深刻地互相影响着和互相渗透着，产生了许多交叉学科，形成了一个庞大的数理科学系统。同时，数学与社会科学的联系也日益加深。因此，数学被誉为科学的皇后。

4. 逻辑说

数学推理依靠逻辑，数学赋予知识以逻辑的严密性和结论的可靠性。

5. 工具说

数学是思维的工具。数学的抽象性帮助我们抓住事物的共性和本质，如把实际问题化为数学问题的过程，就是一个科学抽象的过程。

---

① 方延明.数学文化导论[M].南京:南京大学出版社,1999.

6. 符号说

数学是一种高级语言，是符号的世界。符号有助于揭示数学结构的本质，英国哲学家怀特海对此作了精辟的分析，他说，一套好的表示系统可以使我们把注意力集中在问题的实质与关键，这样自然也就增加了我们思维的力量。

7. 创新说

数学是一种创新，如发现无理数、提出微积分、创立非欧几何等。数学作为一个创造性的学科，按三个基本步骤运行：（1）体验一个问题，并从中发现一个模式；（2）定义一个符号系统来表达这一模式；（3）把这个符号系统组织为一个系统的语言。

8. 直觉说

数学的基础是人的直觉，数学主要是由那些直觉能力强的人们推进的。数学家冯·诺依曼说："尽管数学的系谱是悠久而又朦胧的，但是数学思想是起源于经验的，这些思想一旦产生，这个学科就以特有的方式生存下去。"

9. 集合说

数学各个分支的内容都可以用集合论的语言表述。

10. 关系说

数学是一种关系学。这种说法强调数学语言、符号的结构及联系。

11. 模型说

数学是研究各种形式的模型。微积分是研究物体运动的模型，概率论是研究偶然与必然的模型，欧氏几何是研究现实空间的模型，非欧几何是研究非欧空间的模型。

12. 活动说

数学是人类最重要的活动之一。数学思想方法是解决数学问题的隐性的抽象的观念，是一种心智活动方式。

13. 精神说

数学不仅是一种技巧，更是一种精神，特别是理性的精神。

14. 审美说

数学家无论是选择题材还是判断能否成功的标准，主要是美学的原则。

15. 艺术说

数学是一门艺术，美国数学家哈尔莫斯说："数学是创造性的艺术，因为数学创造了美好的新概念，数学家们像艺术家们一样地生活，一样地工作，一样地思考。"

这些说法从不同侧面说明了数学是什么，方延明教授本人关于数学的定义是：数学是研究现实世界中数与形之间各种形式模型的结构的一门科学。数学家徐利治关于数学的定义是：数学是实在世界的最一般的量与空间形式的科学，同时又作为实在世界中最具有特殊性、实践性及多样性的量与空间形式的科学。这些表述与恩格斯的表述在本质上是一致的。因此，现在我国多数数学家对数学"定义"的认识，还是回到恩格斯的表述：数学是研究现实世界中数量关系和空间形式的一门科学。

二、文化与数学文化

1. 文化的含义

一般来说，文化有广义和狭义之分，狭义的说法有很多，其中一种说法是"文化就是知识"。说一个人有文化，就是说他有知识。再如，我们常说的"学习文化"，实际上就是学习我们祖先创造的精神财富。狭义的文化就是指社会意识形态或观念，是人类的创造物，是人类的精神产品。

广义的文化是一个与自然相对的概念，是人类社会历史实践过程中所创造的物质财富和精神财富总和的积淀，即一切非自然的、由人类所创造的事物或对象都应看成文化。文学、艺术、教育、科学都是文化，可见数学确为人类文化的重要组成部分。其实，从日常的语言文字中，也可以看到数学文化的直观表现，如很多成语之所以含义深刻，就得益于数学。人们常说的"不管三七二十一"，$3 \times 7 = 21$ 是数学规律，不管三七二十一就是指干事不按规律办，有点冒险，很可能出错；再如"一不做二不休"，在数学中 2 是 1 的后继，某人干了一件坏事或者傻事，紧接着，又继续干另一件坏事，第二件事是第一件事的后继或者递推。像这样的语言还有很多，如"十拿九稳""略知一二""一百八十度大转弯""三分治七分养"等。

2. 数学文化的内涵

数学文化一词的内涵，简单地说就是指数学的思想、精神、方法、观点、语言以及它们的形成和发展。广泛地说，除上述内涵以外，还包含数学家、数学史、数学美、数学教育、数学发展中的人文成分、数学与社会的联系、数学与各种文化的关系等。

在中国较早使用"数学文化"这个词的是 1990 年邓本皋、孙小礼、张祖贵编写的《数学文化》及齐民友写的《数学文化》。近几年这个词的使用频率大大增加，说明它是有生命力的，说明许多人更愿意从文化这一角度来关注数学，更愿意强调数学的文化价值。

数学科学在本质上有不同于物理科学、化学科学和其他自然科学的地方。数学科学的研究对象并不是某种具体的物质和具体的运动状态，而是从众多的运动形态中抽象出来的事物，是人脑的产物，数学具有超越具体科学的和普遍适用的特征，具有公共基础的地位。

三、学习数学文化，提高数学素养

1. 数学素养的内涵

一个人的学历教育，从小学到大学一般要学十几年的数学，但是许多人并未因为学的时间长而掌握数学的精髓。许多学生对数学的思想、精神了解得非常肤浅，甚至越来越厌烦数学，认为学数学就是为了"会做题应付考试"，不知道数学方法的理性思维的重大价值，不了解数学在生产生活实践中的重要作用。数学文化课的宗旨就是要让学生重新认识数学，了解数学的历史，拓宽对数学的认识，引起对数学的兴趣，感悟数学的思想，学会以数学方式理性思维，提高数学素养。

大学生毕业后进入社会，如果不是在与数学相关的领域工作，他们学过的具体的数学定理、公式和解题方法可能大多用不上，以至于很快就忘记了。但是不管他们从事什么工作，在数学学习中获得的数学素养、数学的思维方法和看问题的着眼点，都会随时随地发生作用，使他们受益终身。因此有人说数学素养就是"把所学的数学知识都排除或忘掉后剩下的东西"。一个人的数学素养不仅要看他掌握了多少数学知识，更重要的是看他的数学思维能力和解决问题的能力，看他是否能真正领会数学的思想、数学的精神，是否将这些思想融会到他的日常生活和言行中。比如，从数学角度看问题的出发点；有条理地理性思维，严密地思考、求证，简洁、清晰、准确地表达；在解决问题或总结工作时,有严密的逻辑意识和推理能力;对所从事的工作能合理地量化和简化,做到运筹帷幄。

在教高司[2004]43号文件批准立项的58项研究课题之一的《数学学科专业发展战略研究报告》中,数学素养主要包含以下五个方面:第一,主动探寻并善于抓住数学问题的背景和本质的素养;第二,熟练地用准确、简明、规范的数学语言表达自己数学思想的素养;第三,具有良好的科学态度和创新精神,合理地提出新思想、新概念、新方法的素养;第四,对各种问题以"数学方式"的理性思维,从多角度探寻解决问题的方法的素养;第五,善于对现实世界中的现象和过程进行合理地简化和量化,建立数学模型的素养。

2. 数学素养在工作中的体现

我们学的数学知识将来在工作中可能用不到,但是数学素养的确可以帮助我们更好地工作。有这样一个例子,一位中学毕业生在上海和平饭店做电工,有一次十楼的一台空调出了问题,连接这台空调的电线有三根,从空调机的效果,他们断定有一根电线出了问题。现在需要测知电阻,可是电线是从地下室拉上来的,电线的一头在地下室,一头在十楼,无法用电阻表直接测量,那如何来测电阻呢?在别人因为距离长而感到困难的时候,这位电工想到对地下室到十楼的三根电线统一处理,在十楼处将电线两两相接,在地下室分三次测量,然后用解三元一次方程组的办法计算出了需要的结果(图1.1.1)。

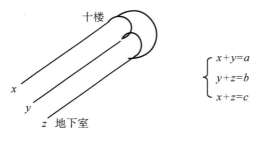

图 1.1.1

这位电工解决问题的方法,并不是因为他曾做过这种数学题,而是得益于他的数学素养,会利用数学方法解决问题,后来又有几次类似的情况。他也因此很快受到了领导的赏识和重视。

3. 数学素养测试

现在很多单位招考员工时，非常看重一个人的数学素养，会测试一下数学素养的高低，当然考试试题不是计算一个数学题，而是考查逻辑推理和分析能力。

案例 1 混装问题

某企业招考员工时出过这样一个题：有三个筐，一个筐装着橘子，一个筐装着苹果，一个筐混装着橘子和苹果，装完后就封好了。然后做了"橘子""苹果""混装"三个标签，分别往上述三个筐上贴，由于员工马虎，结果全都贴错了。请你想一个办法，只许从某一个筐中拿出一个水果查看，就能够纠正所有的标签。

分析：从贴有"混装"标签的筐里拿出一个水果，如果是苹果，则该筐里全是苹果，贴有苹果标签的就是橘子，贴有橘子标签的就是混装。如果是橘子，则该筐里全是橘子，贴有苹果标签的就是混装，贴有橘子标签的就是苹果。

案例 2 微软公司招考员工的一道面试题

有一辆火车以 15 km/h 的速度离开洛杉矶直奔纽约，另一辆火车以 20 km/h 的速度从纽约开往洛杉矶。如果有一只鸟，以 30 km/h 的速度和两辆火车同时启动，从洛杉矶出发，碰到另一辆车后返回，依次在两辆火车之间来回地飞行，直到两辆火车相遇，请问，这只小鸟飞行了多长距离？

分析：问题的不变量是小鸟的飞行速度，要计算小鸟飞行的距离，只要知道小鸟的飞行时间即可。小鸟与火车同时启动，直到两辆火车相遇，因此小鸟的飞行时间就是两辆火车相遇的时间。

假设洛杉矶和纽约之间的距离为 s km，两辆火车相遇的时间为

$$t = \frac{s}{15+20} = \frac{s}{35} \ (\text{h})$$

因此小鸟的飞行距离为

$$30 \times \frac{s}{35} = \frac{6}{7}s \ (\text{km})$$

案例 3 猜帽子的颜色

老师让六名学生围坐成一圈，让另一名学生坐在中央，并拿出七顶帽子，其中四顶白色，三顶黑色。然后让七名学生都戴上眼罩，并给每个学生戴一顶帽子（图 1.1.2）。只

解开坐在圈上的六名学生的眼罩。这时，由于坐在中央的学生的阻挡，每个人只能看到五个人的帽子。老师说："现在，你们七人猜一猜自己戴的帽子颜色。"大家静静地思索了好大一会儿。最后，坐在中央的被蒙住双眼的学生说："我猜到了"。问：中央的被蒙住双眼的学生戴的是什么颜色的帽子？他是怎样猜到的？

分析：坐在圈上的学生猜不出自己帽子的颜色是因为不确定。如果黑帽子在中间，一定有人能看到三顶黑帽子，从而猜出自己的帽子是白色的，因此排除。然后试着画出三顶黑帽子的排列方式，验证中间是白色的（图1.1.3、图1.1.4）。

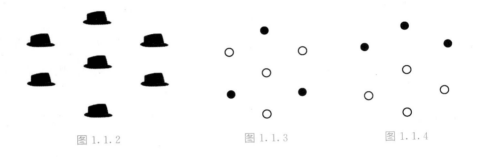

图1.1.2   图1.1.3   图1.1.4

通过这几个例子可以看出，数学素养是非常重要的。数学素养不是与生俱来的，要通过数学的学习有意识地养成。学习数学文化可以把多年来学习的数学知识上升到观点、精神、方法、思想的层次上，揭示数学知识背后的思想和方法，拓宽对数学的认识，不断提高自身的数学素养。

第二节
数学的魅力

数学的魅力视频　　数学的魅力 PPT

音乐能激发或抚慰人的感情，绘画能使人赏心悦目，诗歌能动人心弦，哲学能使人聪慧，科学可以改善生活，而数学能做到所有这一切。

—— 克莱因

大自然这本书是用数学语言写成的……天地、日月、星辰都是按照数学公式运行的。

—— 伽利略

数学的魅力，就如同音乐、绘画具有魅力一样。你可能喜欢音乐，因为它有优美和谐的旋律，你可能喜欢图画，因为它让你赏心悦目，那么你更应该喜欢数学，因为它像音乐一样和谐，像图画一样美丽，而且它在更深的层面上揭示自然界和人类社会内在的规律、内在的美，用简洁、漂亮的定理和公式描述世界的本质。数学是无声的音乐、无色的图画，数学有着无穷的魅力！

一、大自然的数学情趣

数学是一门科学，同时也是一种语言，是一种艺术，更是一种思维方法，自然界中的许许多多物种都以数学的方式表现出其特性，大自然这种看似偶然的现象，其实蕴藏着深刻的物竞天择的内在机理，体现了数学原理的强大威力。

1. 螺旋和等角螺线

螺旋是一种异常迷人的数学对象，触及着生活的方方面面。要了解螺旋，就要看它的结构。让一组全等的长方体形状的砖，依纵长的方向连接，形成一个细长的长方体砖柱。如果对一组有一个面倾斜的砖块施行同样的过程，结果砖柱就会弯曲绕成一个圆圈。但如果将每块长方体砖都在对角方向切一个面，那么砖柱将变化而成为一个三维螺旋（图1.2.1）。去氧核糖核酸（DNA）就是由这样的两条三维螺旋构成的（图1.2.2）。DNA 有两列磷酸盐糖分子，它将不对称的分子个体，像上面讲的修整过的长方体砖那样连接起来。

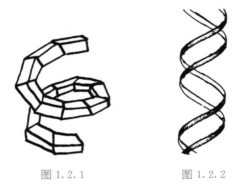

图1.2.1　　　　　　　图1.2.2

　　在自然界中可以看到许多螺旋的形式，如羚羊、公羊和其他有角哺乳动物的角，一些蜗牛和软体动物的壳，植物的茎（如豌豆梗等）、花、叶、果（松果）等结构。人的脐带也是一种三重的螺旋，它是由一根静脉管和两根动脉管盘绕着留下来的。

　　还有自然界中常常出现的飓风、漩涡、一只松鼠上下树的路线都是沿着螺旋曲线。要说最迷人的曲线，当属等角螺线了，像鹦鹉螺的壳（图1.2.3）、向日葵的种子盘、球蜘蛛的网都长成了等角螺线的形状。

 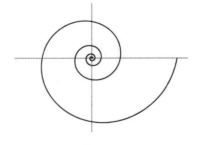

图1.2.3　　　　　　　图1.2.4

　　1638 年，笛卡儿（1596—1650）首先研究了等角螺线（图1.2.4），17 世纪后半叶，雅各布·伯努利发现了许多有关等角螺旋线的性质：

（1）螺线的切线与半径所成的角全等，因此，采用术语"等角"；

（2）等角螺线按几何比率增长，因此任意的半径被螺旋线所截的线段构成等比级数；

（3）当等角螺线旋转时，它的大小变了，但它的形状却保持不变。

雅各布·伯努利惊叹这种曲线的神奇，他在遗嘱中要求将一正一反的两条等角螺旋线刻在自己的墓碑上，并附以颂词"纵然变化，依然故我"。意思是"我虽然变了，但却和原来一样"，用以象征死后永生不朽。

正因为螺旋与 DNA 分子之间的关系，本质上是一种生物自身遗传基因控制，因此，在自然界中出现众多的螺旋现象，也就不足为奇了。而螺丝钉、弹簧乃至螺旋性楼梯的设计则完全是因为螺旋的经济、实用和迷人的美感。

2. 大海波浪与数学

大海波浪是海上的奇景，有时它性情温和，涌起朵朵浪花，轻轻触摸着海岸线，有时它气势磅礴，波涛汹涌，掀起滔天巨浪（图1.2.5）。海浪是如此的变幻莫测，人们不禁要问波浪是如何产生的，它又有怎样的性质和规律呢？

图 1.2.5

在自然界，海水受海风的作用和气压变化等影响，促使它离开原来的平衡位置而发生向上、向下、向前和向后的运动，就形成了大海的波浪。波浪是一种有规律的周期性的起伏运动。看着波浪起伏的浪花，人们不禁要想能否用正弦曲线来刻画大海的波浪呢？通过对大海的观察及实验室中的模拟控制实验，科学家们发现大海中的波浪并不是严格的正弦曲线或者其他单纯性的数学曲线。1802 年，捷克斯洛伐克的弗朗兹·格特纳提出了最初的波的理论。他在记录中指出，一个波浪中的水珠是在一个圆周上运动的。位于波峰上水珠的运动方向，与在波谷的水珠运动方向正好相反。在水面上，每一水珠都沿着圆形的轨道运动，然后返回原先的位置。后来，研究者们进一步发现，这个圆的直径等于波高。深度为波长的 $\frac{1}{9}$ 的水珠，其圆形轨道的直径大约是水面上水珠的圆形轨道的直径的一半。

大海波浪的形成受到水的深度、风的强度、潮汐的变化等因素的影响。科学家通过对大量小波浪的观测，从中收集了大量数据，在对这些数据进行深入分析的基础上，人们得到了大海波浪的许多有趣的数学性质。比如，波长与周期有关；波高不依赖于周期和波长；波峰的角超过 120°时，波便破损了；当波破损时，其大部分的能量将随之损耗。

研究大海波浪规律的目的是为了合理地利用大海波浪，目前应用最广泛的就是潮汐发电。潮汐发电是水力发电的一种，利用潮涨、潮落产生的能量，是一种无污染的能源。目前，世界上很多国家都在开发利用这种潮汐能。

3. 蜂房里的数学

蜂房是一座十分精密的建筑工程，是使世界上最优秀的建筑师都称赞不已的造型和建筑（图1.2.6）。生物进化论奠基者达尔文说："凡曾见过蜜蜂巢房的，除非是感觉迟钝的人，莫不惊叹其结构的精巧与实用。"蜜蜂建巢时，青壮年工蜂负责分泌片状新鲜蜂蜡，每片只有针头大小，而另一些工蜂则负责将这些蜂蜡仔细摆放到一定的位置，以形成竖直六面柱体。每一面蜂蜡隔墙厚度不到0.1毫米，误差只有0.002毫米。六面隔墙宽度完全相同，墙之间的角度正好120°，形成一个完美的几何图形。人们一直

图 1.2.6

存有疑问，蜜蜂为什么不让其巢室呈三角形、正方形或其他形状呢？隔墙为什么呈平面，而不是呈曲面呢？

4世纪古希腊数学家佩波斯提出，蜂窝的优美形状，是自然界最有效劳动的代表。他猜想，人们所见到的截面呈六边形的蜂窝，是蜜蜂采用最少量的蜂蜡建造的，他的这一猜想被称为"蜂窝猜想"，但这一猜想一直没有人能证明。

1712年，法国自然科学工作者马拉尔蒂发现，蜂房的外形乍看上去为正六棱柱，事

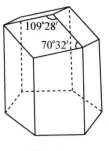

图 1.2.7

实上，其一端为开口的正六边形，另一端由三个全等的菱形彼此毗邻相接而成。经过测量发现，蜂房底部菱形的钝角都等于 109°28′，锐角都等于 70°32′（图 1.2.7）。他经过计算证明，这种构造能使蜂房在体积一定的情况下，表面积最小，从而使用的材料最少。

另外，用相同形状大小的正多边形铺地，恰好只有三种——正三角形、正四边形和正六边形，能够把地铺满。公元前 2 世纪古希腊数学家芝诺多罗斯已证明，周长相等的正多边形中，边数愈多的正多边形面积愈大。因此，蜜蜂分泌蜂蜡筑巢，从横截面看，用固定量的蜡（周长一定），要围成最大的面积，且占满整个平面，只能选择六边形。

1943 年，匈牙利数学家陶斯巧妙地证明，在所有首尾相连的正多边形中，正六边形的周长是最小的。但如果多边形的边是曲线时，会发生什么情况呢？陶斯认为，正六边形与其他任何形状的图形相比，它的周长最小，但他不能证明这一点。而美国密歇根大学数学家黑尔在考虑了周边是曲线时，无论是曲线向外凸，还是向内凹，都证明了由许多正六边形组成的图形周长最小。

经过 1600 年的努力，数学家终于证明蜜蜂是世界上工作效率最高的建筑者，它能用最少的原料建筑成尽可能大的巢穴。蜂房结构的工程设计应用广泛，特别是在航天工业中对减轻飞机重量、节约材料、减少应力集中、增加使用寿命、降低成本等方面都有重要意义。

二、生活中的数学原理

1. 地图着色中的四色问题

在我们的生活中，地图的重要性自然不用多说，可是在绘制地图时，要将相邻区域染上不同的颜色，你知道至少需要多少种颜色吗？

1852 年，刚从伦敦大学毕业的弗兰西斯·古色利（1831—1899）在对英国地图着色时发现了一个十分有趣的现象：无论地图多么复杂，区分各个国家只需要四种颜色就足够了。也就是说，只需要四种颜色就能使相邻的两个国家颜色不一样。于是，他把这个消息告诉了他的弟弟弗雷德里克，弗雷德里克的数学造诣颇深，但对这个问题却无从下手，只好求教于他的老师——杰出的英国数学家德·摩根（1806—1871）。德·摩根很容易地证明了三种颜色是不够的，至少需要四种颜色（图1.2.8），但德·摩根未能解决四色问题，就又把这个问题转给了其他数学家，其中包括著名数学家哈密顿（1805—1865），哈密顿在这个问题上苦苦思索了三年，直到他去世，依然没有任何结果。

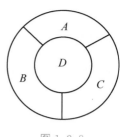

图 1.2.8

1878 年，英国数学家凯利（1821—1895）把这个问题归纳为"四色猜想"：画在纸上的每张地图，只需要用四种不同的颜色就可以使所有相邻的国家染有不同的颜色。第二年，他在英国皇家地理学会会刊的创刊号上，公开征求"四色猜想"的解答。就在这一年，一位叫肯泊（1849—1922）的律师兼数学家声称，他已经证明了"四色猜想"，并把他的证明发表在了《美国数学杂志》上，这使得一度引人注目的"四色猜想"渐渐被淡忘了。不料时隔 11 年后，也就是 1890 年，数学家希伍德发现了这个证明中的错误。尽管肯泊的证明有点毛病，但他还是为今后人们最终证明这个猜想提供了一些有益的帮助。一个看来简单，且容易说清楚的问题，证明起来居然如此困难，这引起了许多数学家的兴趣，体现了该问题的魅力。

一百多年来，许多数学家对四色问题进行了大量的研究，获得了一系列成果。1920 年富兰克林证明了，对于不超过 25 个国家的地图，四色猜想是正确的。1926 年雷诺兹将国家的数目提高到 27 个，1936 年富兰克林将国家的数目提高到 31 个，1968 年挪威数学家奥雷证明了不超过 40 个国家的地图，可以用四种颜色着色，但是他们都没有最终证明"四色猜想"。其主要原因是每当国家数目增加 1～2 个时，不同国家的边界关系就变得复杂得多，而证明的关键在于必须考虑到所有的类型而不能有任何遗漏。

1976 年，美国伊利诺伊大学的数学家哈肯和阿佩尔用非常复杂的方法，借助计算机的分析证明了这个猜想。他们的证明要写出来，就有好几百页。他们使用了三台超大型电子计算机，计算机耗费了 1200 多小时，做了 200 亿个逻辑判断，对 1966 个简化的类型做了全面的检验，最终证明了这个命题，从此这个延续了 124 年的"四色猜想"成了"四色定理"。

消息传来，整个数学界为之轰动。为了纪念这一历史性的时刻，在"四色定理"得证的那一天，伊利诺伊大学邮局在每封邮件上加盖了这样一枚邮戳："Four Colors Suffice"（四色足够）。此后，人们又使用计算机花了整整一个月的时间，对这个证明进行了审核。最后，这个证明发表在 1976 年 7 月 26 日出版的《美国数学学报公报》上。

由于这是第一次用计算机证明数学定理，所以哈肯和阿佩尔的工作不仅是解决了一个难题，而且从根本上拓展了人们对"证明"的理解。在"四色定理"的证明中，计算机发挥了至关重要的作用。当然，也许将来有一天会有个年轻人提出一个单纯依靠人脑的简单而又优美的证明，不过人们已经开始怀疑，在数学之中，也许包含这样一些超出人脑能力范围之外，而必须依靠计算机解决的问题，从这个角度来说，四色定理的成功证明，在数学上有着重要意义，它表明了人脑在某些方面有可能受到限制以及计算机可能对数学发展所起的作用。

2. 圆的魅力

圆是非常美丽的图形，圆又非常有用。圆的魅力，来自多个方面，人们历来推崇各种创造发明，车轮（图 1.2.9）可以说是古代最伟大的发明之一。车轮的外形就是圆，圆看起来非常简单，却有很多可以体味的地方。

图 1.2.9

圆，没有起点，也没有终点，浑身光滑，毫无瑕疵，这使得车轮能够不停地平稳转动。更重要的是圆上任一点到圆心的距离都是定长，这使得车轮滚动时，坐在车上的人不会有上下起伏的感觉。试想把车轮的形状从圆换成椭圆形，车轮仍会不停地转动，但即使在平地上，车里的人也会有颠簸的感觉，所以想到用圆作为车轮的形状，实在是了不起的发明。而在世界的不同地域，人们都各自独立地发明了车轮，就如同人们都各自独立地发明了陶器，各自独立地创造了数字一样，这表明它们是人类智慧进化发展到一定时期的必然产物。

类似地，世界上不同地域的古代人类也都各自独立地发现，无论是大圆还是小圆，圆的周长与直径之比，总是一个常数，叫圆周率 π，而求出圆周率的近似值，竟成为历史上数学家们投入最大精力去解决的难题。德国数学家鲁道夫几乎耗尽一生的时间计算出圆周率的 35 位精度值。圆周率精确度的高低也成为一个地域数学发展程度的标志。

关于圆周率的算法，大家比较熟悉的就是刘徽的割圆术，用圆内接正多边形的周长近似代替圆的周长，圆内接正多边形边数越多，就越接近于圆。刘徽从圆内接正六边形开始，用这种成倍增加正多边形的割圆术，一直算到圆内接正192边形，算出圆周率的近似值为3.14。祖冲之则把圆周率π计算到了小数点后七位（3.1415926），领先世界一千年！

三、科学技术中的数学威力

数学的魅力还在于它的应用性。美国自然科学基金会指出，当代自然科学的研究正在日益呈现出数学化的趋势，无论是计算机的发明，还是它的广泛使用，都是以数学为基础的。高科技往往在本质上就是一种数学技术，如医学上的CT技术、指纹识别、人脸识别技术、核试验的数学模拟、航天飞机的模拟设计等，数学常常是解决问题的关键。

1. 计算机虚拟核试验

在现实世界中，许多需要研究的对象，是不可能精确地用理论描述出来的，用实验的手段实现它们也是不可能的。比如，在核武器的研究过程中，要测量一次核试验中核武器内部的变化过程是十分困难的，因为核爆炸的过程与核反应的过程都要在高温、高压下进行，温度高达几千万摄氏度，压力高达几百万个大气压，更何况核爆炸的巨大能量，在很短的时间内释放出来，根本没有这样的仪器设备可以测量核武器的内部各种变化，而描述核反应的物理过程的数学模型是非常复杂的非线性偏微分方程组，根本无法得出精确的值，只能在计算机上进行物理过程的数值模拟。

现在可以通过计算机的虚拟实验来替代地下核试验，所以很少再进行实际的核试验。为了限制其他国家研究核武器，20世纪90年代以美国为首联合苏、法、英等国举行联合会议，要求各国签署禁止核武器实验协议。从1996年7月30日起，我国开始暂停核试验。但我们可以利用实验数据通过计算机的虚拟实验代替地下核试验，继续开发和利用核能。利用计算机技术和数学的科学计算方法在计算机上进行模拟实验，不仅可以减少核威胁和核污染，同时还能节约大量投资，缩短科研时间，提高科研水平。

2. "数值风洞"实验

风洞实验是航空工业设计中的一个主要手段，但风洞的建设费用很高，实验的花费也很大。据估计，近 80 多年来，每设计一架新型飞机，风洞实验次数要增加约 1000 倍，单位时间的实验费用也增加了 1000 倍，这大大增加了生产成本，也直接促成了计算气动力学的产生、发展和应用。计算气动力学指的是在计算机上求解气动力学方程和飞行器流场的数值模拟计算。气动方程是指欧拉方程式或纳维-斯托克方程，这是一组非常复杂的非线性偏微分方程。计算科学家们为此设计了许多能在计算机上应用并且有效的计算方法。因此，数值模拟计算也称为"数值风洞"实验。它的显著特点是周期短、费用低、容易改变参数、可进行重复计算。随着计算机和计算方法效率的提高，"数值风洞"实验的成本降低了 1000 多倍，在国外"数值风洞"已使新型号飞机设计过程中的风洞实验减少了 $\frac{1}{3}$ 以上。

1994 年，美国波音飞机制造公司的波音 777 双引擎中型喷气式客机，采用新技术，不用一张图纸，不做一个模型，在世界航空工业史上，首次采用计算机数字设计和模拟组装。这种被称为"100％数字化设计的飞机"，由于在设计和实验过程中，全面采用了数字技术，高性能新机种的研究周期从十年缩短到三年多，可见数学在科技中的威力。

科学技术的飞速发展，使得数字化技术在工业、农业、军事、航空、建筑、医疗等各行各业逐步普及，我们的生活也在不断向数字化迈进，数学在科技中的主导作用正在发挥着神奇的力量！

●● 第三节
● 数学与其他领域的联系

数学与其他领域
的联系视频

数学与其他领域
的联系 PPT

数学既不严峻，也不遥远，它既和几乎所有的人类活动有关，又对每一个真正感兴趣的人有益。

——R. C. Buck

一切科学只有在成功地运用数学时，才算达到完善的地步。

——马克思

数学虽然是基础科学，但对应用科学的研究有重大作用。

——陈省身

从学科研究对象的角度来看，数学不同于物理、化学、生物等学科，这些学科都是把具体的物质和具体的物质运动形态作为自己的研究对象，而数学的研究对象是从众多的物质和物质运动形态中抽象出来的事物，是人脑的产物。例如，人类从 5 个苹果、5 条鱼、5 个人等抽象出 5 的概念，当人们看到符号 5，便想到它所代表的那个数，而不是其他什么东西；再如，数学家从人类生存的现实空间抽象出三维空间，又进一步抽象出 n 维线性空间，以至于无穷维线性空间，以及其他更加抽象的空间。数学的抽象舍弃了事物的其他一切方面，只保留事物的数量关系和空间形式。

数学的高度抽象性带来了应用的极其广泛性，事物越抽象，其外延就越广泛。正如我国著名数学家华罗庚所说：宇宙之大，粒子之微，火箭之速，化工之巧，地球之变，生物之谜，日用之繁，数学无处不在，凡是与"量"和"形"有关的地方就少不了数学。数学之用，贯穿到一切科学的深处，缺少了它就不能准确刻画客观事物的变化，更不能由已知数据推出其他数据，因而就减少了科学预见的可靠性，或减弱了科学预见的精确性。越来越多的学科更加重视利用数学手段对其研究对象进行定量分析和研究。

数学与几乎所有的领域都有联系，下面仅就几个领域通过一些事例来说明数学与其他领域的联系。

一、数学与物理学

1. 万有引力定律

基于哥白尼的日心说和开普勒行星运动的三大定律，牛顿发现了万有引力定律，这是人类对宇宙认识的一次伟大革命。牛顿把他最重要的著作命名为"自然哲学的数学原理"，是因为他发现新宇宙的思维方式是数学的思维方式。

2. 电磁波的发现

电磁波在现代的生产、生活中无处不在，是人们熟知的词汇，但很少有人知道电磁波的发现，本质上依赖于数学。英国物理学家麦克斯韦 1864 年概括了从实验中总结的电磁现象规律，用数学方程组的形式表述出来，由此推导出可能存在现在称为"电磁波"的物质，并且应该以光速传播。据此他提出了光的电磁理论，把光、电、磁三者统一起来。24 年后，德国物理学家赫兹用实验证实了电磁波的存在；不久，意大利的马可尼和俄国人波波夫又在此基础上各自独立地发明了无线电报。从此，电磁波走进了千家万户。

二、数学与天文学

1. 哈雷彗星的发现

古时候人们认为彗星的出现是不祥之兆，并且直到 17 世纪，大多数科学家认为彗星的轨道是抛物线，光顾太阳系后将一去不复返。但英国天文学家哈雷着手计算彗星轨道，发现 1682 年、1607 年和 1531 年出现的彗星有类似的轨道。他判断这三颗彗星其实是同一颗彗星，彗星的轨道可能不是抛物线，而是很扁的椭圆，这样彗星就会返回太阳系。哈雷预言上述彗星将在 1758 年年底或 1759 年年初再次出现。1759 年，这颗彗星果然出现了。虽然哈雷已在此前的 1742 年逝世，但为了纪念他，这颗彗星被命名为"哈雷彗星"。哈雷彗星的平均公转周期为 75 年或 76 年，上次回归是 1985 年年底到 1986 年年初，所以下一次的回归是在 2061—2062 年。

2. 海王星的发现

海王星是太阳系最远的行星。1846 年 9 月 23 日，德国柏林天文台助理员加勒收到法国寄来的一封信，读完信不觉大吃一惊。信中说："今日晚上，在摩羯座 δ 星之东约 5°的地方，你会发现一颗新星，它就是你日夜寻找的那颗未知行星，周面直径约 3 角秒，运动速度每天后退 69 角秒……"等到天黑，加勒和助手将望远镜对准那个星区，果然发现一个亮点，和信上所说位置相差不到 1°，1 小时后，这颗星果然后退了 3 角秒，和信上预言的 1 角秒都不差！加勒和助手兴奋极了，大海里的针终于捞到了，几天后他们向全世界宣布，又一颗新行星发现了，取名为海王星。一个月后加勒赶往巴黎，见到了法国青年勒维耶。加勒说："你太伟大了，请让我参观一下你的仪器设备好吗？"勒维耶说："我是用笔算出来的。"这位青年人并没有任何仪器，而是根据木星、土星、天王星轨道的半径差不多后一个都是前一个的 2 倍，于是假设新星轨道半径也是天王星的 2 倍，列出微分方程进行计算，然后不断地修正、计算、再修正、再计算，经过好多年，一直算到误差小于 1 角秒。加勒仔细地审查了这堆稿纸，共 33 个方程，真可谓是"笔尖上的发现"！海王星是唯一利用数学预测而非有计划地观测发现的第一颗行星，海王星的发现使哥白尼开普勒的学说站稳了脚跟，至此，天文学进入了一个新阶段。海王星的发现是人类智慧的结晶，它体现了数学演绎法的强大威力，体现了微分方程的巨大作用，通常被看作牛顿力学和微积分应用的巨大成就！

三、数学与化学

元素周期律的发现

1869 年以前，人们对化学元素如氢、氧、钾、镁等的性质，已经有一定的认识，但这种认识是孤立的，只看到个别元素的性质，至于诸元素之间的联系，则缺乏研究，更谈不上对未知元素的预测了。那时，每出现一种新元素，就像突然来了一个不速之客一样，完全出人意料。俄国的门捷列夫发现周期律后，从根本上改变了这种情况。他把元素按照原子量的大小排序，随即发现每经过一定的间隔，就有化学性质相似的元素出现，或者说，相同的性质随着元素原子量增大的次序周期性地出现。根据周期性，他勇敢地预言一些当时尚未发现的元素的存在，并预言了它们的性质。这些预言后来都以惊人的准确度被证实了。例如，1871 年他预告有一种新的金属元素存在，它的原子量接近72，比重约 5.5，果然，1886 年人们发现了金属元素锗，原子量为 72.6，比重为 5.35。

是什么引导着门捷列夫做出如此重大的发现呢？关键是他运用了正确的方法。门捷列夫的方法不同于前人，前人只追求把性质相似的元素归并在一起，这种分类法是静止的，只能对已知元素起整理归类作用，不能外推，不能预见新元素。而门捷列夫则把化学性质不同，但原子量相近的元素排在比邻，从而使互不相似的元素能彼此联系起来。这实际上是数学上的归纳法，是从特殊到一般的推理方法，这其中还有假设检验，假设的正确性只能在实践中去考验，它应能正确地解释已有的全部观察资料（内符），而且更重要的是还要能预见将来，指导今后的实践（外推）。

恩格斯高度评价了元素周期律，他说，门捷列夫完成了科学史上的一个勋业。元素周期律的发现是成功地分析和整理资料的典范，同时也是说明如何检验假设的很好的例子。

四、数学与医学

CT 扫描诊断

1979 年的诺贝尔医学奖授予美国的科马克和英国的豪斯费尔德，奖励他们设计了CT 扫描仪，开发了计算机辅助的断层扫描技术。CT 是计算机断层扫描的简称，是计算机图像处理在医学领域中成功应用的范例。设计 CT 扫描的主要理论基础是数学上的拉东变换。1963 年科马克把拉东变换首次应用到成像技术中，成功地利用不同方向上的 X射线变换重构物体的密度函数，并发表了名为"函数的直线积分表示及其放射学应用"的开创性论文。CT 是如何做到在不损伤病人的情况下获得病人体内横断层的图像的？人体内部不同的组织具有不同的 X 射线吸收率，所以如果能够知道人体内射线吸收率的分布，就可以重建体内组织的图像了，这正是 CT 所要做的。从数学的角度来看，一根直线上的 X 射线平均吸收率就相当于在该直线上对于吸收率函数的积分值，因此，如果能根据函数在直线上的积分值求出函数在各点的值，那么就可以实现 CT 的功能了，这正是科马克在那篇论文中所完成的工作。20世纪70年代初期，由于计算机的迅速发展，使得大规模运算成为可能，英国计算机工程师豪斯费尔德制造出了第一台CT原型机，实现了CT扫描诊断。20世纪80年代初，CT发展到第五代，它已经不仅用于临床诊断，而且应用到放射治疗和剂量设计、心脏动态扫描、精密活体样本取样、癌变组织鉴别等方面。说到底，CT扫描技术乃是一种数学技术的实现。

五、数学与生物学

孟德尔遗传定律

孟德尔是一个男修道院的院长，1854年他在修道院的花园里种了34个株系的豌豆，开始进行植物杂交育种的遗传研究，他同时进行自花授粉和杂交授粉的实验，下一代生长出来后，继续进行同样的实验，他用这种方法研究子代与亲本之间的遗传关系。1865年，孟德尔发表了一篇文章，通过杂交实验提出了"遗传因子"的概念，对遗传提供了科学的解释，并发现了生物遗传的分离定律和自由组合定律。从概率论的角度来看，这是一个非常简单的实验，但却产生了一个非常了不起的理论，这个理论揭示了在人类活动中简单机会模型的巨大力量，并且在人类对生命的认识上引发了一场革命，这是概率论在生物学上的第一个卓有成效的应用。一个源于赌博的学科，居然产生了这样的伟大成果，真是出人意料，孟德尔因此被称为"遗传学之父"，他的伟大在于他深刻的洞察力和敏锐的概率论头脑。

六、数学与文学

《红楼梦》的作者

用数学方法对作品进行写作风格分析、词汇相关程度分析和句型频谱分析，属于语言统计学研究范畴。语言统计学就是根据作者的写作特点，规定一定范围的有效词语作为最高使用概率进行计算。《红楼梦》前80回与后40回的作者是否相同？过去对《红楼梦》的作者持有异议，多数是从人文和历史角度去分析和鉴定。1980年6月在美国威斯康星大学召开的国际首届《红楼梦》研讨会上，来自威斯康星大学的华裔学者陈炳藻先生宣读了一篇《从词汇上的统计论〈红楼梦〉的作者问题》的博士论文，引起了国际红学界的关注和兴趣，它借助计算机从字词出现的频率进行统计，结果发现《红楼梦》前80回和后40回的词汇相关程度达到78.57%，由此推断，《红楼梦》的作者为一个人的结论。1983年华东师范大学的陈大庚对全书的字词句作了详尽的统计分析，并发现了一些专用词，如"端性""索性""越性"在各回中的出现情况，得出前80回为曹雪芹一人所为，后40回作者另有其人，但后40回前半部含有曹雪芹的残稿。惊人的发现在1987年，复旦大学数学系的李贤平教授对每个回目所有的47个虚字出现的次数，运用计算机计算出频率并绘图，根据多方面的资料收集和统计计算，从而发现不同作者的创作风格，论定了《红楼梦》成书的新理论，即《石头记》的作者未知，曹雪芹批阅十载，增删五次，将自己早年的《风月宝鉴》插入《石头记》定名为《红楼梦》，就是所谓的前80回。后40回是曹的亲友将曹的草稿整理而成，其中宝黛的故事实为一人所写，而程伟元、高鹗是作为整理全书的功臣。这个结论是否被红学界所接受，还存在一定的争论，但是这种方法却给很多人留下了深刻的印象。

七、数学与音乐

傅里叶建立声音的数学分析

长笛、单簧管、小提琴、钢琴发出的声音各不相同，怎样从数学上给予说明呢？从毕达哥拉斯时代到19世纪，数学家和音乐家们都试图弄清音乐、乐声的本质，加深数学和音乐两者之间的联系。音阶体系、和声学理论及旋律配合法得到了广泛细致的研究，并且建立了完备的体系。从数学的观点看，这一系列研究的最高成就与数学家傅里叶的工作是分不开的，他证明了无论是噪声还是乐音，复杂的还是简单的，都可以用数学的语言给予完全的描述。1807年傅里叶在向法国科学院呈送的一篇论文中给出了一个对物理学的进步至关重要的定理——傅里叶定理。

傅里叶是第一个用数学来计算音乐的人，他提出的定理是："任何周期性声音（乐音）$f(t)$ 都可表示为形如 $A\sin(\omega t + \phi)$ 的简单正弦函数之和。"这个定理也被称为音乐的"谐波分析"。这个定理从数学上给出了处理空气波动的方法，其重要性可与牛顿提出的用数学方法研究天体运动的重要性媲美。

自从有了傅里叶定理，世界上的声音一下子变得简单了，不管是雷鸣、鸟鸣、人语，还是钢琴的奏鸣，都可以归结为简单声音的组合。这些简单声音用数学表示就是正弦函数。音乐声音的数学分析具有重大的实际意义，在再现声音的仪器中，如电话、无线电、收音机、电影、扬声器系统的设计方面起决定作用的是数学。

八、数学与经济学

约翰·纳什获诺贝尔经济学奖

约翰·纳什（1928—2015）是美国数学家，由于他与另外两位数学家在非合作博弈的均衡分析理论方面做出了开创性的贡献，对博弈论和经济学产生了重大影响，而获得1994年诺贝尔经济学奖。影片《美丽的心灵》是一部以纳什的生平经历为基础而创作的人物传记片，该片获得了2002年奥斯卡金像奖，并几乎包揽了所有电影类的全球最高奖项。数学在经济学中广泛而深入的应用是当前经济学最为深刻的变革之一，现代经济学的发展对其自身的逻辑和严密性提出了更高的要求，这就使得经济与数学的结合成为必然。

在经济问题中，普遍运用数学方法建立经济模型，使得代数学、分析学、运筹学、概率论和数理统计等大量数学进入经济学科中，同时，数学在经济中的应用也反过来促进了数学的发展。获诺贝尔经济学奖的学者中，数学家出身的和有数学背景的人占一半以上，在现代经济领域，数学功底薄弱的经济学家很难成为一位杰出的经济学家。

九、数学与社会学

选票分配问题

选票分配是否合理是选民最关心的热点问题，这一问题早已引起西方政治家和数学家的关注，并进行了大量深入的研究。1790年美国财政部长亚历山大·汉密尔顿提出了一个解决名额分配的办法，并于1792年为美国国会所通过，但是这个办法仍存在问题。从1890年起，美国国会就针对汉密尔顿方法的公正合理性展开了争论，并不断更新，但是新方法又引出新问题，新问题又需要解决。有没有一种最公正合理的办法呢？1952年数学家阿罗给出了结论，他证明了一个令人吃惊的定理——阿罗不可能定理，即不可能找到一个公平合理的选举系统，这就是说只有更合理，没有最合理，阿罗不可能定理是数学应用于社会科学的一个里程碑。

现在的社会学已经形成了以高度数学化、高度统计化为标志的一套逻辑严密的研究模式，社会学的许多重要领域已经发展到不懂数学的人望尘莫及的地步。

以上从几方面粗略地说明了数学和其他学科的联系，2000 年是联合国宣布的"世界数学年"，联合国教科文组织指出，纯粹数学与应用数学是理解世界及其发展的一把主要钥匙，世界需要这把钥匙，生活在现代社会的每个人都需要这把钥匙。

●● 第四节
● 好玩的数学

好玩的数学视频　　好玩的数学PPT

　　数学的好玩之处，并不限于数学游戏，数学中有些极具实用意义的内容，包含了深刻的奥妙，令人深思，令人惊讶！

—— 张景中

　　新的数学方法和概念，常常比解决数学问题本身更重要。

—— 华罗庚

●
●
●
●

　　2002年8月在北京举行的国际数学家大会期间，91岁高龄的数学大师陈省身先生为少年儿童题词写下了"数学好玩"四个大字，数学真的好玩吗？

　　有人会说，陈省身先生认为数学好玩是因为他是数学大师，他懂得数学的奥妙，对于我们这些凡夫俗子来说，数学枯燥，数学难懂，数学一点都不好玩。其实陈省身先生从十几岁就觉得数学好玩，才兴致勃勃地玩个不停，才玩成了数学大师，并不是成了大师才说数学好玩。

　　数学的好玩，有不同的层次和境界，数学大师看到的好玩之处和小学生看到的好玩之处会有所不同。这就好比下棋，刚入门的棋手觉得有趣，国手大师也觉得有趣，但对于具体一步棋的奥妙和其中的趣味，理解的程度却大不相同。张景中院士曾主编了一套《好玩的数学》丛书，他说："数学的好玩之处，并不限于数学游戏。数学中有些极具实用意义的内容，包含了深刻的奥妙，令人深思，使人惊讶！"数学无所不在，每个人或多或少地要用到数学，要接触数学，或多或少地能理解一些数学。下面就通过几道数学趣题来体验一下数学的好玩之处。

数学趣题 1

一家冷饮店，一瓶汽水 1 元，喝完汽水后，用三个空瓶可以换一瓶汽水，如果你有 20 元，最多可以喝到几瓶汽水？

我们来算算，20 元可以买 20 瓶汽水，喝完后 20 个空瓶又可以换 6 瓶汽水还余 2 个空瓶，6 瓶汽水喝完了，6 个空瓶还可以再换 2 瓶汽水，2 瓶汽水喝完了，再加刚才剩余的 2 个空瓶，一共有 4 个空瓶，3 个空瓶又可以换 1 瓶汽水，这样最多能喝汽水的瓶数就是 20＋6＋2＋1＝29 瓶，还余 2 个空瓶。

大家可以再想想，你能喝到 30 瓶汽水吗？

其实可以再跟老板借一个空瓶，就能凑够 3 个空瓶，这样就可以再换 1 瓶汽水，喝完后将空瓶还给老板就可以了。这个题虽然很简单，但也体现了一种数学思维。

 数学趣题 2

老王是卖鞋的，一双鞋卖 98 元，顾客来买鞋，给了一张 100 元的，老王没有零钱，于是找邻居换了 100 元的零钱，找给顾客 2 元。顾客走后，邻居发现钱是假的，老王就又给了邻居一张 100 元真钱，请问老王一共赔了多少？

在这个交易过程中，老王换的 100 元零钱，是真钱，没有损失，2 元是顾客拿走的，是赔的钱，顾客还拿走了鞋，而鞋的成本并不知道，因此不能说鞋就是 98 元，只能说赔了 2 元和一双鞋。

这个问题绕来绕去的很容易自己把自己搞糊涂了，其实做数学最重要的就是要有逻辑，厘清头绪，很多让人百思不得其解的问题，其实就是没有把逻辑关系理清楚。

 数学趣题 3

1 元去哪里了？

有三个人去吃面，三碗面 30 元，他们每人掏了十元，凑够了 30 元，交给了老板，后来老板说今天优惠只要 25 元就够了，老板拿出 5 元，让服务生退还给他们，服务生想 5 元三个人不好分，于是他偷偷藏起了 2 元，然后把剩下的 3 元分给了那三个人，每人分到 1 元。这样一开始每人掏了 10 元，现在又退回了 1 元，也就是每人只花了 9 元，三人共花了 27 元，再加上服务生藏的 2 元，一共 29 元，还有 1 元，哪里去了？

这个题曾让很多人感到困惑，其实问题的关键就在于没有分清钱的组成。刚开始每人拿出 10 元，就是 3×10＝30 元，老板得 25 元，服务生偷藏了 2 元，三人每人分 1 元，刚好是 30 元。后来实际的花费是三个人每人 9 元，共花了 3×9＝27 元，老板得了 25 元，服务生偷藏了 2 元，刚好也对上了账。

按照上面的说法，27＋2＝29，是把服务生偷藏的 2 元重复加在了 27 元上，而 27 元本身就包含了老板的 25 元和服务生偷藏的 2 元，因此是不对的。

在古代也有很多有趣的数学题，里面包含着很多奇异的数学思想和方法，这些都能极大地锻炼我们的思维，使我们能用比较巧妙的思维方式来解决问题。

 数学趣题 4

古印度名题"分牛的传说"。

父亲辞世走得急，遗言几句费猜疑：

牛十七头是遗产，老大独得二之一；

三分之一给老二，老三只得九之一；

不得将牛来宰杀，不得分完剩一笔。

传说古印度有一位老人，临死之前对三个儿子说："我仅留下 17 头牛，你们把它分了吧。老大分二分之一，老二分三分之一，老三分九分之一，不能把牛杀死去分，也不能分完有剩余。"说完不久，老人就咽了气。儿子们料理完父亲的丧事，便按父亲遗嘱来分牛。但他们发现按照父亲的遗嘱 17 头牛没法整头的分，必须将三头牛杀死再分，老大得 17/2，老二得 17/3，老三得 17/9，但是还会剩下 17/18 头牛不好处理，显然，这是违背父亲遗愿的，所以，他们真不知道该怎么办好了。

三兄弟愁得实在没有办法了，只好去请教聪明的邻居老爷爷。老爷爷沉思片刻，便笑眯眯地将自己的一头牛牵来，说："你们分不开，我送你们一头牛再分。"

"我们怎能要您的牛呢？"三兄弟异口同声地说。

"放心吧，你们是分不到我的牛的。"老爷爷笑眯眯地说。

听老爷爷这么一说，三兄弟只得将信将疑地将老爷爷的牛牵来一起分。

现在有 18 头牛，就很好分配了。

老大分牛：18×1/2＝9（头）；

老二分牛：18×1/3＝6（头）；

老三分牛：18×1/9＝2（头）。

共分走的牛是9＋6＋2＝17（头），刚好剩下一头。剩下的这头牛，老爷爷又笑眯眯地牵回去了。这种分法真是太奇妙了，这是一种什么分法？为什么老爷爷的那头牛没有被分走？

这个问题的实质其实是连分数问题，18正好是2，3，9的最小公倍数，所以可以用18来帮助计算。

$$\frac{1}{2}:\frac{1}{3}:\frac{1}{9}=\left(\frac{1}{2}\times18\right):\left(\frac{1}{3}\times18\right):\left(\frac{1}{9}\times18\right)=9:6:2$$

恰好有9＋6＋2＝17，可见，分给老大9头，老二6头，老三2头是完全符合遗嘱要求的。

刚才是通过借牛的方法进行的分配，如果无牛可借，如何分呢？

可以直接计算，兄弟三人分别分走$\frac{17}{2}$，$\frac{17}{3}$，$\frac{17}{9}$头后还剩下：

$$17-\left(\frac{17}{2}+\frac{17}{3}+\frac{17}{9}\right)=17\left(1-\frac{17}{18}\right)=\frac{17}{18}（头）$$

继续按比例分配，第二次分走$\frac{17}{18}$的$\frac{1}{2}$，$\frac{17}{18}$的$\frac{1}{3}$，$\frac{17}{18}$的$\frac{1}{9}$，分完后剩下：

$$\frac{17}{18}-\frac{17}{18}\left(\frac{1}{2}+\frac{1}{3}+\frac{1}{9}\right)=\frac{17}{18}\left(1-\frac{17}{18}\right)=\frac{17}{18^2}（头）$$

继续按比例分配第3，4，5……次，依次剩余$\frac{17}{18^3}$，$\frac{17}{18^4}$，$\frac{17}{18^5}$……当分牛次数无穷多时，最后就能达到实际的分牛数。

$$老大的牛=\lim_{n\to\infty}\left(17\times\frac{1}{2}+\frac{17}{18}\times\frac{1}{2}+\frac{17}{18^2}\times\frac{1}{2}+\frac{17}{18^3}\times\frac{1}{2}+\cdots+\frac{17}{18^n}\times\frac{1}{2}\right)$$

$$=\frac{17}{2}\lim_{n\to\infty}\left(1+\frac{1}{18}+\frac{1}{18^2}+\frac{1}{18^3}+\cdots+\frac{1}{18^n}\right)$$

$$=\frac{17}{2}\lim_{n\to\infty}\frac{1\times\left(1-\frac{1}{18^n}\right)}{1-\frac{1}{18}}=\frac{17}{2}\times\frac{1}{1-\frac{1}{18}}=\frac{17}{2}\times\frac{18}{17}=9（头）$$

同理，可以计算出老二分6头牛，老三分2头牛。

数学趣题5

中国古代数学名题"鸡兔同笼"。

大约 1500 年前，我国古代数学名著《孙子算经》中记载了一道数学趣题：今有雉兔同笼，上有 35 头，下有 94 足，问雉兔各几何？这就是著名的鸡兔同笼问题。

如果用方程来解，这个题非常容易。

解：设鸡 x 只，兔子 y 只。由题意，可得

$$\begin{cases} x+y=35 \\ 2x+4y=94 \end{cases}, 解得 \begin{cases} x=23 \\ y=12 \end{cases}, 即鸡有 23 只，兔子有 12 只。$$

如果不列方程，这个问题该如何思考呢？

我们可以先考虑把小鸡的两只翅膀也当作它的脚，这样它们就都有 4 只脚了（图 1.4.1）。假设都有 4 只脚，$\dfrac{头数 \times 4 - 脚数}{2} = 鸡数$，即 $\dfrac{35 \times 4 - 94}{2} = 23$。

一共有 35 个头，用头数 $35 \times 4 =$ 总的脚数 140 只，再减去实际的脚数 94 只，多出来 46 只脚。多出来的是什么呢？是小鸡的两个翅膀，每只小鸡有两个翅膀，除以 2 就是鸡的数目了，所以有 23 只鸡。

我们再换一种想法，把每只兔子都砍掉两只脚，这样他们就都只有两只脚了（图 1.4.2）。假设都有 2 只脚，$\dfrac{脚数 - 头数 \times 2}{2} = 兔数$，即 $\dfrac{94 - 35 \times 2}{2} = 12$。

假设都有四只脚，
（头数×4-脚数）/2=鸡数

图 1.4.1

假设都有两只脚，
（脚数 - 头数×2）/2=兔数

图 1.4.2

用头数×2＝总的脚数 70 只，实际的脚数是 94，也就是说少了 24 只脚，少的是谁的脚呢？当然是兔子的，每只兔子砍掉了两只脚，因此除以 2 就是兔子数，有 12 只

兔子。

类似的题还有很多，我们还可以举一反三。

比如，一个会议室有 29 个板凳，这些板凳有两种，一种是三条腿的，一种是四条腿的。三条腿的板凳和四条腿的板凳，加起来一共有 100 条腿，请问三条腿的板凳有几个，四条腿的板凳有几个？

有个同学说当他看到这个题时，他的脑子里马上呈现出一幅画面，他满眼都是 4 条腿的板凳，29 个板凳一共有 116 条腿，而实际只有 100 条腿，多出了 16 条腿，他就一个板凳拔掉一条腿，一共拔下 16 条腿。也就是说，他拔了 16 个板凳，所以三条腿的板凳有 16 个，四条腿的板凳就是 13 个，即 $29 \times 4 - 100 = 16$，$29 - 16 = 13$。

通过这些数学趣题，你是否体会到了数学的好玩之处？玩一玩数学，既是消遣娱乐，又是学习思考，既增长见识，又锻炼思维，希望大家能在数学的百花园中细细品读，慢慢玩味！

第一节
数学美

数学，如果正确地看它，不但拥有真理，而且也具有至高的美，是一种冷而严肃的美。这种美不是投合我们天性脆弱的方面，这种美没有绘画或音乐那样华丽的装饰，它可以纯净到崇高的地步，能够达到只有伟大的艺术才能谱写的那种完美的境地。

——罗素

美是首要的标准，不美的数学在世界上找不到永久的容身之地。

——哈代

数学家不单单因为数学有用而研究数学，他研究它，还因为他喜欢它，而他喜欢它，则是因为它是美丽的。

——庞加莱

愛美之心，人皆有之，人们执著地追求美，但对于什么是美，恐怕很多人都只能意会，不能言传吧！比如我们聆听一首优美的乐曲，观看一幅精美的图画，或置身于美丽的大自然中都能感到全身心的愉悦，体会到一种美的享受，那什么是美呢？

一、美的本意

在清代陈昌治刻本《说文解字》中："美，甘也。从羊从大。羊在六畜主给膳也。美与善同意。亦曰，羊大则美，故从羊大。"（图 2.1.1）也就是说，美是由"羊大"合体构成的会意字，可以理解为"羊大则肥美，美味"，也可以理解为"人大健壮如羊"，引申为"凡是好的，皆谓之美，即美好的意思"。

甲骨文　　　　金文　　　　金文大篆　　　　小篆　　　　繁体隶书

图 2.1.1

现代著名美学家朱光潜先生在他的著作《美学》中说："什么叫作美，美不仅在物，亦不仅在心，它在心与物的关系上面，但这种关系并不如康德和一般人所想象的，在物为刺激，在心为感受，它是心借物的形象来表现情趣，是合规律性与合目的性的统一。"北大哲学教授、美学家李泽厚说："美，又是自由的形式，完好、和谐、鲜明、真与善、规律性与目的性的统一，就是美的本质和根源。"

二、数学美

我们在艺术和大自然中随处都可以领略到美，那么数学中是否也有美呢？其实美学的鼻祖不是别人，

数学美视频　　数学美 PPT

正是古希腊数学家毕达哥拉斯，他是第一个提出美的概念的。他说："美就是和谐，整个天体是一种和谐，宇宙的和谐是由数组成的，因而数构成了整个宇宙的美，"这就是数之美的三段论。

英国数学家怀特海说："作为人类精神最原始的创造，只有音乐堪与数学媲美。只有取得过数学财富的少数人，才能尝到数学的特殊乐趣。"这似乎说数学是"阳春白雪，和者盖寡"。而英国数学家哈代的看法要实在些，他说："现在也许难以找到一个受过教育的人对数学美的魅力全然无动于衷，实际上，没有什么比数学更为'普及'的科学了。大多数人能欣赏一点数学，正如同多数人能欣赏一支令人愉快的曲调一样。"即数学也有它"下里巴人"的一面。

我国现代著名数学家徐利治教授提出："所谓数学美的含义是丰富的，如数学概念的简单性、统一性、结构系统的协调性、对称性，数学命题与数学模型的概括性、典型性和普遍性，还有数学中的奇异性等，都是数学美的具体内容。"徐利治指出了数学美的具体含义。其实数学美并非"阳春白雪，曲高和寡"。当我们悟出了一个出色的数学公式，当我们用巧妙的方法解答出一道数学难题时，我们心中不也充满了一种成功的喜

悦吗？我们在学习数学时，当看到一个优美对称的图形，一个代数轮换对称式，不也为这些图形和算式的对称协调而赏心悦目，充满一种美感吗？当然，从数学上得到的满足与对音乐的欣赏相比，需要有更高的数学素养。

数学家能从数学中得到与绘画、音乐给予人们的同样的乐趣，他们欣赏数学中数与形的精美和谐，演绎宇宙及自然的定律，感叹某些发现的美妙。数学美是那么神奇，那么迷人，那么令人神往，那么使人陶醉！

三、数学美的特征

数学美的特征概括起来有简洁性、和谐性和奇异性。

数学美的特征视频　数学美的特征 PPT

1. 数学美的简洁性

法国哲学家、美学家狄德罗曾说："算学中所谓美的问题，是指一个难以解决的问题，而所谓美的解答，则是指对于困难和复杂问题的简单回答。"

牛顿说："数学家不但更容易接受漂亮的结果，不喜欢丑陋的结论，而且他们也非常推崇优美与雅致的证明，而不喜欢笨拙与繁复的推理。"

真理越是普适，它就越是简洁。简洁是自然界遵守的法则，现实世界中光沿直线方向传播，这是光传播的最快捷的路线；植物叶序的排布，两片相邻叶子夹角为 137°28′，是叶子通风采光的最佳布局；藤类植物的攀缘以螺旋式向上延长，螺旋线是植物上攀的最节省的路径；大雁飞行成"人"字形，夹角为 54°44′8″，从空气动力学角度看，这个角度是阻力最小的。生物学家和数学家在研究蜂房的构造时发现，在体积一定的条件下，蜂房的构造是最省材料的。在人体中，人的粗细血管直径比总是 $\sqrt[3]{2}$∶1，流体动力学研究表明，这种比值的分支导流系统，在输导液体时能量消耗最少，这些最佳、最好、最省的事实，皆来自生物的进化、自然选择，然而他们同时又展现了自然界的简洁，也展现了自然界的和谐。

宇宙万物如此，作为描写宇宙的文字和工具的数学也是非常简洁的。哥尼斯堡七桥问题就是一个数学简洁美的典范。

现今俄罗斯的加里宁格勒是一座历史名城，18 世纪时称为哥尼斯堡。布勒格尔河流经哥尼斯堡市区，河中有两个河心岛，它们彼此以及它们与河岸共有七座桥连接，当地的居民经常到河岸和岛上去散步，有人就提出一个有趣的问题："能不能找到一条路线，使得散步时不重复地走遍这七座桥？（图2.1.2）"人们不停地尝试着，却没有一个人能够做到，当地的居民百思不得其解。1735年有几名大学生写信给当时正在俄国彼得堡科学院任职的天才数学家欧拉，请他帮忙解决。欧拉并未轻视这个生活小题，他似乎看到其中隐藏着某种新的数学方法，经过一年的研究，29岁的欧拉于1736年向彼得堡科学院递交了一份题为《哥尼斯堡的七座桥》的论文，圆满地解决了这一问题，同时开创了数学的一个新的分支——图论。

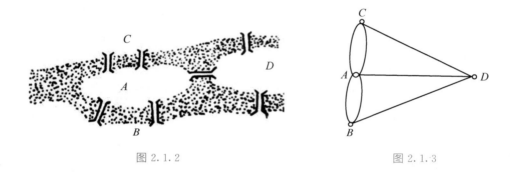

图2.1.2   图2.1.3

欧拉解决这个问题的方法非常巧妙，他认为七桥问题与岛的形状大小没有关系，与河岸的形状长短没有关系，与桥的形状长短也没有关系，重要的是桥与桥、桥与河岸、桥与岛的位置关系，于是，欧拉首先把岛和河岸都抽象成点，把桥抽象成线，原来的地图就转化为由点和线构成的一个简图（图2.1.3），原来的问题也就转化为能否"一笔画"的问题了。一笔画就是笔尖不离开纸面，一笔画出图形，不允许重复任何一条线。一笔画问题，理论上需要解决的是找到一个图形能一笔画的充分必要条件，并给出一笔画的方法。

欧拉经过研究，圆满地解决了这一问题。他注意到图形中每个点都是若干条线的端点，他把图形上的点分成两类，如果以某点为端点的线有偶数条，就称为偶点；如果以某点为端点的线有奇数条，就称为奇点。要想不重复地一笔画出某个图形，除去起点和终点外，其余每个点如果画进一条线，就一定要画出一条线，从而都必须是偶点，这样他就得出了图形能一笔画的充分必要条件是："图形中的奇点数为0或2"。当图形中奇点数为 2 时，以其中一个奇点为起点，另一个为终点，就能完成一笔画；当图形中没有奇点，奇点数为 0 时，从任何一个点开始，都可以一笔画出，并回到起点。根据这一结论，我们再来看哥尼斯堡七桥问题，图形中有四个奇点，因此该图形不能一笔画，难怪对于"不重复地走过七座桥的问题"，所有的尝试都失败了。

当欧拉将这一结果发表时，震惊了当时的数学界，人们在赞叹这位数学天才的创造力的同时，更体会到了数学的简洁性。这样一个难以解决的问题，答案竟是如此的简单！

2. 数学美的和谐性

和谐就其原意而言，是配合适当和匀称的意思。在数学中，和谐性表现为统一性、对称性、恰当性等。和谐性的特征之一，就是部分与部分，部分与整体之间的协调一致，也就是多样性的统一。统一性不仅是数学美的特征之一，也是数学家们努力追求的目标之一。

古希腊大数学家欧几里得的《几何原本》就是追求整体与部分的统一性的典范。《几何原本》的诞生，标志着几何学已成为一个有着比较严密的理论系统和科学方法的学科。几何学发展到欧几里得时代，其内容已经相当丰富。丰富的几何命题，彼此间的关系十分微妙，使得几何学显得有点杂乱无章，欧几里得竭力寻求几何命题的统一性，他用五条公理和五条公设将千头万绪的几何素材组织统一起来，使之纳入一个严密的逻辑体系之中，组成了一个有机的整体，几何原本被一些大科学家赞为"雄伟的建筑""壮丽的结构"，体现了几何科学的完美统一。

笛卡儿的解析几何也是追求代数与几何统一的典范，他通过奇妙的坐标系将几何中的点与代数中的有序数对对应起来，把几何中的曲线与代数中的方程对应起来，使得数学中相互分离的数、形两大要素得到了统一。曲线可以用方程来表示，通过对曲线方程的研究来讨论曲线的性质，从而把代数学、几何学和逻辑学统一起来，建立了解析几何学。

数学的统一性还在于从纷繁复杂的事物中理出规律，统一到公式中。渔网中的几何规律，就充分体现了数学的统一性。

你也许没有见过渔网，但一定见过用绳索编织的其他各种网吧（图 2.1.4），无论你用什么绳索织一个网，无论你织一片多大的网，它的节点数 V、网眼数 F、边数 E 都必定符合这个公式 $V+F-E=1$，网可以是多种多样的，但是他们都满足这一规律。

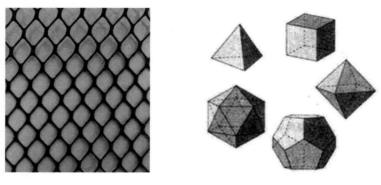

图 2.1.4   图 2.1.5

这种规律在三维情况下就是多面体的欧拉公式 $V+F-E=2$，V 表示凸多面体的顶点数，F 表示凸多面体的面数，E 表示凸多面体的棱数。我们知道的五种正多面体是正四面体、正方体、正八面体、正十二面体、正二十面体（图 2.1.5），它们的顶点、棱、面的数目列表如下表。

多面体名称	顶点	棱数	面数
正四面体	4	6	4
正方体	8	12	6
正八面体	6	12	8
正十二面体	20	30	12
正二十面体	12	30	20

多面体的欧拉公式对任何凸多面体都普遍适用。上述关于绳索织网的公式，是欧拉公式在二维平面图形时的情形，它们实质上是相同的。事实上，你从多面体的面上挖掉一个面（沿着一个面的边缘剪开），将剩下的图形摊开在一张平面上，那么多面体就变成了一个平面的网络，因为减少了一个面，所以 $V+F-E=1$。反过来，如果有一个网络，你可以将它撑起来，下面增加一个面就成了一个多面体，这时就是 $V+F-E=2$。这样就能解释网的公式和多面体公式的差别了。这就是数学的统一美，不论是平面的网还是立体的凸多面体都可以统一到这一公式中。

3. 数学美的奇异性

数学美的奇异性表现为出人意料的结果、公式、方法和思想等。 数学中常常有许多出人意料的东西，这些东西之所以能引起人们的美感，是因为凡是新的不平常的东西都能在想象中引起一种乐趣，因为这种东西会使人的心灵感到一种愉快的惊奇。

在法国巴黎的发明室中，有一个数学史陈列室，其中在古代数学与近代数学之间的墙上悬挂着一个公式，这就是著名的欧拉公式 $e^{i\pi}+1=0$，数学家克莱因认为"这是整个数学中最卓越的公式之一"，它漂亮简洁地把数学中五个最重要的数 1，0，π，e，i 联系在一起，有人称这五个数为"五朵金花"。

自然数 1，它是整数的单位，是数字的始祖，它是实数中最基本的一个数，可以说没有数 1 也就没有一切数。

中性数 0，是正数和负数的分界，具有比一切数更丰富的内涵，是坐标系的原点，是运动过程的起点，单个的 0 代表无，也代表无穷小。

圆周率 π，是圆周长与直径之比，属于几何范畴，是在科学中最著名和用得最多的一个数。

欧拉数 $e=2.71828\cdots$，e 和 π 都是无限不循环小数，都属于超越数，$\lim\limits_{n\to\infty}\left(1+\dfrac{1}{n}\right)^n=e$，欧拉数 e 来自微积分，属于数学分析的范畴。

虚数单位 i，是方程 $x^2+1=0$ 的根，$x=\pm i$，$i=\sqrt{-1}$，这个符号是欧拉首先使用的。i 属于代数的范畴，i 的产生将数集由实数集扩展到了复数集。

在这个公式中，欧拉将这五个最常用、最基本、最重要的数聚集在一起，表达了数学各个范畴之间密切的联系，这样一个简单的公式，却有着如此丰富的内容！

我们再来看一下，这是怎样的一个运算？这个公式全部用数字写出来就是 $2.71828\cdots^{3.1415926\cdots\times\sqrt{-1}}+1=0$，这个奇怪的运算结果等于什么呢？令人惊奇的是，这个无穷无尽、无休无止的运算，最后竟然神奇地归结为零，由这个公式可以看出人类创造的数学符号算式是何等的巧妙，何等的神奇！

20 世纪最伟大的数学家希尔伯特把数学比喻为"一座鲜花盛开的园林"！如今，数学已成为研究自然科学和社会科学的基础科学，它已渗透到包括文学、音乐、美术、建筑等各个领域之中。有人说，数学是科学的皇后，数学美也如此，不仅数学家、物理学家追求数学美，连天文学家、工程师也醉心于数学美。杨振宁先生曾说："任何领域都有美的存在，只要你用心挖掘到它的美，你就有可能攀登科学的顶峰。"正是由于对美的追求，艺术发展了，科学发展了，人类社会也进步了！

第二节
神奇的黄金分割

神奇的黄金分割视频　　神奇的黄金分割 PPT

几何学里有两个宝库，一个是毕达哥拉斯定理，一个是黄金分割。前者可以比作金矿，后者可以比作珍贵的钻石矿。

——开普勒

欣赏我的作品的人，没有一个不是数学家。

——达·芬奇

凡是美的东西都具有共同的特征，就是部分与部分及部分与整体之间的协调一致性。

——毕达哥拉斯

一、美妙的黄金分割

公元前 500 年，古希腊学者就发现了"黄金"长方形，即长方形的长和宽之比为 1.618 最佳，即看起来令人赏心悦目，这个比叫作黄金分割比。1.618 的倒数的近似值为 0.618，这个数被称为黄金分割数。

1. 黄金分割的定义

黄金分割是指将整体一分为二，较大部分与整体部分的比值等于较小部分与较大部分的比值，其比值约为 0.618。这个美妙的比例实质上是将一条单位长的线段分成两段（图 2.2.1），使 $\dfrac{大段}{全段} = \dfrac{小段}{大段} = 0.618$，这就是众所周知的分线段为中外比，这个比例被公认为是最能引起美感的比例，因此被称为黄金分割。

2. 求此黄金比

设此黄金比为 x，不妨设全段长为 1，则大段长为 x，小段长为 $1-x$，故有 $\dfrac{x}{1}=\dfrac{1-x}{x}$，即 $x^2+x-1=0$，解得 $x=\dfrac{-1\pm\sqrt{5}}{2}$，其正根为 $x=\dfrac{\sqrt{5}-1}{2}\approx0.618$。

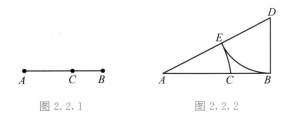

图 2.2.1　　　　　　　图 2.2.2

3. 黄金分割的尺规作图

设有线段 AB，作 $BD\perp AB$，且 $BD=\dfrac{1}{2}AB$，连接 AD，以 D 为圆心，DB 为半径画弧，交 AD 于 E，再以 A 为圆心，AE 为半径画弧，交 AB 于 C（图 2.2.2）。则 $\left|\dfrac{AC}{AB}\right|=\dfrac{\sqrt{5}-1}{2}$，即 C 为 AB 的黄金分割点。

证：不妨令 $|BD|=1$，则 $|AB|=2$，$|AD|=\sqrt{2^2+1^2}=\sqrt{5}$，$|DE|=1$，则 $|AE|=|AD|-|ED|=\sqrt{5}-1$，$|AC|=|AE|=\sqrt{5}-1$，故 $\left|\dfrac{AC}{AB}\right|=\dfrac{\sqrt{5}-1}{2}$，证毕。

4. 黄金分割数的性质

黄金分割数 $\dfrac{\sqrt{5}-1}{2}$ 通常用字母 ϕ 来表示，这是 20 世纪中叶，美国数学家巴尔给出的。它是以公元前 447 年古希腊雕塑家菲迪亚斯的名字命名的，因为他在帕特农神庙制作的诸神雕塑中都用到了这种比例。ϕ 是个无理数，取其近似值的前三位小数就是 0.618，黄金数 ϕ 有个奇妙的性质，就是满足 $\dfrac{1}{\phi}=\phi+1$。有趣的是虽然他们都是无理数，是无限不循环小数，但是他们的小数部分却完全相同。

$$\phi=\dfrac{\sqrt{5}-1}{2}\approx0.6180339887\cdots$$

$$\phi + 1 = \frac{\sqrt{5}-1}{2} + 1 = \frac{\sqrt{5}+1}{2} \approx 1.6180339887\cdots$$

$$\frac{1}{\phi} = \frac{2}{\sqrt{5}-1} = \frac{2}{\sqrt{5}-1} \cdot \frac{\sqrt{5}+1}{\sqrt{5}+1} = \frac{\sqrt{5}+1}{2} \approx 1.6180339887\cdots$$

二、数学中的黄金分割

1. 黄金图形

（1）黄金矩形：一个矩形，如果从中裁去一个最大的正方形，剩下的矩形的宽与长之比，与原矩形的一样（即剩下的矩形与原矩形相似），称具有这种宽与长之比的矩形为黄金矩形。黄金矩形可以用上述方法无限地分割下去。（图2.2.3）

设黄金矩形的宽与长之比为 x，则有 $x = \dfrac{b}{a} = \dfrac{a}{a+b} = \dfrac{1}{1+\dfrac{b}{a}} = \dfrac{1}{1+x}$，将 $x = \dfrac{1}{1+x}$ 变

形为 $x^2 + x - 1 = 0$，解得 $x = \dfrac{-1 \pm \sqrt{5}}{2}$，其正根为 $x = \dfrac{\sqrt{5}-1}{2} \approx 0.618$，因此黄金矩形就是宽与长之比为黄金比的矩形。

（2）黄金三角形：是指一个等腰三角形的底与腰的长度之比为黄金比的三角形。黄金三角形有两类，第一类是底与腰的长度之比为黄金比，即顶角为36°，两底角为72°（图2.2.4）；第二类是腰与底之比为黄金比，即顶角为108°，两底角为36°（图2.2.5）。黄金三角形的一个几何特征是：当底角被平分时，角平分线分对边也成黄金比。

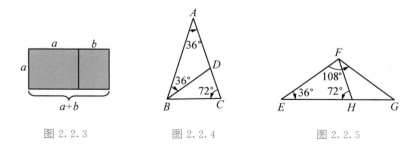

| 图2.2.3 | 图2.2.4 | 图2.2.5 |

2. 五角星图形

我国的国旗、国徽、军旗、军徽都采用了五角星图案，还有很多国家的国旗也有

五角星。发现黄金矩形的毕达哥拉斯学派的会徽也是一个五角星（图 2.2.6），正五角星是毕达哥拉斯学派的秘密标志，每个会员都佩戴一个五角星标记的徽章，他们以该标志相互识别。为什么五角星会成为众多民族喜爱的图形？正五角星图形到底具有哪些美感呢？

五角星的形成来自大自然（如五角星形花瓣），它也和大自然一样，既有美妙的对称，也有扣人心弦的变化。五角星除了看起来形式上比较漂亮，它还蕴藏着丰富的黄金分割比。如图 2.2.7，在五角星的肩上，B 点和 C 点都是线段 AD 的黄金分割点，同时 B 点又是线段 AC 的黄金分割点，C 点又是线段 BD 的黄金分割点，正因为这些美妙的比例，使得五角星看起来非常和谐美丽，成为世人所喜爱的图形。

那么如何画出一个正五角星呢？

首先将圆周五等分，每个角就是 72°，依次隔一个分点相连，则可一笔画出一个正五角星图形（图 2.2.8）。正五角星的美，首先在于五条边相互分割成黄金比，其次在于连成的图形又具有如此明显的对称性，体现了对称美。更令人惊奇的是，在连接过程中所形成的所有三角形都是黄金三角形。

图 2.2.6

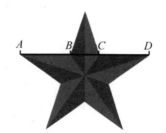

图 2.2.7

图 2.2.8

三、建筑丰碑与"黄金比"

人类对"黄金比"的应用，可追溯到 4600 年前埃及建造的胡夫金字塔（正四面体），如图 2.2.9。该塔高 146 米，底部正方形的边长为 232 米（经过多年的风蚀后，现在高 137 米，底边长 227 米），两者之比为 0.629 接近 0.618。

2400 年前，古希腊在雅典城南部卫城山冈上修建的供奉庇护神雅典娜的帕特农神庙（图 2.2.10），是古代建筑最伟大的典范之作。它采用了八柱的多立克式，东西两面是 8 根柱子，南北两侧是 17 根柱子，东西宽 31 米，南北长 70 米。山墙顶部距离地面 19 米，全庙的门面也就是其正立面的高与宽之比为 19：31，接近希腊人喜爱的黄金比，难怪它让人觉得气宇非凡，优美无比。

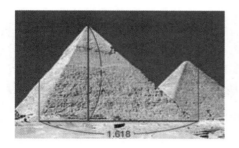

图 2.2.9

图 2.2.10

举世闻名的埃菲尔铁塔（图 2.2.11）也是根据黄金分割的原则建造的。埃菲尔铁塔是一座纪念性建筑物，为了纪念法国大革命 100 周年，巴黎决定在 1889 年举办国际博览会，并建造一座永久性纪念建筑物，埃菲尔铁塔在 1889 年初建时，高度达 300 米，是当时全世界最高的建筑物。埃菲尔铁塔在距离地面 57 米、115 米和 276 米处，各有一个平台。计算表明：（300－115）÷300≈0.617，与黄金比值 0.618 相差甚微，由此可见埃菲尔铁塔第二层平台的位置，非常接近全塔高度的黄金分割点，从图中可以看出，第二层平台正是埃菲尔铁塔张开的四条腿开始收拢的转折点。

图 2.2.11

图 2.2.12

我国上海东方明珠广播电视塔（图 2.2.12）是上海的标志性建筑，位于黄浦江畔、陆家嘴嘴尖上，建成于 1994 年 10 月 1 日，塔高 468 米，是亚洲第一、世界第三高塔。设计师在 295 米处设计了一个直径为 45 米的大球体，塔的黄金分割点在 289.2 米处，这个球体正处在塔的黄金分割点上，从而使平直单调的塔身变得丰富多彩，非常协调美观。

四、人体中的黄金分割

　　人体也有黄金分割点，意大利文艺复兴时期的画家达·芬奇发现人的咽喉位于肚脐与头顶长度的 0.618 处，肚脐位于身长的 0.618 处，肘关节位于肩关节与指头长度的 0.618 处，膝盖是人体肚脐以下部分体长的黄金分割点。人体存在着咽喉、肚脐、肘关节、膝关节四个黄金分割点，他们也是人赖以生存的四处要害。如果一个人各部分的结构比例都符合黄金分割比，就是标准体型，是最完美的人体。

　　在艺术作品中人们往往按照黄金比例来创作，画家们发现，按 0.618 : 1 来设计腿长与身高的比例，画出的人体最优美，而现今的女性腰身以下的长度平均只占身高的 0.58，因此古希腊最经典的作品雕像维纳斯女神（图 2.2.13）、还有太阳神阿波罗（图 2.2.14）的形象都是通过故意延长双腿，使它的上半身与下半身之比正好是 0.618，从而创造了艺术美。

图 2.2.13　　　　　　　　　　　　　　　图 2.2.14

　　《维特鲁威人》（图 2.2.15 ）是达·芬奇在1487 年前后创作的一幅世界著名素描，它是钢笔和墨水绘制的手稿，规格是 34.4cm×25.5cm。这幅画现在被收藏于意大利威尼斯学院美术馆中。这幅画是达·芬奇根据约 1500 年前维特鲁威在《建筑十书》中的描述描绘出的一个完美比例的人体，描绘了一个男人在同一位置上的"十字形"和"火字形"的姿态，并同时被分别嵌入一个正方形和一个圆形当中。这幅画有时也被称作卡农比例或男子比例。这幅画的画名

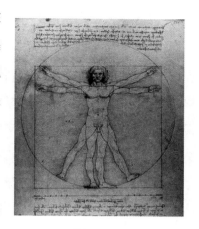

图 2.2.15

是根据古罗马杰出的建筑家维特鲁威的名字取得，维特鲁威在他的著作《建筑十书》中曾盛赞人体比例和黄金分割，他说："大自然把人体的比例安排如下：四指为一掌，四掌为一足，六掌为一腕尺（前臂的长度，指肘部到手的中指尖的长度），前臂长度为身高的 1/5，肘部到腋窝的长度为身高的 1/8，人伸开两臂的宽度等于身高。"

　　画中描绘的这一男子，他摆出两个明显不同的姿势，其中一个人双脚并拢，双臂水平伸出的姿势诠释了"人伸开的手臂的宽度等于他的身高"，画中人因此被放置于一个正方形中。另一个人将双腿叉开，胳膊举高了一些，这表达了更为专业的维特鲁威定律。如果你双腿跨开，使你的高度减少 1/14，双臂伸出并抬高直到你的中指的指尖与你头部最高处，处于同一水平线上，那么你伸展开的四肢的中心就是你的肚脐，双腿之间会形成一个等边三角形。画中摆出这个姿势的人，被包围在一个圆里，他的肚脐就是圆心。这幅素描的一个魅力就在于将抽象的几何学与人的身体结合起来，画中人的身体只画了主要部分，但轮廓优美、肌肉结实，这个人的双脚一个是踩在正方形的底边之上，一个是抵在圆形的弧线上，这两个姿势，给人一种运动的感觉，像是一个人在上下摆动双臂，如同小鸟摆动翅膀一样。

　　《蒙娜丽莎》（图 2.2.16）是达·芬奇最著名的油画作品之一，这幅画收藏于法国卢浮宫博物馆，主要表现了女性的典雅和恬静，代表了文艺复兴时期的美学方向，反映了文艺复兴时期人们对于女性美的审美理念和审美追求。

　　《蒙娜丽莎》原作的尺寸：长 77 厘米，宽 53 厘米。这幅作品画在一块黑色的杨木

板上，达·芬奇用了四年的时间创作了《蒙娜丽莎》
画作，该画像没有眉毛和睫毛，面庞看起来十分和
谐。直视蒙娜丽莎的嘴巴，会觉得她没怎么笑，然而
当看着她的眼睛，又感觉到她脸颊的阴影时，又会觉
得她在微笑，所以被不少美术史家称为"神秘的微
笑"。这幅画的构图完美地体现了黄金分割在油画艺
术上的应用，蒙娜丽莎的头和两肩在整幅画面的位置
都体现了黄金分割，使得这幅油画看起来是那么和谐
与完美，从而使它成为一幅传世名作。

图 2.2.16

　　达·芬奇的"美丽密码"，其中包括脸的宽度是
鼻宽的 4 倍，前额的宽度、鼻子的长度以及下颌骨长
度，必须都相等。嘴的宽度是鼻宽的 1.5 倍，小巧的嘴型是文艺复兴时期的审美标准。
但是研究人员发现现代人普遍认为嘴宽与鼻宽的比例达到 1.6 更美。达·芬奇的美丽密
码要求如此苛刻，以至于大多数普通人都不能全部符合其标准，因此研究人员也表示尽
管这一研究结果显示脸部器官的大小组合方式以及位置不同，都会对个人魅力产生影
响，但一个人的美丽是一个复杂的组合，其中还涉及其他许多因素。所以，即便你的比
例没有达到这个标准也不见得就不美了。

五、自然界中的黄金分割

　　植物叶子千姿百态，生机盎然，给大自然带来了美丽的绿色世
界。尽管叶子形状，随种而异，但它在茎上的排列顺序（也就是叶
序）却是极有规律的。从植物的顶端向下看，就能发现上下层中相
邻的两片叶子之间约成 137°28′（图 2.2.17）。植物学家经过计算表
明这个角度对叶子的采光通风都是最佳的。

图 2.2.17

　　叶子中的 137°28′ 藏有什么密码吗？其实在这神奇的排布中竟然也隐藏着 0.618。
137°28′ ≈ 137.5°，一周是 360°，360° − 137.5° ≈ 222.5°，$\frac{137.5}{222.5}$ ≈ 0.618 是黄金比，因此
这个角叫作黄金分割角，或黄金角。有些植物的花瓣及主干上枝条的生长也是符合这个

规律的。

自然界中除了黄金角还有黄金螺旋，黄金螺旋就是我们前面讲的等角螺线，鹦鹉螺、海螺的外形都是黄金螺线。黄金螺线可以在黄金矩形中画出，将黄金矩形从小到大沿对角线依次旋转连接就能得到黄金螺线（图2.2.18），黄金螺线与黄金分割有着千丝万缕的联系，许多黄金分割图形都和黄金螺线吻合。

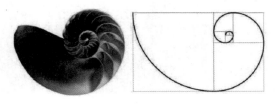

图 2.2.18

六、生活中的黄金分割

生活中如果时时处处运用黄金分割，会达到特别美的效果。舞台报幕者的最佳站位，在整个舞台宽度的 0.618 处较美，而不是舞台中间。小说、戏剧的高潮出现在整个作品的 0.618 处较好。

在音乐中许多著名的作曲家，也善于应用黄金分割，莫扎特的《D大调奏鸣曲》，第一乐章全长 160 小节，再现部（高潮）位于第 99 小节，99/160≈0.618，刚好落在黄金分割点上。根据美国数学家乔巴兹统计，莫扎特的所有钢琴奏鸣曲中有94％符合黄金分割比例。这个结果令人赞叹，可以说莫扎特是非常善于运用黄金分割的。

照相时相机里通常会有九宫格，九宫格把画面划分成 1/3 和 2/3 两个区域，2/3 约等于 0.618.摄影构图通常运用的三分法就是黄金分割的演变。把长方形画面的长、宽各分成三等分，整个画面呈井字形分割，井字形分割的交叉点便是画面主体的最佳位置，这四个交叉点就是视觉中心，也称趣味中心，是最容易诱导人们视觉兴趣的视觉美点。（图 2.2.19）

人的正常体温是 36.2℃～37℃，人的身心感觉最舒适的气温又恰好是人体体温与 0.618 之积，即 22.4℃～23℃。在这样的环境温度下机体的新陈代谢生理功能与活动节奏都处于最佳状态，这是人与自然和谐的又一证明。通常在夏天人们把空调的温度控制在 23°左右也最舒适。

图 2.2.19

　　黄金比例，历来被人们称为"天然合理"的最美妙的形式比例。写字台的桌面、墙上的挂历、信封、过滤嘴烟盒、图书室的目录卡等，几乎都是黄金矩形。具有黄金比例的造型已深入千家万户，因此，只要我们有一双发现美的眼睛，就会发现世界上到处都存在着数学的美。

●●第三节
●斐波那契数列

斐波那契数列视频

斐波那契数列 PPT

对自然界的深刻研究是数学最富饶的源泉。

——傅里叶

一种奇特的美统治着数学王国，这种美不像艺术之美与自然之美那么相类似，但她深深地感染着人们的心灵，激起人们对她的欣赏，与艺术之美是十分相像的。

——库默

一、兔子问题与斐波那契数列

列昂纳多·斐波那契（1175—1250）是意大利数学家。1175 年斐波那契出生于比萨，早年跟随经商的父亲先到北非，并在那里接受教育，之后他又到埃及、叙利亚、希腊、西西里岛、法国等地游历，接触和熟悉了不同国度在商业上的算术体系。他每到一个国家都特别注意该国数学的发展情况，通过比较各国使用的算数，他认为阿拉伯数字和算法最先进，所以斐波那契返回意大利后，于 1202 年写了一部数学专著叫《算盘书》。《算盘书》并不是单指罗马算盘或沙盘，实际上是指一般的计算，这本书被欧洲各国选作数学教材，使用达 200 年之久，此书的最大功绩是把阿拉伯数字介绍到欧洲，极大地影响了欧洲人的思想。斐波那契是 12 世纪末到 13 世纪初欧洲数学界的一个代表性人物，是第一位研究印度和阿拉伯数学理论的欧洲人，对把印度和阿拉伯数学引入欧洲做出了巨大贡献。斐波那契数列就是在《算盘书》（1228 年修订版）中记载的一个非常有趣的"兔子问题"中提出的。

在算盘书中提到的"兔子问题"是一对兔子每一个月可以生一对小兔，那么从刚出生的一对小兔算起,满一年可以繁殖多少对兔子?

设一对刚出生的雌雄兔子,它们要一个月才到成熟期,而一对成熟大兔子每月会生一对小兔子,假设每次生的一对兔子都是一雄一雌,且所有的兔子都不病不死,那么,由一对初生兔子开始,12个月后会有多少对兔子呢?

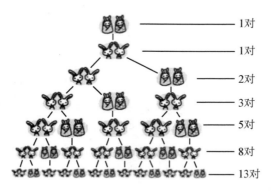

1对

1对

2对

3对

5对

8对

13对

图 2.3.1

如图 2.3.1 可以看出,第 1 个月只有一对小兔,第 2 个月变成一对大兔,第 3 个月变成 2 对兔子,第 4 个月变成 3 对兔子,第 5 个月变成 5 对兔子,第 6 个月变成 8 对兔子……

有什么规律吗?我们可以通过表 2.3.1 兔子数量变化来找规律。

表 2.3.1

月份	1	2	3	4	5	6	7	8	9	10	11	12	…
小兔子	1	0	1	1	2	3	5	8	13	21	34	55	…
大兔子	0	1	1	2	3	5	8	13	21	34	55	89	…
总数	1	1	2	3	5	8	13	21	34	55	89	144	…

按照这种对应关系可以算出,到第 12 个月时有 55 对小兔子,89 对大兔子,共有 144 对兔子,根据这个规律,可以把兔子数一直写下去,得到一个数列:

1,1,2,3,5,8,13,21,34,55,89,144,233,377,610,…

这个数列就称为兔子数列。由于它最早是由斐波那契提出的,所以也叫斐波那契数列。

斐波那契数列是一个无穷递推数列,它的特点就是从第 3 项开始,每一项都是前面两项的和,由此我们可以得到斐波那契数列的递推公式:

如果记第 n 个月的兔子数为 a_n,则 $a_n = a_{n-1} + a_{n-2}$,$n \geqslant 3$,且 $a_1 = a_2 = 1$。

我们再来看兔子问题的斐波那契数列表，如表 2.3.2 所示。

表 2.3.2

月份	1	2	3	4	5	6	7	8	…
小兔子	0	0	1	1	2	3	5	8	…
大兔子	0	1	1	2	3	5	8	13	…
总数	1	1	2	3	5	8	13	21	…

从这个表上我们还可以看出，不只是兔子总数按照斐波那契数列排列，小兔子对数，大兔子对数，除了最初几个数字不一样外，后面的也都是按照斐波那契数列排列的。这个数列增长得非常快，到第 571 个月时（第 48 年），$a_{571} > 9.6 \times 10^{118}$，这是一个非常大的数，斐波纳契的兔子在地球上早已放不下了。兔子问题只是假想的情况，如果真以这个速度繁殖的话，世界将不堪想象！

二、斐波那契数列的通项公式

斐波那契数列的通项公式是 $a_n = \dfrac{1}{\sqrt{5}}\left[\left(\dfrac{1+\sqrt{5}}{2}\right)^n - \left(\dfrac{1-\sqrt{5}}{2}\right)^n\right]$。

这又是一个十分耐人寻味的等式，我们知道斐波那契数列完全是由自然数构成的数列，各项均为正整数，然而它的通项公式却是用无理数来表达的，也就是等式左端为正整数，而右端却是一个无理式。

有人发现这个无理式中 $\dfrac{1+\sqrt{5}}{2}$ 和 $\dfrac{1-\sqrt{5}}{2}$ 如果提取一个负号的话，与求黄金比的方程 $x^2 + x - 1 = 0$ 的两个根相同，推测与黄金分割有着某种联系。求相邻两项的比，发现 $\dfrac{a_n}{a_{n+1}}$ 越到后面，就越接近黄金比。1753 年希姆松经过证明得到，当 n 趋向于无穷大时，前一项与后一项的比值的极限 $\lim\limits_{n\to\infty}\dfrac{a_n}{a_{n+1}} = \dfrac{\sqrt{5}-1}{2} \approx 0.618$，恰好就是黄金分割比，因此斐波那契数列也被称为"黄金数列"。

三、斐波那契数列的性质

斐波那契 1202 年在《算盘书》中从兔子问题得到斐波那契数列之后，并没有进一步探讨此数列，并且在 19 世纪初以前，也没有人认真研究过它。没想到过了几百年之后，19 世纪末和 20 世纪，这一问题派生出广泛的应用，从而突然活跃起来，成为热门的研究课题。

斐波那契数列就单个数字来看毫无神奇可言，但具体到相互的关系上，就会使我们大开眼界了。

（1）（斐波那契数列的定义）斐波那契数列从第 3 项开始，任意一个数字都等于其前面两个数字之和，1+1=2，1+2=3，2+3=5，3+5=8，5+8=13，8+13=21，…

（2）任意一个数与其后面的那个数之比，越往后就越接近 0.618。

$$\frac{8}{13}\approx\frac{13}{21}\approx\frac{21}{34}\approx\frac{34}{55}\approx\frac{55}{89}\approx\frac{89}{144}\approx\cdots\approx 0.618$$

（3）任意两个隔位相邻的数之比，越往后越接近 2.618。

$$\frac{13}{5}\approx\frac{21}{8}\approx\frac{34}{13}\approx\frac{55}{21}\approx\frac{89}{34}\approx\frac{144}{55}\approx\cdots\approx 2.618$$

（4）任意取数列中 10 个相邻排列的数之和均可被 11 整除，得出的结果是其中的第 7 个数，隐形数 7 和 11 也由此而来。

（1+1+2+3+5+8+13+21+34+55）÷11=13

（1+2+3+5+8+13+21+34+55+89）÷11=21

（3+5+8+13+21+34+55+89+144+233）÷11=55

（3+5+8+13+21+34+55+89+144+233+377）÷11=89

（5）黄金矩形与斐波那契数列。

斐波那契数列与矩形面积的生成相关，斐波那契数列前几项的平方和可以看作不同大小的正方形，由于斐波那契的递推公式，它们可以拼成一个大的矩形。这样所有小正方形的面积之和等于大矩形的面积。如图 2.3.2，可以看出 $1^2+1^2+2^2+3^2+5^2+8^2=8\times13$，由此可得到如下恒等式：

$$a_1^2+a_2^2+a_3^2+\cdots+a_n^2=a_n\cdot a_{n+1}$$

如图 2.3.3，将一个长 21、宽为 13 的矩形依次裁去一个最大的正方形，正方形的边长刚好是按照斐波那契数列排列，这个矩形宽与长之比为 13/21＝0.619 接近黄金矩形。图中的曲线称为斐波那契螺旋线，也称"黄金螺旋"，是根据斐波那契数列画出来的螺旋曲线，它是在以斐波那契数为边的每个正方形中画一个 90° 的扇形，连起来的弧线就是斐波那契螺旋线。

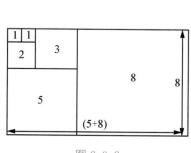

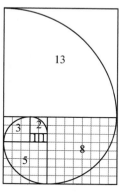

图 2.3.2   图 2.3.3

斐波那契数列的性质还有很多，有人比喻说，"有关斐波那契数列的论文，甚至比斐波那契的兔子增长得还快"，以至于在 1963 年成立了斐波那契协会，还出版了《斐波那契季刊》。

四、生活中的斐波那契数列

生活中许多情况与斐波那契数列相符，数学上有许多求"方法数"的问题，答案也经常是斐波那契数列，比如上台阶的方式。

我们要走上一个有 N 级台阶的楼梯，每次只能走一小步（就是 1 格），或者走一大步（就是 2 格），那么上楼梯一共有多少种不同的走法呢？

（1）如果只有一级台阶，一小步跨上去就可以了，显然只有一种走法；

（2）如果有两级台阶，可以一大步跨上去，也可以分两小步来走，因此有两种走法；

（3）如果有三级台阶，那么可以分三小步一级一级的上，也可以先走一小步再走一大步，或者先走一大步再走一小步，因此共三种走法（图 2.3.4）。

图 2.3.4

如果有更多级台阶，怎么办呢？由于一步最多走两级台阶，所以要到达第 N 级台阶，有两种方案：

第一种是先到达第 N−1 级台阶，然后走一小步跨上去；

第二种是先走到第 N−2 级台阶，然后再走一大步跨上去。

我们用 a_{n-1} 和 a_{n-2} 分别表示走到第 N−1 级台阶和第 N−2 级台阶的方法数，那么走到第 N 级台阶的方法就是 $a_n = a_{n-1} + a_{n-2}$，显然，这就是斐波那契数列的递推公式，因此上楼梯问题的解刚好就是斐波那契数列。

五、自然界中的斐波那契数列

斐波那契数列中的任一个数，都叫斐波那契数。斐波那契数是大自然的一个基本模式，它出现在许多场合。人类很早就从自然界中看到了数学的特征，树的分枝、向日葵种子的排列以及花瓣对称排列在花托边缘、整个花朵几乎完美无缺地呈现出辐射对称状……所有这一切都向我们展示了美丽的数学模式，遵循着斐波那契数列的规律。

1. 花瓣中的斐波那契数

春天到处开满了鲜花，数一数花瓣数，海棠 2 瓣，铁兰、百合花 3 瓣，野玫瑰、蝴蝶兰、梅花 5 瓣，秋英、飞燕草 8 瓣，万寿菊 13 瓣，向日葵 21 瓣或 34 瓣，雏菊花瓣数比较多，常见的有 34、55 和 89 三个数目的花瓣。这些花瓣数恰好是斐波那契数，而且花瓣数越多越符合斐波那契数，花瓣中的斐波那契数显示着大自然神奇、不可思议的联系。（图 2.3.5）

铁兰（3）　　　　　野玫瑰（3）　　　　　秋英（8）

图 2.3.5

2. 树枝的数目

树木的生长，由于新生的枝条，往往需要一段"休息"时间，供自身生长，而后才能萌发新枝。如图 2.3.6，一株树苗在一段间隔，如一年以后长出一条新枝；第二年新枝"休息"，老枝依旧萌发；此后，老枝与"休息"过一年的枝同时萌发，当年生的新枝则次年"休息"。这样，一株树木各个年份的枝丫数，便构成了斐波那契数列。这个规律，就是生物学上著名的"鲁德维格定律"。

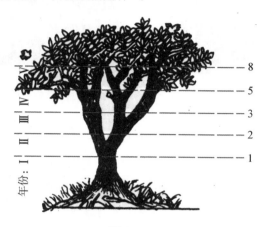

图 2.3.6

3. 斐波那契螺旋线

仔细观察向日葵花盘，你会发现两组螺旋线，一组顺时针方向盘绕，另一组则逆时针方向盘绕，并且彼此镶嵌在一起。两组螺旋线的条数往往成相继的两个斐波那契数，小向日葵一般是顺时针 34 条和逆时针 55 条，大向日葵是顺时针 89 条和逆时针 144 条，还曾发现过一个更大的向日葵，顺时针 144 条和逆时针 233 条，每组数字都是斐波那契数列中相邻的两个数。

人们发现松果种子的排列，也是两条螺旋线，顺时针 8 条，逆时针 13 条。（图 2.3.7）

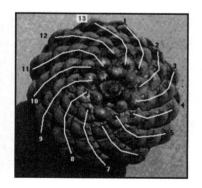

图 2.3.7

菜花表面排列的螺旋线也是两条，顺时针 5 条，逆时针 8 条。（图 2.3.8）

图 2.3.8　　　　　　　　　　　　图 2.3.9

　　这么多的自然现象都符合斐波那契数列，人们不禁要问，如果是遗传决定了花朵的花瓣数和向日葵的种子数，那么为什么斐波那契数会和它们如此地巧合？

　　1979 年，英国科学家沃格尔用大小相同的许多圆点代表向日葵花盘中的种子（图 2.3.9），根据斐波那契数列的规则，尽可能紧密地将这些圆点挤压在一起，他用计算机模拟向日葵，结果显示，若发散角小于黄金角 137.5°，那么花盘上就会出现间隙，且只能看到一组螺旋线；若发散角大于黄金角 137.5°，花盘上也会出现间隙，并且也只能看到另一组螺旋线；只有当发散角等于黄金角 137.5°时，花盘上才呈现彼此紧密契合的 2 组螺旋线。

　　生物学家给出的解释是：这是植物生长的动力学特性造成的，相邻器官原基之间的夹角是黄金角——137.5°，这使种子的堆集效率达到最高。向日葵等植物在生长过程中，只有选择这种模式，花盘上种子的分布才最为有效，花盘也变得最坚固壮实，产生后代的概率也最高。由此我们也看到斐波那契数列与黄金分割、黄金角密不可分。

　　大自然有许多神奇的地方等待我们去探索，可以说，斐波那契以他的兔子问题，猜中了大自然的奥秘，而斐波那契数列的种种应用，也是这个奥秘的不同体现，真是妙哉数学！

第三章

数字之趣

●● 第一节
● 有趣的数字

有趣的数字视频　　有趣的数字 PPT

数统治着宇宙。

——毕达哥拉斯

整数的简单构成，若干世纪以来一直是使数学获得新生的源泉。

——伯克霍夫

数论是人类知识最古老的一个分支，然而它的一些最深奥的秘密与其最平凡的真理是密切相连的。

——史密斯

:

自毕达哥拉斯学派的"万物皆数"以来，数字成为语言学中的一个特殊领域。在科学的世界里，数字的功能是计算；而在人类心灵的世界里，数字的功能还有表义，许多数字经过"神化"后成为"玄数""天数"，由于东西方文化的差异，它们有着极其丰富的外延和内涵。

一、数学黑洞

在茫茫的宇宙中，存在着一种极其神秘的天体"黑洞"，它的密度极大，引力极强，任何物质（包括速度最快的光）经过它的附近，都会被它吸进去，再也出不来。在数学中也有这种神秘的黑洞现象。

数学黑洞是一种进行一些特殊的计算时产生的数学现象。对于数学黑洞，无论怎样设置，在规定的处理法则下，最终都将得到一个固定值，再也跳不出去，就像宇宙中的黑洞，可以将任何物质牢牢抓住，使它们不能逃脱一样。

比如，设置一个任意数字串，数出这个数中的偶数个数、奇数个数，以及这个数中所包含的所有位数的总数，按"偶—奇—总"排列，经过多次重复操作，一定可以得到123，任何数的最终结果都不会逃出123，123就是一个数字黑洞。

例如，任取一个数35962，数出这个数中的偶数个数2个，奇数个数3个，所有数字的个数5个。用偶数个数、奇数个数和所有数字个数按顺序排成一个数串，就是235。重复上述程序，再数一下，偶数1个、奇数2个、所有数字总数3个，就会得到123。将数串123再重复数一下，仍然还是123，这个数最终掉进了"123黑洞"。

是否所有数最后都能得到123呢？我们再用一个大数试试。例如，14285785079173454969，在这个数中，偶数8个，奇数12个，所有数字20个，将这三个数连接起来，得到81220。将这个数串重复这个程序，偶数4个，奇数1个，所有数字5个，得到415，再重复这个程序，偶数1个，奇数2个，共有3个数字，得到123，于是便进入了"123黑洞"。

这个神秘的数学黑洞，在西方叫作"西西弗斯串"。西西弗斯的故事出自《荷马史诗》。西西弗斯是古希腊时的一个暴君，死后坠入地狱，被罚做苦工，要他把巨大的石头推上山。此人力大如牛，欣然从命，可是每次他将石头快推到山顶时，石头就会无缘无故地又滚落下来，于是他只能重新再推，如此循环往复，永无尽头。之所以把数字串"123"称作"西西弗斯串"，意思就是说，对于任意一个数字串，按以上规则重复进行下去，所得到的结果都是123，而且一旦转变为123后，无论再按以上规则进行多少次，每次所得到的结果都会永无休止地重复着123。

刚才我们用的是大数，把大数比作大石头，总是滚落下来，那换成小数（雨花石）看看还会滚落下来吗？

假如用9来算，偶数0个，奇数1个，所有数字1个，就是011。重复这个程序，偶数1个，奇数2个，总数3个，又回到了123，仍然逃不出"123"这个数学黑洞。

那么对于0又会怎样呢？可以算出，偶数1个，奇数0个，总数1个，就是101。重复这个程序，偶数1个，奇数2个，总数3个，又回到了123。也就是说，所有的数经过这样的处理后都会变为123，这个程序对数的"宇宙"来说就是一个"黑洞"，谁都逃不出去。

为什么会有"123"这样的数学黑洞（西西弗斯串）呢？

记偶数个数为 k，奇数个数为 n，所有数字个数为 m，则

（1）当这个数是一个一位数时，如果是奇数，则偶数 $k=0$，奇数 $n=1$，所有数字 $m=1$，组成新数 011。重复这个程序，偶数 $k=1$，奇数 $n=2$，总数 $m=3$，得到新数 123；

如果是偶数，则偶数 $k=1$，奇数 $n=0$，所有数 $m=1$，组成新数 101，重复这个程序，偶数 $k=1$，奇数 $n=2$，总数 $m=3$，仍然得到 123。

（2）当这个数是一个两位数时，如果是一奇一偶，则 $k=1$，$n=1$，$m=2$，组成新数 112，重复这个程序，则 $k=1$，$n=2$，$m=3$，得到 123；

如是两个都是奇数，则 $k=0$，$n=2$，$m=2$，组成 022，重复这个程序，则 $k=3$，$n=0$，$m=3$，得 303，重复这个程序，则 $k=1$，$n=2$，$m=3$，也得 123；

如果两个都是偶数，则 $k=2$，$n=0$，$m=2$，得 202，重复这个程序，则 $k=3$，$n=0$，$m=3$，得 303，由前面亦得 123。

（3）当这个数是一个三位数时，如果三个数都是偶数，则 $k=3$，$n=0$，$m=3$，得 303，重复这个程序，则 $k=1$，$n=2$，$m=3$，得 123；

如果是三个奇数，则 $k=0$，$n=3$，$m=3$，得 033，重复这个程序，则 $k=1$，$n=2$，$m=3$，得 123；

如果是两偶一奇，则 $k=2$，$n=1$，$m=3$，得 213，重复这个程序，则 $k=1$，$n=2$，$m=3$，得 123；

如果是一偶两奇，则 $k=1$，$n=2$，$m=3$，立即可得 123。

（4）当这个数是一个 M（$M>3$）位数时，则这个数由 M 个数字组成，其中 N 个奇数，K 个偶数。由 KNM 连接产生一个新数，这个新数的位数要比原数小。重复以上步骤，一定可以得到一个三位数的新数 knm。根据前面的讨论，三位数一定能化为 123，由此可以推断，所有数经过多次这种变换后都可以变为 123。

以上仅是对这一现象产生的原因，简要地进行分析，若采取具体的数学证明，演绎推理步骤还相当烦琐和不易。关于"西西弗斯串"现象的证明直到 2010 年 5 月 18 日才由中国学者秋屏先生作出严格的数学证明，并推广到六个类似的数学黑洞（"123"

"213""312""321""132"和"231"），并发表了论文：《"西西弗斯串（数学黑洞）"现象与其证明》。自此，这一令人百思不解的数学之谜才被彻底破解。此前，美国宾夕法尼亚大学数学教授米歇尔·埃克先生仅仅对这一现象作过描述介绍，却未能给出令人满意的解答和证明，这一问题最终是由中国学者证明的。

二、完全数

完全数又称完美数或完备数，是一些特殊的自然数，如果一个自然数正好等于除去它本身以外的所有的因数之和，这个自然数就叫完全数。

比如 6，6 的因数有 1，2，3，6，除去 6 本身外，还有 1，2，3 三个因数，1＋2＋3＝6，6 恰好是除去本身外所有因数之和，所以 6 是最理想、最完美的数，是最小的完全数。

除了 6 以外 28 也是完全数。28 的因数有 1，2，4，7，14，28，28 的因数除了它本身以外，还有 1，2，4，7，14 五个因数，28＝1＋2＋4＋7＋14，所以 28 也是完全数。

公元前 6 世纪的毕达哥拉斯是最早研究完全数的，他已经知道 6 和 28 是完全数，毕达哥拉斯曾说："6 象征着完满的婚姻以及健康和美丽，因为它的部分之和等于它自身。"在古代，意大利人把 6 看作属于爱神维纳斯的数，以象征美满的婚姻，6 在中国文化中也象征着吉祥如意，幸福安康，更是结婚的吉日。

完全数诞生后，吸引着众多数学家与业余爱好者像淘金一样去寻找，但是寻找完全数并不容易，人们用了近两千年才找到第三个完全数 496 和第四个完全数 8128，直到 1456 年才发现了第五个完全数 33550336，到了 19 世纪才找到了第九个完全数，它有 37 位，到目前为止，一共找到了 48 个完全数。

那么完全数有没有一个公式可以计算出来呢？其实早在古希腊时期，欧几里得就知道完全数可以由公式 $N = 2^{n-1} \times (2^n - 1)$ 给出，这里 n 和 $2^n - 1$ 必须都是素数。这个公式的充分性是由欧几里得证明的，而必要性是由欧拉证明的。表 3.1.1 是前 8 个完全数的简表，奇妙的是，所有已发现的完全数都是以 6 或 28 结尾的，到目前为止，所有的完全数都是偶数，甚至连一个奇完全数都未发现，可是仍然未能证明奇完全数是不存在的，这又是一个等待人们去探索的谜。

表 3.1.1

序号	相应的完全数	n 的值
1	6	2
2	28	3
3	496	5
4	8 128	7
5	33 550 336	13
6	8 589 869 056	17
7	137 438 691 328	19
8	2 305 843 008 139 952 128	31
	$N = 2^{n-1}(2^n - 1)$ n 和 $(2^n - 1)$ 必须为素数	n

关于完全数的性质，还有很多有趣的故事，下面我们来看一个分饼的故事。

有一天妈妈从外面带回一张饼来，由于三兄弟在家表现不一样，妈妈说这次不能平分，要分三块不一样大的，以示奖罚。妈妈说老大干活最多分 $\frac{1}{2}$，老二干活少分 $\frac{1}{3}$，老三调皮捣蛋没干活分 $\frac{1}{6}$，说来也巧，$\frac{1}{2} + \frac{1}{3} + \frac{1}{6} = 1$。如果有五兄弟，要想分的都不一样，这张饼该如何分呢？

完全数有一个重要的性质，假定 N 是一个完全数，把它所有因数都写出来，也包括 N 本身，然后划去最小的 1，再把各个因数的倒数加起来，则它们的和正好是 1。在刚才分饼的过程中，$\frac{1}{2}$，$\frac{1}{3}$，$\frac{1}{6}$ 刚好是完全数 6 的除了 1 之外所有因数的倒数，所以它们的和正好是 1，也就是刚好把一张饼分完。

根据这个性质，如果是五兄弟来分这张饼，可以用 28 的 5 个因数，老大分 $\frac{1}{2}$，老二分 $\frac{1}{4}$，老三分 $\frac{1}{7}$，老四分 $\frac{1}{14}$，老五分 $\frac{1}{28}$，这五个数恰好是完全数 28 的除了 1 以外的所有因数的倒数，因此加起来也是 1。

$$\frac{1}{2} + \frac{1}{4} + \frac{1}{7} + \frac{1}{14} + \frac{1}{28} = 1$$

三、亲和数

人和人之间有爱情、友情和亲情，数与数之间也有相亲相爱，220 和 284 就是一对最浪漫的数，称为亲和数，又称相亲数。亲和数就是指两个正整数中，彼此的全部因数之和（本身除外）与另一方相等。

220 共有 12 个不同的因数：1，2，4，5，10，11，20，22，44，55，110，220，除去220 本身，它的所有因数之和正好是 284，即 1＋2＋4＋5＋10＋11＋20＋22＋44＋55＋110＝284。

284 共有 6 个不同的因数 1，2，4，71，142，284，除去 284 本身，它的所有因数之和又正好是 220，即 1＋2＋4＋71＋142＝220。

这两个数，你中有我，我中有你，你的因数之和等于我，我的因数之和又正好等于你，这对奇异的数就像一对亲密无间的恋人，相亲相爱，形影不离，他们彼此相互渗透，相互包容，直至完全融为一体，就像两个相爱的人共同演绎一段美好的爱情。据说中世纪曾流行过这种成对的护身符，一个刻着 220，一个刻着 284，用于恋人们祈求爱情的忠贞。

亲和数的历史可以追溯到遥远的古希腊时代，人们发现某些自然数之间有特殊的关系，如果两个数 a 和 b，a 的所有除本身以外的因数之和等于 b，b 的所有除本身以外的因数之和等于 a，则称 a 和 b 是一对亲和数或相亲数。

毕达哥拉斯学派认为"数"能说明一切事物，因为"万物皆数"。相传毕达哥拉斯的一个门徒向他提出这样一个问题："我结交朋友时存在着数的作用吗？"毕达哥拉斯毫不犹豫地回答："朋友是你的灵魂的倩影，要像 220 和 284 一样亲密，"又说："什么是朋友呢？就像 220 和 284 这两个数，一个是你，另一个是我。"从此，毕达哥拉斯学派就把 220 和 284 叫作"亲和数"，或者叫"朋友数"，或叫"相亲数"。

220 和 284 是毕达哥拉斯发现的第一对亲和数，也是最小的一对亲和数。自毕达哥拉斯后的 1500 年间，世界上有很多数学家致力于探寻亲和数，有些人甚至为此耗尽毕生心血，却始终没有收获。9 世纪伊拉克哲学、医学、天文学和物理学家泰比特·依本库拉曾提出过一个求亲和数的法则，因为它的公式比较繁杂，难以操作，再加上难以辨别真假，所以并没有给人们带来惊喜，数学家仍然没有找到第二对亲和数。到 16 世纪已经有人认为自然数里就仅有这一对亲和数了，于是一些有心人士给亲和数抹上迷信色彩，或者增添神秘感，编出了许多神话故事。

距离第一对亲和数诞生 2500 多年以后，历史的车轮转到了 17 世纪。1636 年，法国业余数学家之王费尔马找到了第二对亲和数 17296 和 18416，重新点燃寻找亲和数的火炬。两年之后，解析几何之父，法国数学家笛卡儿于 1638 年 3 月 31 日宣布找到了第三对亲和数 9437506 和 9363584，费尔马和笛卡儿在两年的时间里打破了两千多年的沉寂，激起了数学界重新寻找亲和数的热情。在 17 世纪以后的岁月，许多数学家投身到寻找新的亲和数的行列，他们企图用灵感与枯燥的计算，发现新大陆，可是无情的事实，使他们醒悟到已经陷入了一座数学迷宫，不可能出现法国人的辉煌了。正当数学家们感到绝望的时候，1747 年，年仅 39 岁的瑞士数学家欧拉向全世界宣布，他找到了30 对亲和数，打破了一个世纪的沉寂，他认为 2620 和 2924 是最小的第二对亲和数，而不是费尔马找到的那对，后来他又将亲和数扩展到 60 对，不仅列出了亲和数的数表，而且还公布了全部运算过程。人们以为欧拉把亲和数都找完了，谁料想过了 120 年，1867 年意大利有一个爱动脑筋勤于计算的 16 岁的中学生帕格尼尼，竟然发现数学大师欧拉的疏漏，在 284 和 2620 之间，找到了一对较小的亲和数 1184 和 1210，这一对亲和数竟然没有被大师发现，这戏剧性的发现的确让数学家们如醉如痴！

在以后的半个世纪的时间里，人们在前人的基础上不断更新方法，陆陆续续又找到了许多对亲和数，到了 1923 年，数学家麦达其和叶维勒汇总前人研究成果与自己的研究所得，发表了 1095 对亲和数，其中最大的数有 25 位。同年，另一个荷兰数学家李乐找到了一对有 152 位数的亲和数。在找到的这些亲和数中，人们发现亲和数的个数越来越少，数位越来越大。后来有了计算机，人们找到了更多的亲和数。

人们发现亲和数要么是一对偶数，要么是一对奇数，还没有找到一对一奇一偶的亲和数，人们不禁要问是否存在一奇一偶的一对亲和数呢？数学家们还发现，如果一对亲和数的数值越大，则这两个数之比就越接近于 1，这是不是亲和数应有的规律呢？这些都是等待人们去探寻的数学之谜。

●● 第二节
● 素数和哥德巴赫猜想

素数和哥德巴赫 　　素数和哥德巴赫
猜想视频 　　　　　猜想 PPT

　　数学中的一些美丽定理具有这样的特性：它们极易从事实中归纳出来，但证明却隐藏得极深。

——高斯

　　攀登科学高峰，就像登山运动员攀登珠穆朗玛峰一样，要克服无数艰难险阻，懦夫和懒汉是不可能享受到胜利的喜悦和幸福的。

——陈景润

　　天才在于积累，聪明在于勤奋。

——华罗庚

·
·
·
·

　　著名数学家高斯曾说过："数学是科学的女皇，数论是数学的女皇。"数论中最引人入胜的问题之一是"哥德巴赫猜想"，被誉为"数学皇冠上的明珠"。这个悬而未决的世界难题与一类特殊的数有关，这类数就是素数。

一、素数

　　素数又称为质数，是指除了 1 与本身以外，不能被其他自然数整除的数，否则称为合数。按规定，1 既不是素数也不是合数，最小的素数是 2，其余的是 3，5，7，11，13，17，19…

　　为什么 1 不是素数？素数对于数论与一般数学的重要性来自"算术基本定理"，算术基本定理确立了素数在数论里的核心地位。算术基本定理是：任何大于 1 的整数，均可被表示成一串唯一素数之乘积，也就是每个大于 1 的整数，均可写成一个以上的素数之乘积，且除了素因数的排序不同外，是唯一的。比如 $15=3×5$，$8=2×2×2$，$6=2×3$。如果 1 也算素数的话，那么 $6=1×2×3$，也可以写成 $1×1×2×3$，还可以写成 $1×1×1×2×3$ 等，因为在因式分解中可以有任意多个 1，这就不是唯一的素数之乘积了。因此，为了确保该定理的唯一性，1 被定义为不是素数。

1. 寻找素数的方法——埃拉托塞尼筛法

如何从自然数中把素数挑出来呢？两千多年前，古希腊数学家、亚历山大图书馆馆长埃拉托塞尼提出了一种寻找素数的方法：就是写出从 1 到任意一个你所希望达到的数为止的全部自然数，首先把从 4 开始的所有偶数下面画短横线，表示把这些数除掉，再把能被 3 整除的下面没画短横线的数再画上横线，这些数有 9，15 等，接着在能被 5 整除的下面没画横线的数画横线，这样的数有 25，35 等，一直这样做下去，最后得到一列下面没有画横线的数，这些数除 1 之外，全部都是素数。后来把这样寻找素数的方法叫作埃拉托塞尼筛法（图 3.2.1），它可以像从沙子里筛石头那样，把素数从自然数中筛出来，所有的素数表都是根据这个筛法原则编制出来的。

$$1, 2, 3, \underset{}{\underline{4}}, 5, \underset{}{\underline{6}}, 7, \underset{}{\underline{8}}, \underset{3}{\underline{9}}, \underset{}{\underline{10}}, 11, \underset{3}{\underline{12}}, 13, \underset{}{\underline{14}}, \underset{3}{\underline{15}}, \underset{}{\underline{16}}, 17, \underset{3}{\underline{18}}, 19, \underset{}{\underline{20}}, \underset{3}{\underline{21}}, \underset{}{\underline{22}}, 23, \underset{}{\underline{24}}, \underset{5}{\underline{25}}, \cdots$$

图 3.2.1

1909 年莱默发表了不超过 1000 万的素数表。计算机出现以后，寻找素数的工作进展很快。20 世纪 60 年代，美国数学家宣布在他们的电子计算机里存储着五亿个素数，那么素数究竟有多少个呢？

这个问题早在两千多年前，已经由古希腊著名数学家欧几里得很巧妙地解决了。欧几里得说："素数有无穷多个"。

用反证法证明：如果素数只有有限个，必然存在着一个最大的素数 P，可以把从 2 开始到 P 为止的所有素数相乘，然后再把它们的乘积加 1，这样得出的数，被 2 到 P 之间所有的素数除，均余 1，所以这个数本身就是素数，它是一个比 P 更大的素数，因此不可能存在一个最大的素数，这说明素数有无穷多个。

2. 孪生素数

在无穷无尽的素数之中，数学家发现了素数的许多子集。其中间隔为 2 的一对是孪生素数。一胎所生的哥俩叫孪生兄弟，数学上把相差为 2 的两个素数称为"孪生素数"或"双生素数"。孪生素数并不少见，比如 3 和 5、5 和 7、11 和 13、17 和 19、29 和 31 都是孪生素数；再大一点的，有 101 和 103、10016957 和 10016959，还有 1000000007 和 1000000009 等。

人们已经知道的小于 10 万的自然数中，有 1224 对孪生素数，小于 100 万的自然数中，有 8164 对孪生素数，小于 3300 万的自然数中有 152892 对孪生素数。那么孪生素数会不会有无穷多对呢？这个问题至今没有解决，早就有人猜测孪生素数有无穷多对，但是没有人能证明，所以至今仍是一个谜。

3. 自然界中的素数

美洲蝉为防止掠食者的攻击巧妙地运用了素数。蝉大半生都是幼虫，没有翅膀，栖息地下，啜饮树液。接近成年时，它们便奋力出壳，爬上树木，生出双翅，幼虫的这些动作一气呵成，这一时期也是配对的最佳时机，但它们得先在地下蛰伏 13 或 17 年。这两个数是素数，意味着掠食者无法与它们的生命周期同步。假如掠食者在这片地区 10 年一轮回，就逮不到 13 年周期的那批蝉。即使它赶上了 13 年的那批，也赶不上 17 年的那批。多亏了素数，美洲蝉才能繁衍至今。

二、哥德巴赫猜想——数学皇冠上的明珠

素数领域一个著名的难题就是被誉为"数学皇冠上的明珠"的哥德巴赫猜想。哥德巴赫（1690—1764）是德国人，彼得堡科学院院士。1742 年 6 月 7 日，哥德巴赫写信告诉欧拉，说他想发表一个猜想，每个大偶数都可以写成两个素数之和。同年 6 月 30 日，欧拉给他回信，说每一个偶数都是两个素数之和，虽然我还不能证明它，但我确信这个论断是完全正确的。

哥德巴赫猜想也可以表述成"任一个大于 2 的偶数都可以表示为两个素数之和"，比如 6＝3＋3，8＝5＋3，10＝5＋5，12＝5＋7，28＝5＋23，100＝11＋89 等。对于哥德巴赫的这个猜想，有人对偶数逐个进行了检验，一直演算到 3300 万，发现这个猜想都是对的。可是偶数的个数有无穷多个，几亿个偶数代表不了全体偶数，因此这个猜想对于全体偶数是否正确，还不能肯定。

哥德巴赫猜想的结论是如此简单，但它的证明却是如此的困难。直到 19 世纪末，哥德巴赫猜想的证明也没有什么进展。证明哥德巴赫猜想的难度，远远超出了人们的想象。1900 年，在跨越 20 世纪的千禧之年，德国著名数学家希尔伯特（1862—1943），在第二届国际数学家大会上，把"哥德巴赫猜想"列为世界数学需要研究的 23 个数学难题之一。1912 年德国著名数论大师兰道（1877—1938）在第五届国际数学家大会上声称："即使要证明下面较弱的命题：任何不小于 6 的整数都能表示成 C（C 为一个确定整数）个素数之和，这也是现代数学力所不能及的。"可见这个猜想证明的难度之大。

20 世纪初，数学家发现直接攻破这个堡垒很困难，就采用了迂回战术。先从简单一点的外围开始，如果能先证明出每个大偶数都是两个素因子不太多的数之和，比如 $50 = 5 \times 7 + 3 \times 5$，说明偶数 50 可以表示为"各含有两个素因子的数之和"简记为"2＋2"，这里的 2 是表示素因子的个数。然后逐步减少每个数所含素因子的个数，直到最后每个数只含一个素因子，也就是说这两个数本身就是素数，也就是"1＋1"，这样就可以证明哥德巴赫猜想了。

人们在这种研究过程中开始引进了"殆素数"的概念。殆素数就是素因子的个数（包括相同的和不相同的），不超过某一固定常数的自然数。我们知道除 1 以外，任何一个正整数，一定能表示成若干素数的乘积，其中每一个素数都叫作这个正整数的素因子，相同的素因子要重复计算，它有多少素因子是一个确定的数。例如 $25 = 5 \times 5$ 有两个素因子，$26 = 2 \times 13$ 有两个素因子，$27 = 3 \times 3 \times 3$ 有三个素因子，$28 = 2 \times 2 \times 7$ 有三个素因子，29 是个素数只有一个素因子，$30 = 2 \times 3 \times 5$ 有三个素因子。于是可以说 25、26、29 是素因子不超过 2 的殆素数，27、28、30 是素因子不超过 3 的殆素数。

用殆素数这一概念，可以将哥德巴赫猜想描述为"每一个充分大的偶数都是素因子的个数不超过 s 与 t 的两个殆素数之和"，即命题简化为证明"$s+t$"。这样哥德巴赫猜想的最后证明方向就更明朗化了，如果能证明任何充分大的偶数都能表示成一个素数加上两个素数相乘，就证明了"1＋2"，进而如果能证明"1＋1"，就证明了任何一个充分大的偶数都能表示成一个素数加上一个素数，按照这个思路就可以解决哥德巴赫猜想问题了。

这是一个世界性的数学会战的大难题，数学家们开始向"1＋1"进军了。

1920 年挪威数学家布朗证明了每个充分大的偶数都可以表示为 2 个素因子不超过 9 的正整数之和，简记为"9＋9"。

1924 年，德国数学家拉德马赫（Rademacher）证明了"7＋7"。

1932 年，英国数学家埃斯特曼（Estermann）证明了"6＋6"。

1938 年，苏联数学家布赫斯塔勃证明了"5＋5"，随后在 1940 年又证明了"4＋4"。

1956 年，中国数学家王元证明了"3＋4"。

1957 年，中国数学家王元又证明了"3＋3"和"2＋3"。

1962 年，中国数学家潘承洞和苏联数学家巴尔班分别独立证明了"1＋5"。

1963 年，王元、潘承洞和巴尔班又分别证明了"1＋4"。

1965 年，苏联数学家布赫斯塔勃和维诺格拉朵夫以及意大利数学家庞比利分别独立证明了"1＋3"。

1966 年，中国数学家陈景润宣布证明了"1＋2"，并于 1973 年发表了他的著名论文《大偶数表为一个素数及一个不超过两个素数的乘积之和》，在国际上引起了轰动。

从陈景润的"1＋2"到最后的"1＋1"，仅有一步之遥了，但到目前为止，数学家们虽努力改进证明方法，但仍然没有明显进展。这一颗耀眼而孤独的"皇冠上的明珠"，仍等待着人们去摘取。

在数学家们一次次的攻关过程中，发明了许多新的数学方法和理论，从这个意义上讲，在向世界难题进军过程中所做的努力和尝试，对数学的促进与推动也许比最终解决难题本身更有意义！

三、陈景润的故事

关于陈景润（图 3.2.2）的故事，在 1978 年第 1 期《人民文学》杂志上，著名诗人徐迟的报告文学《哥德巴赫猜想》有详细介绍。这篇报告文学热情讴歌了数学家陈景润在攀登科学高峰中的顽强意志和苦战精神，展示了陈景润解决哥德巴赫猜想这一著名世界难题的卓越贡献。

图 3.2.2

陈景润，1933 年出生于福建福州，父母是邮局职员，母亲一共生了 12 个孩子，可是只活了六个，陈景润排行老三，母亲终日劳动也顾不上疼他爱他，再加上日寇和国民党的烧杀抢夺，给陈景润幼小的心灵留下了创伤，他性格孤僻，个子矮小。

陈景润非常喜爱读书，上小学和中学时是班里有名的读书迷，同学们都佩服他背诵书本的能力。他说："我读书不止满足于读懂，而是要把读懂的东西背得滚瓜烂熟，熟能生巧。"他把数理化的许多定义、定理、公式全装进脑子里，等需要的时候就拿来用。

陈景润平时少言寡语，可非常勤学好问，为了深入探讨知识，他主动接近老师请教问题，或借阅参考书。为了不耽误老师的时间，他总是利用课后老师散步或者放学的路上，跟老师一边走，一边请教数学问题。他说，"只要是谈论数学，我就滔滔不绝，不再沉默寡言了"。

陈景润的高中是在福州的英华中学读的。在这所中学里，有一位数学老师叫沈元，他曾是清华大学航空系主任，沈老师知识渊博，他在数学课上给同学们讲了许多有趣的数学知识。有一次，他给学生们讲了一个数学难题——哥德巴赫猜想。他说："当初俄罗斯的彼得大帝建设彼得堡，聘请了一大批欧洲的大科学家，其中有瑞士大数学家欧拉，还有一个德国的中学老师哥德巴赫，也是数学家。1742 年，哥德巴赫发现每一个大偶数都可以写成两个素数的和，他对许多偶数进行的检验，都证明是正确的，但是这需要给予证明，因为尚未经过证明，只能称之为猜想。他自己不能够证明，就写信请教赫赫有名的大数学家欧拉，请他帮忙证明，可是欧拉和哥德巴赫一生都没能证明这个猜想，从此这成了一道难题，吸引了成千上万数学家的注意，200 多年来，多少数学家企图证明这个猜想都没有成功。"

沈老师跟学生们说："自然科学的皇后是数学，数学的皇冠是数论，哥德巴赫猜想则是皇冠上的明珠。大家都知道偶数和奇数，也都知道素数和合数，这些小学三年级就学过了，这不是最容易的吗？不，这道题看起来容易，要想证明却很难很难，这是最难的一道题，要是谁能够做出来，那可不得了啊！"

沈老师又说："中国古代出过许多著名的数学家像刘徽、祖冲之、秦九绍、朱世杰等，你们能不能也出一个数学家？昨天晚上我做了一个梦，梦见你们当中出了个了不起的人，他证明了哥德巴赫猜想。"

沈老师最后一句话引得同学们哈哈大笑。陈景润却没笑，他暗下决心，一定要为中国争光，立志攻克数学堡垒。

第二年福州解放，沈老师回清华了。那年陈景润上高中三年级，因为交不起学费，上半年他没上学，在家自学了一个学期。虽然他高中没有毕业，但以同等学力报考，1950 年考进了厦门大学。那年厦门大学里只有数学物理系，陈景润读大二时才有了一个数学组，但只有 4 个学生。进入大学后，他更加用功了，大学的书本又大又厚，携带阅读十分不方便，他就把书拆开。比如，他曾把华罗庚教授的《堆垒素数论》和《数学导论》拆成一页一页的，随时带着读。陈景润坐着读，站着读，躺着读，一直把一页页的书都读烂了。

大学毕业之后，陈景润被分配到北京四中当了一段时间中学数学老师，但是他不擅长说话，完全不适合当老师。他想他也许会失业，但又有什么办法呢。他节衣缩食，连一只牙刷也舍不得买。他从来不随便花一分钱，把全部收入都积蓄下来。他横下心来，失业就回家，还继续搞他的数学研究。积蓄的这几个钱是他用来搞数学的，这保证他失了业也还能研究数学，他的生命就是数学，可是一旦积蓄用光了，以后怎么办，他不知道那时又该怎么办。积忧成疾，后来他被送进医院，经检查患了肺结核和腹膜结核病，这一年，他住院六次，做了三次手术。厦门大学校长王亚南来北京，在教育部开会，那个中学的一位领导见了他，谈起陈景润很不满意，提了一大堆的意见，说你们怎么培养了这样的高材生？王亚南校长听到意见后非常吃惊，他一直认为陈景润是他们学校最好的学生，他不同意他听到的意见，他认为这是分配学生的工作时分配不得当，他同意让陈景润回到厦门大学。

陈景润回到厦门大学后被安排在图书馆工作。王亚南惜才，不让他管理图书，只让他专心致志地研究数学，陈景润终于有时间专心钻研他喜爱的数学了。陈景润在厦门大学图书馆中很快写出了数论方面的专题文章，文章寄给了中国科学院数学研究所。华罗庚所长看了他的论文，从论文中看到陈景润是很有前途的数学天才，建议把陈景润调到数学研究所当实习研究员，专门从事数学研究，陈景润欣喜若狂。当年华罗庚就是被清华大学教授、我国老一辈数学家熊庆来发现的，华罗庚又发现了陈景润，数学接力棒就是这样一代一代传下去的。

陈景润调到数学研究所后，数学研究取得了长足进步，在许多著名数学问题上，如"圆内整点问题""华林问题"等都取得了重要成果。有了这些基础之后，他开始研究哥德巴赫猜想，准备摘取这颗数学皇冠上光彩夺目的明珠。他废寝忘食，昼夜不舍，潜心思考，以惊人的顽强毅力向哥德巴赫猜想进军。

终于在 1966 年 5 月，陈景润向全世界宣布，他证明了"1＋2"，离最终目的"1＋1"只有一步之遥了。由于陈景润的证明过程太复杂，写的论文有 200 多页，所以没有全部发表，闵嗣鹤老师给他细心阅读了论文原稿，检查了又检查，核对了又核对，肯定了他的证明是正确的，是靠得住的，他对陈景润说："去年人家证明'1＋3'用的是大型的高速的计算机，而你证明'1＋2'却完全靠你自己运算，难怪论文写得太长了"。

数学要求准确简洁，陈景润不满足于现在的成果，他要简化自己的证明过程。正在他修改论文时，"文化大革命"开始了，陈景润被限制了生活的自由。后来虽然放松了一点，但是不允许他继续从事数学研究，把他屋里的电灯拆走了，灯绳也剪断了。黑暗怎么能遮住陈景润内心的光明呢？陈景润买了一盏煤油灯，把窗户用纸糊严，使外面看不到屋里，继续从事研究，但是疾病使他虚弱到了极点。他说："我的论文是做完了，又是没有做完的，自从我到数学研究所以来，在严师、名家和组织的培养、教育、熏陶下，我是一个劲地钻研，不这样怎么能对得起党。在世界数学的数论方面三十多道难题中，我攻克了六七道难题，推进了它们的解决，这是我的必不可少的锻炼和必不可少的准备，然后我才能向哥德巴赫猜想挺进，为此我已经耗尽了我的心血。我知道我的病早已严重起来，我是病入膏肓了，细菌在吞噬我的肺脏内脏，我的心力已到了衰竭的地步，我的身体确实是支持不了了，唯独我的脑细胞是异常的活跃，所以我的工作停不下来，我不能停止……"。

毛主席和周总理知道了陈景润的工作和处境，把他送进医院，使他获得了新的生命力。1973 年，他全文发表了《大偶数表为一个素数及一个不超过两个素数的乘积之和》这篇重要论文。陈景润的论文在国际数学界得到了极大的反响，受到世界数学界和著名数学家的高度重视和称赞。当时英国数学家哈伯斯坦姆与西德数学家李希特合著的一本名为《筛法》的数论专著正在校对，他们见到陈景润的论文后，要求暂不付印，在书中加了一章《陈氏定理》，他们誉之为筛法的"光辉的顶点"。一位英国数学家写信给陈景润说："你移动了群山。"

真是愚公一般的精神啊，若问这个"陈氏定理"有什么用处呢？它在哪些范围内有用呢？大凡科学成就有这样两种，一种是经济价值明显，可以用多少万多少亿人民币来精确地计算出价值的，叫作"有价之宝"。另一种成就是在宏观世界、微观世界、经济建设、国防科研、自然科学、辩证唯物主义哲学等中有某种作用，其经济价值无从估计、无法估计、没有数字可能计算的，叫作"无价之宝"。"陈氏定理"就是这样的无价之宝。

陈景润，这位距"皇冠上的明珠"最近的数学家，1996年离我们而去了，他的成就曾一度唤起人们冲击哥德巴赫猜想的激情。

2000年3月，英国和美国两家出版公司悬赏百万美元征求哥德巴赫猜想的最终解决方案，再次使之成为社会关注的热点，但迄今为止，无人能解。我国著名数学家潘承洞曾撰文指出，"对于这一猜想的最终解决，现在看不出沿着人们的设想的途径，有可能去解决。这一猜想陈景润先生生前已将现有的方法用到了极致，对哥德巴赫猜想的进一步研究，必须有个全新的思路"。现在离皇冠上的明珠只有一步之遥了，且看明珠归于谁之手吧！

第三节
别具韵味的数字诗

别具韵味的数字诗视频　　别具韵味的数字诗 PPT

　　读史使人明智，读诗使人灵秀，数学使人周密，科学使人深刻，伦理学使人庄重，逻辑修辞之学使人善辩；凡有所学，皆成性格。

——培根

　　古今之成大事业、大学问者，必经过三种之境界："昨夜西风凋碧树，独上高楼，望尽天涯路"，此第一境也；"衣带渐宽终不悔，为伊消得人憔悴"，此第二境也；"众里寻他千百度，蓦然回首，那人却在灯火阑珊处"，此第三境也。

——王国维

　　中国古代诗词是华夏文明的重要组成部分，是文学的瑰宝。在文学这个百花园中，有些诗同数学时有联姻，著名作家秦牧在其名著《艺海拾贝》中就有《数字与诗》一节，他认为数字入诗，别具韵味，充满智慧，情趣横溢，诗意盎然。

一、数字入诗

山村咏怀

（宋）邵雍

一去二三里，烟村四五家。

亭台六七座，八九十枝花。

　　《山村咏怀》是北宋哲学家邵雍所作的一首诗。这首诗通过十个数字把烟村、人家、亭台、鲜花等景象排列在一起，构成一幅田园风光图，并创造出一种淡雅的意境，表达出诗人对大自然的喜爱与赞美之情。

咏雪

（清）郑板桥

一片两片三四片，五六七八九十片。

千片万片无数片，飞入梅花总不见。

《咏雪》是清代诗人郑板桥所作的一首七言绝句。全诗几乎都是用数字堆砌起来的，从一至十至千至万至无数，却丝毫没有累赘之嫌，读之使人宛如置身于广袤天地大雪纷飞之中。但见一枝寒梅傲立雪中，斗寒吐妍，雪花融入了梅花，人也融入了这雪花和梅花中了。郑板桥一生只画兰、竹、石，自称"四时不谢之兰，百节长青之竹，万古不败之石，千秋不变之人"。其诗、书、画世称"三绝"，是清代非常有代表性的文人画家。

十"一"诗

（清）纪晓岚

一篙一橹一渔舟，一个渔翁一钓钩。

一俯一仰一场笑，一人独占一江秋。

这是清代文学家纪晓岚的十"一"诗。据说乾隆皇帝南巡时，一天在江上看见一条渔船荡桨而来，便让纪晓岚以渔为题作诗一首，要求在诗中用上十个"一"字。纪晓岚很快吟出这首诗，不仅写了景物，也写了情态，自然贴切，富有韵味，难怪乾隆连说："真是奇才！"

绝句

（唐）杜甫

两个黄鹂鸣翠柳，一行白鹭上青天。

窗含西岭千秋雪，门泊东吴万里船。

这是唐代诗人杜甫的《绝句》，诗里的"两个"与"一行"相对，一横一纵展示了一个非常明媚的具有喜庆气息的自然景色。"千秋"和"万里"，一个是从时间上，一个是从空间上，同时写出了那种达到目的之难。杜甫多年漂泊不定，睹物生情，思念故乡，希望尽快平定战乱，回归故乡。通过"两个""一行""千秋""万里"这几个数字表达了诗人处于希望与失望之间的复杂心情。

登鹳雀楼

（唐）王之涣

白日依山尽，黄河入海流。

欲穷千里目，更上一层楼。

这首诗是盛唐时期著名诗人王之涣的《登鹳雀楼》，此诗首句写遥望一轮落日向着连绵起伏的群山西沉，次句写目送黄河奔腾咆哮向海而流，后两句巧妙地将"千里目"和"一层楼"两相对照，把登高眺望的高远意境写得神采飞扬，将其深刻哲理揭示得入木三分，使之成为千古绝唱。

江南春

（唐）杜牧

千里莺啼绿映红，水村山郭酒旗风。

南朝四百八十寺，多少楼台烟雨中。

这是唐代诗人杜牧的一首七言绝句《江南春》，这首诗以轻快的文字，极具概括性的语言描绘了一幅丰富多彩而又生动形象的江南春画卷，再现了江南烟雨蒙蒙的楼台景色。诗中"千里"是对广阔江南的概括，"四百八十"是个虚词，不是实指，突出佛寺之多。南朝遗留下来的数以百计的佛寺被迷蒙的烟雨笼罩着，给江南的春天增添了几分朦胧的色彩。

中国画无论山水、花鸟、人物都崇尚写意，往往通过画上题诗表达创作意图。苏轼是北宋著名的文学家，诗、词、文乃至琴、棋、书、画无一不精，他的诗，清雅奇丽，他的文如行云流水，他的词豪健纵放，他的画浓淡有致，形神兼备。苏轼的画，传世之作不多见，但《百鸟归巢图》却一直为世人所珍藏。百鸟神态各异，栖飞各得其所，在晚霞的映照下，显示出大自然的舒适与和谐。奇怪的是，画中没配诗词，像苏东坡这样一位文学大家，没有诗词配画，岂不美中不足！相传清代一个员外珍藏此画，为弥补画缺诗的遗憾，特请诗人伦文叙题诗。伦文叙乃清代乾隆年间状元，出生在广东南海县（今南海市），有"鬼才"之称，自幼聪慧，善于吟诗拟对，伦文叙审视该画良久，挥毫写出了一篇颇富数学情趣的配诗。

天生一只又一只，三四五六七八只。

凤凰何少鸟何多，啄尽人间千万石。

　　企业在招聘人才进行面试时，常常会出一些奇招，面试官不只是对面试者进行专业能力的考查，还对面试者各方面的能力进行考查，这幅画就曾经是一道考题。

　　在一家私企的招聘现场，面试官对前来参加面试的面试者进行了两轮专业技能和专业知识的考核后，留下了三位能力出众的面试者，其中一位是博士。面试官拿出苏轼画的《百鸟归巢图》说，相传有一位叫伦文叙的广东状元给这幅画写了一首怪诗："天生一只又一只，三四五六七八只。凤凰何少鸟何多，啄尽人间千万石。"这次面试的问题就是：状元怪诗《百鸟归巢图》有几只鸟？不能数，限时1分钟回答。

　　第一位面试者听了面试官的问题，满脸发懵，自己从没遇到过这样的面试问题，一时之间不知怎么回答，但是为了这份工作，还是必须要回答的。于是，他扫了一眼这幅画和这首诗给出了一个答案：根据诗里的描述"天生一只又一只，三四五六七八只"，应该是8只。面试官摇了摇头。

　　第二位面试者听了面试官的问题，思考了一下，就在时间快到的时候，他不得已给出了一个100只鸟的答案。面试官问为什么？他说，画名为《百鸟归巢图》自然就是100只鸟了。面试官笑了笑没说话。

　　第三位面试者，也就是那位博士听了面试官的问题，直接就回答100只鸟。面试官想问他依据是什么？还没等面试官开口，博士就用笔在纸上列了一个等式，面试官看着这个等式和结果，当即决定录用他。博士列出的等式就是：$1+1+3\times4+5\times6+7\times8=100$。

　　这首题诗其妙在于，首句：天生一只又一只，就是$1+1=2$，第二句：三四五六七八只，就是$3\times4=12$，$5\times6=30$，$7\times8=56$，相加共98只，两句之和，正好为100只，恰好切合"百鸟图"之题，这是多么奇妙啊！

　　这首诗有如智力游戏，启人心智，妙趣横生，而其意还在于借题发挥，揭露封建社会之黑暗、腐败，贪官如禽，和王安石写的一首《麻雀》有异曲同工之意。

麻雀

（宋）王安石

一窝二窝三四窝，五窝六窝七八窝。

食尽皇家千钟粟，凤凰何少尔何多。

王安石，北宋时期政治家、文学家、思想家、改革家，主持变法。他眼见北宋王朝很多官员，饱食终日，贪污腐败，反对变法，故把他们比作麻雀而讽刺之。

在中国古代诗词中，还有很多以数词做对的佳句，比如李白写的"飞流直下三千尺，疑是银河落九天"；柳宗元写的"千山鸟飞绝，万径人踪灭"，通过数字表现了高度的艺术夸张。岳飞写的"三十功名尘与土，八千里路云和月"；陆游写的"三万里河东入海，五千仞岳上摩天"，通过数字表达了他们的壮怀之志，壮志不已。

二、《凤求凰》与卓文君的数字诗

卓文君，西汉临邛人，中国古代四大才女之一。卓文君是四川临邛巨商卓王孙之女，姿色娇美，精通音律，善弹琴，有文名。可叹的是，17岁的她年纪轻轻，不幸未聘夫死，成望门新寡。司马相如，字子卿，四川成都人，西汉有名的辞赋家、音乐家、文学家，司马相如善鼓琴，其所用琴名为"绿绮"，是传说中最优秀的琴之一。

司马相如早就听说卓王孙有一个才貌双全的女儿，他趁一次做客卓家的机会，借琴表达自己对卓文君的爱慕之情，他弹唱了一首《凤求凰》。

> 凤兮凤兮归故乡，遨游四海求其凰。
> 时未遇兮无所将，何悟今兮升斯堂！
> 有艳淑女在闺房，室迩人遐毒我肠。
> 何缘交颈为鸳鸯，胡颉颃（xié háng）兮共翱翔！
> 凰兮凰兮从我栖，得托孳（zī）尾永为妃。
> 交情通意心和谐，中夜相从知者谁？
> 双翼俱起翻高飞，无感我思使余悲。

这种在今天看来也是直率大胆热烈的措辞，自然使得在帘后倾听的卓文君怦然心动，并且在与司马相如会面之后，一见倾心，由于卓父的强烈阻挠，使其不得不双双约定在漆黑之夜逃出卓府与深爱的人私奔。

卓文君也不愧是一个奇女子，与司马相如结婚后，面对家徒四壁的境地，变卖首饰开酒肆，自己当垆卖酒，终于使得要面子的父亲承认了他们的爱情。这也是一直流传至今的爱情故事中，最浪漫的夜奔之佳话，后人根据这个爱情故事谱成琴曲《凤求凰》流传至今。

　　司马相如和卓文君结婚不久，就告别了新婚妻子，到长安去求取功名，临行之前他对妻子说用不了多久就来接她一同去长安。可是，一个月过去了，两个月过去了，一年过去了，两年过去了，连续五年过去了，司马相如音信全无，卓文君天天想，月月盼，望穿秋水，真是为伊消得人憔悴啊，可是终不见丈夫把家还。

　　一天，卓文君正在倚栏远眺之时，忽然听到马蹄声，由远及近而来，卓文君想，也许是丈夫回家了，于是她喜出望外，急忙跑到家门口。马上跳下一个人，却是一个信使，信使取出一封信交给卓文君说："司马相如大人吩咐立等回书。"

　　卓文君接过信，又惊又喜，拆开信一看，信上只有十三个数字"一二三四五六七八九十百千万"，这是怎么回事呢？原来司马相如到了长安以后，由于文采出众，终于官拜中郎将。从此他沉湎于声色犬马，纸醉金迷，觉得卓文君配不上他了，于是就处心积虑地想休妻，另取名门千金。

　　卓文君是何等地聪明啊，他一下子明白了，当了新贵的丈夫，已有弃她之意，要和她离婚。因为丈夫给她的信中已经说明了这一切，"一二三四五六七八九十百千万"唯独没有"亿"，也就是说，司马相如对卓文君已经无情无义（亿的谐音）了。千盼万盼，到头来却盼到了一封休书，这是让人何等的伤心啊！卓文君此时百感交集，泪如雨下，她万万没有想到，自己日思夜盼的丈夫竟然要和自己情断义绝，卓文君满怀伤感，提笔一挥而就，用十三个数字写下了一首千古绝唱《怨郎诗》。

　　　　一别之后，二地相悬。

　　　　只道是三四月，又谁知五六年。

　　　　七弦琴无心弹，八行书不可传。

　　　　九连环从中折断，十里长亭望眼欲穿。

　　　　百般思，千般念，万般无奈把郎怨。

　　　　万语千言说不尽，百无聊赖十倚栏。

　　　　重九登高看孤雁，八月仲秋月圆人不圆。

　　　　七月半秉烛烧香问苍天，六月伏天人人摇扇我心寒。

　　　　五月石榴红胜火，偏遇阵阵冷雨浇花端。

四月枇杷未黄，我欲对镜心意乱。

忽匆匆，三月桃花随水转；

飘零零，二月风筝线儿断。

噫，郎呀郎，巴不得下一世，你为女来我做男。

一、二、三、四、五、六、七、八、九、十、百、千、万，这十三个数字翻来覆去，贯穿两阙，如泣如诉，凄婉动人。司马相如看完妻子的信，不仅惊叹妻子出众的才华，遥想昔日夫妻恩爱之情，羞愧万分，从此不再提遗妻纳妾之事，用高车驷马接她去了长安，这首诗也便成了卓文君一生的代表作。

这首数字诗细细品读，其爱恨交织之情，跃然纸上。卓文君还曾写过一首白头吟，其中有四句千古流传的诗句是"闻君有两意，故来相决绝，愿得一人心，白首不相离"，表达了她对爱情的执著和向往，以及一个女子独特的坚定和坚韧。

三、回文诗与回文数

回文诗，也称为"回环诗"。它是汉语特有的一种使用词序回环往复的修辞方法，文体上称之为"回文体"。比如"夫忆妻兮父忆儿，儿忆父兮妻忆夫"，"月下舟随舟下月，天中水映水中天"，正着读和倒着读都一样，这就是回文诗。

清康熙年间，浙江永康才女吴绛雪（1650—1674）的《咏四季诗》，非常新奇，诗云：

莺啼岸柳弄春晴夜月明，香莲碧水动风凉夏日长，

秋江楚雁宿沙洲浅水流，红炉透炭炙寒风御隆冬。

这首诗每句十字，可以来回复读，构成一首回文诗。四句诗可以构成四首七言绝句，描写四时景色。

春景诗

莺啼岸柳弄春晴，柳弄春晴夜月明。

明月夜晴春弄柳，晴春弄柳岸啼莺。

夏景诗

香莲碧水动风凉，水动风凉夏日长。

长日夏凉风动水，凉风动水碧莲香。

秋景诗

秋江楚雁宿沙洲，雁宿沙洲浅水流。

流水浅洲沙宿雁、洲沙宿雁楚江秋。

冬景诗

红炉透炭炙寒风，炭炙寒风御隆冬。

冬隆御风寒炙炭，风寒炙炭透炉红。

诗歌中有回文诗，数字中也有回文数。在数学中，无论从前往后读还是从后往前读都是相同的数字，我们将其称为回文数。例如：121，2002，12321，391193，…，回文数是数字存在的产物，只要有数字存在，就会有回文数存在。

那么不同位数的回文数各有多少个呢？

一位回文数有 0，1，2，3，4，5，6，7，8，9，共 10 个。

两位回文数有 11，22，33，44，55，66，77，88，99，共 9 个。

三位回文数的个数如何计算呢？可以用乘法原理计算。

乘法原理：如果完成一件事分为几个步骤，在每一个步骤中又有不同的方法，那么把每步的方法数相乘，就能得到所有方法数。

三位回文数，个位和百位必须相同，只需确定个位，个位可以从 1～9，9 个数字中选，中间的十位可以从 0～9 这 10 个数字中选，所以共有 9×10＝90 个。

如果是六位回文数，根据乘法原理就有 900 个（图 3.3.1），如果是七位回文数，就有 9000 个（图 3.3.2）。

<table>
<tr>
<td align="center">六位回文数有多少个？900个

6 7 8 8 7 6
1~9 0~9 0~9
□□□□□□
乘法原理：9×10×10=900种

图 3.3.1</td>
<td align="center">七位回文数有多少个？9000个

1~9 0~9 0~9 0~9
□□□□□□□
乘法原理：9×10×10×10=9000种

图 3.3.2</td>
</tr>
</table>

四、猜数字谜语

乾隆皇帝很欣赏纪晓岚的渊博学识，有时故意出难题考他。有一次，乾隆皇帝出了一个颇为有趣的字谜，让纪晓岚猜。

谜面是：下珠帘焚香去卜卦，

问苍天侬的人儿落在谁家？

恨王郎全无一点真心话。

欲罢不能，

吾把口来压！

论文字交情不差，

染成皂难讲一句清白话。

分明一对好鸳鸯却被刀割下，

抛得奴力尽手又乏，

细思量口与心俱是假。

纪晓岚沉思片刻后说，这表面上是一首女子的绝情词，实际上每一句都隐藏着一个数字。"下"去"卜"是一；"天"不见"人"是二；"王"无"l"是三；"罢（罢）"不要"能"是四；"吾"去了"口"是五；"交"不要"×"是六，"皂"去了"白"是七；"分"去了"刀"到八；"抛"去了"力"和"手"是九；"思"去了"口"和"心"是十。

谜底是：一、二、三、四、五、六、七、八、九、十，真是奇思妙想啊！

大家也可以来猜猜下面的数字谜。

（1）$40 \div 6 = ?$（打一成语）；

（2）$3 - 2 = 1$（打三个词语）；

（3）$10 \times 100 = 1000$（打三个词语）；

（4）$3 + 6 = 9$（打三个词语）；

（5）$18 + 36 = 54$（打三个词语）；

（6）$72 \div 36 = 2$（打三个词语）；

（7）$35 + 13 = 48$（打三个词语）；

（8）$13 \times 6 = 78$（打三个词语）；

（9）$56 \div 7 = 8$（打三个词语）；

（10）$1 + 3 = 4$（打三个词语）。

谜底是：（1）陆续不断；（2）三天打鱼－两天晒网＝一事无成；（3）十年树木×百年树人＝各有千秋；（4）三顾茅庐＋六出祁山＝九伐中原；（5）十八般武艺＋三十六计＝五湖四海；（6）七十二变÷三头六臂＝举世无双；（7）三令五申＋一板三眼＝四平八稳；（8）一问三不知×六神无主＝七上八下；（9）五颜六色÷七窍生烟＝八面玲珑；（10）一意孤行＋三军抗命＝四面楚歌。（仅供参考）

●●第四节
●说不尽的圆周率 π

说不尽的圆周率 π 视频　说不尽的圆周率 πPPT

迟序之数，非出神怪，有形可检，有数可推。

——祖冲之

尽管数学的系谱是悠久而又朦胧的，但是数学思想是起源于经验的，这些思想一旦产生，这个学科就以特有的方式生存下去。和任何其他学科，尤其是与经验学科相比，数学可以比作一种有创造性的，又几乎完全受审美动机控制的学科。

——冯·诺伊曼

圆周率就是圆的周长与直径之比。1706 年英国数学家威廉·琼斯首先提出用希腊字母 π 表示圆周率。π 是一个非常重要的常数，不但求圆周长、圆面积、体积少不了 π，有关角度与弧度的测量也少不了 π，还有许多数学、物理、化学、生物甚至社会科学的问题里也总会有 π 出现。德国数学史家康托说："历史上一个国家所算得的圆周率的准确程度，可以作为衡量这个国家当时数学发展水平的指标。"这种说法虽然有些夸张，但人们对圆周率精确度的追求正是一种对锲而不舍精神的追求，是一种智力的探索，是一种博大的奋斗之美。

计算 π 是一件非常不容易的事，为了认识它的真面目，一代代数学家献出了智慧与劳动，这是一项延续四千多年，涉及全世界的马拉松式的计算工程。为了纪念这一伟大的常数，美国麻省理工学院首先倡议将 3 月 14 日定为国家圆周率日，2009 年美国众议院正式通过一项无约束力决议，将每年的 3 月 14 日设定为圆周率日。这一天，学生们会彼此祝福"圆周率日快乐"，并用大家熟悉的生日歌的旋律唱起"happy pi day to you"。现在全球各地一些著名大学的数学系都会在 3 月 14 日举办聚会庆祝，大家聚集在一起，讨论圆周率问题，吃馅饼（馅饼的英文 pie 与圆周率同音），许多地方还会举行圆周率背诵比赛等活动。3 月 14 日，恰好又是著名的物理学家爱因斯坦的生日，所以他们还会选择一个时间进行庆祝，一般选在 3 月 14 日下午 1 时 59 分或者 15 时 9 分，以象征圆周率的六位近似值 3.14159。

一、人类追求"π"值精确度的旅程

圆周率是怎么算出来的呢？最早的解决方案是测量，人类的祖先在实践中发现不同粗细的圆木，用绳子绕上一圈，绳子的长度总是圆木直径的 3 倍多一点。在我国，现存有关圆周率的最早记载是 2000 多年前的《周髀算经》。《周髀算经》中提出"周三径一"，意思是说直径为一个单位长，圆周为三个单位长，圆周长 $C = \pi d$，所以我们的祖先认为圆周率 $\pi = 3$，当然，这是极不精确的。

公元前 3 世纪古希腊学者阿基米德是第一个系统地找出圆周率近似值的数学家，阿基米德采用的是古典算法（图 3.4.1）。

（1）首先用圆内接正六边形的周长求出圆周率的下界为 3；

（2）再用外切正六边形的周长求出圆周率的上界为 4；

（3）然后逐步对圆内接正多边形和外切正多边形的边数加倍，最后计算了圆内接与圆外切正 96 边形的周长，得出了圆周率的上界和下界，算出 $3\frac{10}{71} <$ 圆周率 $< 3\frac{1}{7}$。

阿基米德取圆周率 $\pi = \frac{22}{7} \approx 3.14$，国外把 $\frac{22}{7}$ 称为"阿基米德数"。

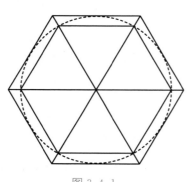
图 3.4.1

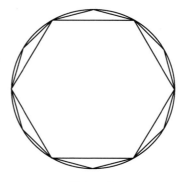
图 3.4.2

263 年，我国魏晋时期的刘徽提出了更精确的求圆周率的方法——割圆术。刘徽认为："圆周率并非周三径一之率也。"他在《九章算术注》中说道："割之弥细，所失弥少，割之又割，以至于不可割，则与圆周合体，而无所失矣。"这里的"割"就是分圆，刘徽首先从正六边形入手，把圆内接正六边形，每边所对的弧平分，把圆上的六个点与圆内接正六边形的六个顶点，顺次连接得到一个圆内接正 12 边形（图 3.4.2），圆内接正 12 边形的周长就更接近圆的周长。圆内接正多边形的边数越多，也就是把圆周分割的越细，那么圆内接正多边形周长与圆的周长相差的也越少，如果无限制的分割下去，那么圆内接正多边形的周长和圆的周长就合为一体，而没有差异了。

刘徽割圆术正确地给出了求圆周率、圆周长、圆面积的方法。刘徽取圆的半径为 10，计算出圆内接正 192 边形的面积 $S_{192} = 314\frac{24}{625}$，从而计算出圆周率的近似值 $\pi = 3.14$，为了纪念刘徽的功绩，人们把 3.14 叫作"徽率"。刘徽的割圆术是科学的，刘徽的贡献不只是提供了更精确的圆周率，还在于它为计算圆周率提供了正确的方法。

刘徽之后，我国又有许多学者研究过圆周率，其中最有成就的要算南北朝时期的祖冲之了。5 世纪，祖冲之计算出的圆周率 π 在 3.1415926 与 3.1415927 之间，成为世界上第一个把圆周率的值精确计算到小数点后第 7 位的人，他的这项伟大成就比国外数学家得出这样精确数值的时间，至少要早 1000 年，这也是 5 世纪的数学奇迹！

祖冲之计算圆周率使用的方法叫"缀术"，可惜这种方法早已失传，无从考察。如果像有些专家推测的"缀术"就是"割圆术"的话，那么祖冲之要算出这个圆周率，在内接正六边形基础上至少还要割圆 12 次，要算出圆内接正 24576 边形的周长，才能得到小数点后第七位的数字。计算这样一个圆内接正多边形的周长是相当繁杂的，除去加、减、乘、除，还要乘方和开方，开方尤其麻烦，估计他计算的时候，至少需要保留16 位小数，进行 22 次开方，当时还没有算盘，只能用一种叫作算筹的小竹棍儿摆来摆去地进行计算，可见花费劳动之大！人们为了纪念祖冲之的伟大功绩，把 3.1415926 叫作"祖率"。

祖冲之不仅以小数形式表示了圆周率，他还以分数形式来表示圆周率，他给出了 π 的约率为 $\pi \approx \frac{22}{7} \approx 3.142857$ 和密率 $\pi \approx \frac{355}{113} \approx 3.1415929$，约率的意思是精确度比较低，密率的意思是精度比较高，用分数表示圆周率给运算带来了方便。

　　圆周率 π 是一个无限不循环小数，许多人希望算出更精确的圆周率。祖冲之后约一千年，1427 年中亚细亚的阿尔卡西以内接与外切 805306368 边形把 π 算到了 17 位有效数字。

　　历史上最马拉松式的手工计算 π 值的是德国的鲁道夫，他几乎耗尽了一生的时间，于 1609 年得到了圆周率的 35 位精度值，为了纪念他的这项成就，在他 1610 年去世后，墓碑上刻上了这个 35 位的 π，圆周率在德国也被称为鲁道夫数。1873 年，英国的谢克斯算到 707 位，为此，他耗费了整整 15 年，可惜后人发现他从第 528 位开始就算错了。从此再也没有人用手工计算 π。

　　有了计算机，计算 π 值容易多了，1949 年超过 2000 位，1958 年超过一万位，1966 年算到 25 万位。1973 年，法国数学家盖劳德用 23 小时 18 分钟，把 π 算到了 100 万位。法国为他出版了一本厚达 400 页的专著，被称为史上"最枯燥乏味"的书。

　　1984 年东京大学的田村和金田，利用超高速计算机把圆周率计算到小数点后一千万位。2010 年 8 月日本计算机奇才近藤茂，利用家用计算机和云计算相结合，计算出圆周率小数点后 5 万亿位，创下了"吉尼斯世界纪录"。2011 年 10 月 16 日他又将圆周率计算到小数点后 10 万亿位，56 岁的近藤茂使用的是自己组装的计算机，为此整整花费了一年的时间刷新了纪录。2019 年，谷歌一名日本员工借助谷歌云计算引擎，将圆周率计算到小数点后 31.4 万亿位，又创下了新的世界纪录。2021 年，瑞士研究人员利用超级计算机，历时 108 天计算到小数点后 62.8 万亿位，创下新的世界纪录。

二、计算圆周率的作用

　　现在科学领域使用的 π 值有十几位就足够了，如果用鲁道夫的 35 位小数的 π 计算，一个能把太阳系包围起来的圆的周长误差还不到质子直径的百万分之一，也就是说，即使是要求最高、最精确的计算也用不着这么多位的小数位，那么为什么人们还要不断地努力去计算圆周率呢？回顾历史，人们对 π 的认识反映了数学和计算技术的发展。

　　1761 年，瑞士的兰伯特证明了 π 是无理数。1882 年，德国的林德曼证明了 π 是超越数，它不是任何一个整系数代数方程式的根。圆周率的超越性否定了"化圆为方"这一古老尺规作图问题的可能性，因为所有尺规作图只能得出代数数，而超越数不是代数数。

化圆为方是两千多年前提出的著名的三大几何作图难题之一，就是求一个正方形使它的面积等于一个给定圆的面积（图 3.4.3）。

图 3.4.3

假设圆的半径为 1，正方形的边长为 x，则圆面积为 $\pi r^2 = \pi$，正方形面积为 x^2，故 $x^2 = \pi$，因此 $x = \sqrt{\pi}$。因为 π 是超越数，这个数值是无法用尺子量出的，因此该问题仅用直尺和圆规是无法完成的。

把 π 算到上万亿位，还有一个目的就是研究 π 的小数表示中数字出现的规律。在这一长串的数字中，会出现哪些特别的现象呢？有人对计算到 1.33554 亿位的 π 值进行分析和统计，发现小数点后的 1000 万位内同一数字，连续六个排在一起的事发生了 87 起，在小数点后的 24658601 位里连续出现了 9 个 "7"，有人还发现在 π 的小数展开中，发现了 6 个 "9" 连排的现象。如果问：π 的小数部分是否有 10 个 "9" 连排出现？估计这不是一个很容易回答的问题。如果敢问：π 的小数部分是否有 100 个 "9" 连排出现？估计这肯定是一个更不容易回答的问题，这种问题包括把 9 换成其他数字的相似问题，要提多少就可以提多少，每一个都非常之难。

π 值所隐藏的规律是如此的丰富多彩，因而促使人们对 π 的规律性的研究欲罢不能。数学家欧仁·萨拉明于 1976 年在一篇重要论文《利用算术平均数与几何平均数计算 π 值的新方法》中公开发表了一个新的、威力强大的公式。利用这一方法计算，当 $n = 22$ 时即可算到 π 值的 11445209 位有效数字，可见，π 值的分布规律已开始为人们所认识。

计算圆周率还可以用来检验计算机的性能，谁运算速度快，谁计算的位数更多，就说明谁的计算机性能更好。计算圆周率还可以测试出电脑的毛病，如果在计算中得出的数值出了错，这就表示硬件有毛病，或者软件出了错，这样便需要进行更改。同时研究圆周率还能使科技得到进步，就连微积分、三角恒等式也是由于研究圆周率的推动从而发展出来的。

三、决定 π 近似值的蒲丰投针实验

法国数学家、自然科学家蒲丰（1707—1788）在研究偶然性事件的规律时发现，有时数学问题无须进行繁杂的计算，只需通过实验，就会有必然性的结果，由他设计的用投针的次数计算圆周率的实验就是应用这种方法的一个著名的例子。

1777 年的一天，蒲丰把一些朋友请到家里来，他事先在一张大白纸上画好了一条条等距离的平行线，又拿出许多质量均匀，长度为平行线间距离一半的小针，请客人把针一根根的随意的扔到白纸上（图 3.4.4），他则在旁边计数。结果共投了 2212 次，其中与平行线相交的有 704 次，蒲

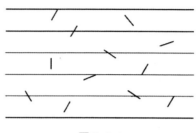

图 3.4.4

丰随即用 2212÷704≈3.142，然后说，这就是圆周率 π 的近似值，扔的次数越多，越接近 π。

这一实验让客人们非常震惊，研究偶然性问题的概率论与研究确定性问题的平面几何，本来是两个不同的数学分支，怎么竟然用概率算出了圆周率呢？后来又有很多人进行实验，实验结果大致相同，尤其以 1901 年意大利数学家拉兹瑞尼得到的数值最接近 π，精确到了小数点后 6 位。现在用几何概率的知识已证明，用蒲丰投针的方法计算圆周率是正确的。

蒲丰投针实验首创用偶然性的方法做确定性计算，其意义是十分重大的。蒲丰成功地用随机性的方法解决确定性的问题，这反映了不同数学分支之间内在的联系。客观世界是纷繁复杂的，是多种多样的，表面上看起来完全不同的事物之间，却可能存在深刻的内在的联系。

四、背诵圆周率

历来都有不少人想挑战自己的记忆力，他们通常以圆周率为目标。目前的世界纪录是由日本的原口证创下的，他在 2006 年将背诵圆周率的吉尼斯世界纪录刷新到 10 万位，总共耗时 16 小时完成了这一壮举。

背诵圆周率可以锻炼记忆力，我国著名桥梁专家茅以升在少年时代，就被圆周率迷住了。一次，在学校新年晚会上，他表演了一个独特的节目"背诵圆周率"。他能背出圆周率小数点后 100 位，直到 90 岁高龄时，他还和上海的一个少年比赛背诵圆周率，结果都背到了小数点后 100 位，在这个年龄有如此好的记忆力确实令人叹服。他常说"人的头脑四肢越用越灵，越练越强，相反不经常磨炼，时间长了就会生锈"，所以大家可以试着背背圆周率来锻炼记忆力。

其实背诵圆周率是有诀窍的，可以通过编故事、通过谐音或者通过联想来记忆。解放前，浙江省某处山下有一所小学校，校内有一名数学老师，经常和山顶上庙里的一名老和尚喝酒下棋，有一次他布置学生背诵圆周率，要求背到小数点后 22 位，如果背不出来，就要打手板。他在黑板上写下了一串长长的数字，然后就到山顶找老和尚喝酒下棋去了。老师一走，几个调皮的学生也跟着跑出去玩了。眼看太阳快下山了，有个学生突然想起来，还没背圆周率，这可怎么办啊？有个聪明的学生，突然灵机一动，想起山上喝酒的老和尚，就用圆周率数字的谐音编了一个顺口溜，"山巅一寺一壶酒，尔乐，苦煞吾，把酒吃，酒杀尔，杀不死，乐而乐" 3.1415926535897932383626。他们一边学着老和尚喝酒，一边背着顺口溜就跑回了教室，等老师喝酒下棋回来，学生们都会背了。大家可以试试看，能不能再用编故事的方法继续背下去。

圆周率真是充满了魅力，它像一首朦胧的诗，像一曲悠扬的乐章，一座入云的高山，令人遐想，让人陶醉，更让人奋进、攀登不息！

●●第五节
●不可思议的自然常数 e

不可思议的自然
常数 e 视频

不可思议的自然
常数 e PPT

纯数学这门科学在其现代发展阶段，可以说是人类精神之最具独创性的创造。

——怀特海

在数学的领域中，提出问题的艺术比解答问题的艺术更为重要。

——康托尔

一、自然常数 e 一统天下

e 是自然对数的底数，e＝2.718281828459045…，它是一个无限不循环小数，是无理数，这一点于 1768 年被德国数学家兰伯特所证明。1873 年，法国著名数学家埃尔米特又证明了它是超越数。超越数属于无理数，但是它无法像$\sqrt{2}$那样用一个代数方法准确表示出来。比如$\sqrt{2}$是 $x^2-2＝0$ 的根，但 e 不是任何整系数方程的根，它超越代数方法所及的范围之外，即不满足任何一个整系数代数方程 $a_nx^n+a_{n-1}x^{n-1}+a_{n-2}x^{n-2}+\cdots+a_1x+a_0＝0$（$n$ 为整数，$a_n\neq0$），故得名"超越数"。

e 作为数学符号，最先是由欧拉在 1727 年使用的。人们为了纪念欧拉，就用欧拉英文名 Euler 的第一个字母 e 来表示，因此这个数也叫欧拉数。

e 有一个"近亲"是 π，说它们是"近亲"，不仅因为它们都是无理数，同时也都是超越数。以 e 为底的对数之所以叫自然对数，是因为它反映了自然界规律的函数关系，因此，在自然科学中 e 的作用不亚于 π。e 和 π 之间还有着奇妙的联系，这种联系就体现在著名的欧拉公式中，$e^{i\theta}＝\cos\theta+i\sin\theta$，当 $\theta＝\pi$ 时，$e^{i\pi}+1＝0$。从这个公式可以看出，e 统治了三角函数，统治了虚数，统治了圆周率，统治了最重要的常数 0 和 1，因此有人把这个公式称为"上帝公式"。

e 的野心还真不小，它还想一统天下。它完成了指数函数和对数函数的统一，当指数函数和对数函数有了 e 之后，简直如虎添翼，一切计算都显得十分简单明了。

1. 普通指数函数与自然指数函数的转化公式： $a^x = e^{\ln a}$

$a^x = e^{\ln a^x} = e^{x\ln a}$，这个公式表明每个底为 a 的指数函数都可以转换成以 e 为底的自然指数函数。

2. 普通对数函数与自然对数函数的转换公式： $\log_a x = \dfrac{\ln x}{\ln a}$

这个公式表明每个底为 a 的对数函数都是 $\ln x$ 的 $\dfrac{1}{\ln a}$ 倍。

我们称 e^x 是自然指数函数，$\ln x$ 是自然对数函数，通过这些转换公式就能把所有指数函数和对数函数都转换成和 e 相关的函数了。一切结果都能转换成这种形式，简直犹如大秦一统天下啊！

二、自然常数 e 与连续复利

1. 自然常数 e 的由来

e 是怎么来的呢？这还要从瑞士数学家雅各布·伯努利提出的一个问题说起：假设你在银行存了 1 元，一年后银行给你 2 元，也就是年利率为 100%，如果半年结一次息，每期利息就是 50%，一年末就是 $\left(1+\dfrac{1}{2}\right) + \left(1+\dfrac{1}{2}\right) \times \dfrac{1}{2} = \left(1+\dfrac{1}{2}\right)^2 = 2.25$ 元，如果一年结息三次，结息四次……

$$\left(1+\frac{1}{3}\right)^3 \approx 2.37$$

$$\left(1+\frac{1}{4}\right)^4 \approx 2.44$$

$$\left(1+\frac{1}{12}\right)^{12} \approx 2.61$$

$$\left(1+\frac{1}{365}\right)^{365} \approx 2.71$$

……

当结息次数为 n 时，可以用公式 $\left(1+\dfrac{1}{n}\right)^n$ 计算。当 n 变得无限大时，$\left(1+\dfrac{1}{n}\right)^n$ 是否也会无限增大？这就是雅各布·伯努利试图回答的问题。但是直到 50 年后，才由欧拉获得最后结果。原来当 n 无限增大时，$\left(1+\dfrac{1}{n}\right)^n$ 并非无限增大，而是无限趋近于自然常数 e，也就是说

$$\lim_{n\to\infty}\left(1+\frac{1}{n}\right)^n=\mathrm{e}=2.71828\cdots$$

这种计算利息的方法叫作连续复利。1683 年，雅各布·伯努利发现了银行利息的这个秘密，他在研究连续复利时发现这个问题必须以极限来解决，但他没有得出这个极限，只是估计这个极限在 2 和 3 之间，后来欧拉利用无穷级数，首次算出 e 的小数点后 18 位近似值。

欧拉利用无穷级数计算 $\mathrm{e}=1+\dfrac{1}{1!}+\dfrac{1}{2!}+\dfrac{1}{3!}+\dfrac{1}{4!}+\dfrac{1}{5!}+\dfrac{1}{6!}+\cdots+\dfrac{1}{n!}$，只需算到 $n=6$，就可得到 $\mathrm{e}\approx2.718$，而利用 $\left(1+\dfrac{1}{n}\right)^n$ 计算，要算到 $n=500$ 才能得到 2.718 这个值。

2. 连续复利

设 A_0 为本金，r 为年利率，t 为时间（单位为年），A_t 为 t 年末的本利和。

如果以一年为期，按复利计算，就是利滚利，t 年末的本利和为 $A_t=A_0(1+r)^t$。

如果一年计息 n 期，并以 r/n 为每期的利息，则 t 年末的本利和 $A_t=A_0\left(1+\dfrac{r}{n}\right)^{nt}$。

如果一年计息期数 n 无限增大，那么 t 年末的本利和 $A_t=\lim\limits_{n\to\infty}A_0\left(1+\dfrac{r}{n}\right)^{nt}=A_0\mathrm{e}^{rt}$，这时则称为连续复利。

例如，某人在银行贷款 100 万元买房，贷款期限 10 年，年利率为 5%，如果每年记息一次，按复利计算，到期还款金额为多少？如果按连续复利计算，到期还款金额又为多少？利用上面的公式计算一下：

（1）$A_{10}=100\times(1+0.05)^{10}=162.89$（万元）

（2）$A_{10}=100\mathrm{e}^{0.05\times10}=164.87$（万元）

由此可见，银行用连续复利计息可以多赚取 2 万元的利息。利用连续复利计息是利

息最多的一种借贷方式，在进行存款和贷款时一定要弄清楚是哪种计息方式。

三、自然界中的 e 及其在考古学中的应用

在自然界中随处可见 e 的身影。对数螺线又叫等角螺线、黄金螺线，在极坐标下，这个螺线的方程是 $r = ae^{b\theta}$。在自然界中这个 e 真是处处可见，大到宇宙运转，小到蜘蛛结网都有 e 的身影，现在大家是不是明白了 e 为什么叫自然常数，因为它在自然界处处可见。

在自然界中频繁出现关于 e 的函数，是因为现实世界中有太多问题具有以下特点：即一个量的变化与自身大小相关，而凡是这一类问题，都迫使我们必须引入关于 e 的指数函数和对数函数。

利用 e 可以测算考古发掘物的年龄，下面就用 e 计算一下长沙马王堆一号墓的年代。

长沙马王堆一号墓于 1972 年 8 月出土，当一号古墓被打开，一位形体完整、全身润泽的女尸，以其不老容颜出现在人们的面前时，一切焦点都集中到了她的身上，她是谁？她曾经过着怎样的生活，她是怎样死的，在古墓中到底躺了多少年，她的身体为何会如此完整地保留下来？这对于从事考古的专家来说，只能用"神奇"两个字来形容。

如何测定考古发掘物的年龄呢？大约在 1949 年 W. 利贝发明了一种碳－14（^{14}C）年龄测定法，这个方法的依据非常简单。地球周围的大气层不断受到宇宙射线的轰击，这些宇宙射线使地球中的大气产生中子，这些中子同氮发生作用而产生 ^{14}C。因为 ^{14}C 会发生放射性衰变，所以通常称这种碳为放射性碳。这种放射性碳又结合到二氧化碳中，在大气中漂动而被植物吸收，动物通过吃植物又把放射性碳带入它们的组织中。在活的组织中，^{14}C 的摄取率正好与 ^{14}C 的衰变率相平衡。但是，当组织死亡以后，它就停止摄取 ^{14}C，因此 ^{14}C 的浓度因 ^{14}C 的衰变而减少。地球的大气被宇宙射线轰击的速率始终不变，这是一个基本的物理假定。这就意味着，在像木炭这样的样品中，^{14}C 原来的蜕变速率同现在测量出来的蜕变速率是一样的。一般古代墓室中都用木炭防腐，有了这个假设，就能够通过测定墓室中的木炭来推算墓葬品的年龄了。

设 $N(t)$ 表示 t 时刻的原子数，$\dfrac{dN}{dt}$ 表示单位时间内原子的蜕变数，它与 N 成正

比，即 $\dfrac{\mathrm{d}N}{\mathrm{d}t} = -\lambda N$（$\lambda$ 为衰变常数），设 $N(0) = N_0$，解微分方程，得 $N = N_0 \mathrm{e}^{-\lambda t}$。

开墓时测得木炭中 $^{14}\mathrm{C}$ 的平均原子蜕变率 $N'(t)$ 是 29.78 次/分，新木炭的平均原子蜕变率 $N'(0)$ 是 38.37 次/分，$^{14}\mathrm{C}$ 的半衰期 $T = 5730$ 年。由上式，样品 $^{14}\mathrm{C}$ 中目前的蜕变率 $N'(t) = -\lambda N_0 \mathrm{e}^{-\lambda t}$。

而原来的蜕变率是 $N'(0) = -\lambda N_0$，因此，$\dfrac{N'(t)}{N'(0)} = \mathrm{e}^{-\lambda t}$ $\left(\lambda = \dfrac{\ln 2}{T}\right)$。

从而 $t = \dfrac{1}{\lambda} \ln \dfrac{N'(0)}{N'(t)} = \dfrac{T}{\ln 2} \ln \dfrac{N'(0)}{N'(t)}$，将数据代入上式，得

$$t = \frac{5730}{\ln 2} \ln \frac{38.37}{29.78} = 2095（年）$$

这样就估计出马王堆一号墓的大致年代是 2000 多年前（西汉末年）。

像这样出现 e 的身影的例子还有很多，引入自然常数 e 是人类认识自然现象的必然选择，反过来，自然常数 e 对人类文明的发展也产生了重大影响。

第六节
大数与无穷大

大数与无穷大 PPT

没有任何问题可以像无穷那样深深地触动人的情感，很少有别的观念能像无穷那样激励理智产生富有成果的思想，然而也没有任何其他的概念能像无穷那样需要加以阐明。

——希尔伯特

数学是无穷的科学。

——赫尔曼外尔

．
．
．
．

一、古今大数谈

什么样的数才算大数呢？在原始社会 3 可能就是最大的数字了。有不少非洲探险家证实，在某些原始部族里，不存在比 3 大的数字，如果要问他们当中的一个人，有几个儿子或杀死过多少敌人，那么要是这个数字大于 3，他就会回答说 "许多个"。

古今大数谈视频

后来人们对数的认识不断加深，在阿拉伯数字输入欧洲之前，欧洲普遍使用的是罗马数字。古罗马人为了计算和贸易的需要，大约在公元前 6 世纪形成了一套古罗马记数符号，古罗马数字由 I，V，X，L，C，D，M 这 7 个基本字符组成，它们对应的阿拉伯数字分别是 1，5，10，50，100，500，1000（图 3.6.1）。古罗马数字是最早的数字表示方式，它的产生标志着一种古代文明的进步，比现在通用的阿拉伯数字早 2000 多年。

罗马数字至今还在使用，如有些钟表表面上就常见罗马数字。罗马数字不是进位制，它没有表示零的数字，如果需要写 0，就用空格表示，因此写起来非常麻烦。比如，3888 要写成：MMMDCCCLXXXVⅢ，一个四位数要写上长长的一行。

罗马数字	I	II	III	IV	V
阿拉伯数字	1	2	3	4	5
罗马数字	VI	VII	VIII	IX	X
阿拉伯数字	6	7	8	9	10
罗马数字	L	C	D	M	
阿拉伯数字	50	100	500	1000	

图 3.6.1

古代的计算很难超过几千，因此也就没有发明比 1000 更高的数位的表示符号了。一个古罗马人，无论他在数学上是何等训练有素，如果让他写出一个 100 万，他也一定会不知所措，他所能用的最好的办法，只不过是接连不断地写上 1000 个 M，这可要花费几小时的艰苦劳动啊！（图 3.6.2）

图 3.6.2

在古代人的心目中，那些很大的数字，如天上星星的颗数、海里游鱼的条数、沙滩上的沙子粒数，都是不计其数的。就像"5"这个数字，对原始部族来说，就是不计其数，只能说成"许多"一样。由于写出一个大数都很困难，因此人们很少去谈论大数。

公元前 3 世纪，古希腊著名学者阿基米德是历史上最早提出大数的人。他在《论数沙》一书中说道：有人认为，无论是在叙拉古城，还是在整个西西里岛，或者在全世界所有有人烟和无人迹的地方，沙子的数目是无穷的；也有人认为，沙子数目不是无穷的，但是想表示沙子的数目是办不到的。但是我的计算表明，如果把所有的海洋和洞穴都填满了沙子，这些沙子的总数不会超过 1 后面有 100 个 0。

"1后面有100个0"，这个数用科学计数法表示就是10^{100}，好大的一个数啊！如果读出来，就是一万亿亿亿亿亿亿亿亿亿亿亿亿（1万后面有12个亿字），日常遇到的大数都很难超过它。比如，太阳很重，它的质量大约有两千亿亿亿吨，用科学计数法来写也就是2×10^{27}吨；银河系外的恒星，有的距离我们有一百万万光年，也就是10^{10}光年。1光年是光一年所走过的距离，光速为3×10^{5}米/秒，一年约3×10^{7}秒，可算出这颗恒星离地球的距离是$3 \times 10^{5} \times 3 \times 10^{7} \times 10^{10} = 9 \times 10^{22}$米，这个数也比$10^{100}$小得多。

10^{100}这个数很重要，有必要给这个大数专门起个名字。1940年，爱德华·卡斯纳和詹姆士·纽曼把10^{100}叫作"古戈"（googol）。

古戈在实际生活中是个非常大的数，可是在数学研究中，古戈又显得太小了。比如，西德时期汉堡大学的计算中心发现了一个有7067位的大质数。只有101位的古戈，比起有七千多位的大质数，当然是"小巫见大巫"了！为了能表示更大的数，数学家又规定了"古戈布莱克斯"（googolplex），1古戈布莱克斯等于$10^{10^{100}}$，它有一万亿亿亿亿亿亿亿亿亿亿亿亿亿个0，它的0太多了。有人打过比喻，如果把每个核子当作一个0的话，一万亿个宇宙中全部核子的个数还不够1古戈布莱克斯中0的个数呢！

二、无穷大与希尔伯特的旅馆

无穷大与希尔伯特
的旅馆视频

1古戈布莱克斯是一个很大很大的数，那么1古戈布莱克斯是不是最大的数呢？当然不是，那么什么才是最大的数呢？

在现实世界中确实存在着一些无穷大的数，它们比我们所能写出的无论多大的数都要大。例如，"所有整数的个数""一条线段上所有几何点的个数"，显然都是无穷大。关于这类数字，除了说他们是无穷大外，我们还能说什么呢？难道我们能够比较一下上面那两个无穷大的数，看看哪个更大些吗？

"所有整数的个数"和"一条线上所有几何点的个数"究竟哪个大些？这个问题有意义吗？乍一看，提这个问题可真是头脑发昏，但是德国著名数学家康托尔（1845—1918）首先思考了这个问题，因此，他确实可被称为"无穷大数算术"的奠基人。

当我们要比较几个无穷大的数的大小时，就会面临这样一个问题，这些数既不能读出来，也无法写出来，该怎样比较呢？前面说的非洲原始部族人，他们只能数到3，如果这些原始部族人想要弄清自己的财务状况，究竟是珠子多，还是铜币多，该怎么办呢？难道他们会因为数不清大数而放弃比较珠子和铜币的数目吗？当然不会，如果他们足够聪明，就一定会通过把珠子和铜币逐个相比的办法得出答案。他们可以把一粒珠子和一枚铜币放在一起，另一粒珠子和另一枚铜币放在一起，并且一直这样做下去，如果珠子用光了，还剩下些铜币，就知道铜币多于珠子；如果铜币先用光了，而珠子却还有多余，就说明珠子多余铜币；如果两者同时用光，就知道珠子和铜币一样多。他们采用的是一对一的办法，两堆物体只要能建立起这种"一对一"的关系，就说明这两堆物体的数量一样多。

我国古代有位匠人也曾用过这样的办法来计数。重庆大足石刻是世界文化遗产，大足石刻有一尊千手观音，只要去看看那尊观音，就知道要数清楚这尊观音有多少只手是多么不容易的事。观音的手如孔雀开屏般向各个方向伸出，长短各异，方向各异，千姿百态，无一雷同，各只手的位置，没有规律，不可能按某种方式排列成先后顺序，一只一只数清楚，那么这尊千手观音到底有多少只手呢？传说清代有个工匠被请来对千手观音整修，整修时需要用一张张金箔纸贴在观音的手上。为了数清千手观音的手，他每贴一只手，就往桶里扔一只竹签，所有的手都贴完了以后，再数一数竹签，一共有1007只，由此千手观音1007只手的说法一直流传至今。这个简单的办法包含了计数的基本思想"一一对应"，将观音的手与金箔一一对应起来，又与竹签一一对应起来，这样，手就与竹签一样多。手不容易数清楚，竹签却容易一只一只数清楚，数出竹签有多少只，就知道手有多少只了，这种方法也叫配对法。

康托尔所提出的比较两个无穷大数的方法，正好与此相同。

康托尔引入定义：如果两个集合 A、B 的元素之间能建立一个一对一的对应关系，就说 A 和 B 的元素一样多。

康托尔还提出了无穷大比较法则：给两组无穷大数列中的各个数一一配对，如果最后这两组都一个不剩，这两组无穷大就是相等的，如果有一组还有些数没有配出去，这一组就比另一组大一些。

康托尔的比较法则显然是合理的，并且实际上也是唯一可行的比较两个无穷大数的方法。比如，比较偶数多还是奇数多。当然，我们直觉地感到他们的数目一样多。应用上述法则也完全合理，因为这两组数间可建立一一对应关系，每个奇数＋1就是偶数，每个奇数都有一个偶数和它配对，一个不多，一个不少，所以他们一样多。（图3.6.3）

图3.6.3

我们再来比较整数多还是偶数多，你可能会说，整数包含了所有奇数和偶数，偶数只是整数的一部分，当然是整数多了。这只不过是你的直觉，只有应用上述无穷大数比较法则，才能得出正确的结果。每个整数乘2就是与之对应的偶数，我们发现每一个整数都有一个和它配对的偶数（图3.6.4），一个不多，一个不少，刚好全部配对，所以我们不得不承认，偶数的数目正好和所有整数的数目一样多。当然，这个结论看起来好像十分荒谬，因为偶数只是所有整数的一部分，但是不要忘了，我们是在与无穷大打交道。在无穷大的世界里，部分可以等于全体。

图3.6.4

19世纪末到20世纪初，德国著名数学家希尔伯特为了通俗地向一般人介绍无穷集合中"部分可以等于全体"这种特殊性质，他举了一个住旅馆的例子。

设想有一家旅馆，内设有限个房间，所有房间都已客满，这时来了一位新旅客，想订一个房间，旅馆老板只能说："对不起，所有的房间都住满了，请您到别处看看吧。"尽管旅客再三请求，老板也无能为力。

现在设想另一家旅馆，内设无限个房间，它的房间数和自然数一样多，有无穷多个房间，所有房间也都客满了。为了叙述方便，不妨设一个房间，只住一个客人，所谓客满，就是有无穷多个客人住进了这无穷多个房间。这时来了一位新旅客，要求住宿，老板能否安排？

只见老板笑容可掬地迎了上来，笑着说："尽管我的旅馆中所有房间都已经住满了，但是您还是可以安排住下的，请稍等。"

老板让原来房间的客人都出来，重新进行了安排。1号房间的客人搬到2号，2号房间的客人搬到 3 号，3 号房间的客人搬到 4 号……（图 3.6.5），如此下去，让住在 k 号房间的客人搬到 $k+1$ 号房间去，这样一来，就把 1 号房间空了出来，然后他让新来的旅客住进了 1 号房间。

图 3.6.5

过了不久，突然来了一个旅游团，旅游团里有无穷多个客人，这可怎么办呢？老板急中生智，想了一个妙法，他让原来房间的客人都出来，把他们重新安排到双号房间。原来住 1 号房间的搬到 2 号，住 2 号房间的搬到 4 号，住 3 号房间的搬到 6 号，住 4 号房间的搬到 8 号……原来住 k 号房间的客人搬到 $2k$ 号房间去，这样一来，所有奇数号房间就都空了出来，这无穷多个奇数号房间，正好可以让新来的无穷多客人全部住下。

老板刚把这个旅游团的客人安排下，突然又来了一批客人，这次来了一万个旅游团，每个团中都有无穷多个客人，这可怎么办呢？这个老板真是聪明过人，他又重新做了调整，他让原来房间的客人都出来，把房间按 $10000+1=10001$ 个一份进行分，分成了无穷多份 10001，他让原来住 1 号房间的客人搬到 10001 号房间，2 号房间的客人搬到 20002 号房间，3 号房间的客人搬到 30003 号房间，4 号房间的客人搬到 40004 号房间……让 k 号房间的客人搬到第 $10001 \times k$ 号房间去住，这样原来的客人就都有房间了，同时又空出了一万个又一万个的空房间，第 1 个一万个空房间可以让新来的一万个旅游团每个团的 1 号客人去住，第 2 个一万个空房间可以让新来的一万个旅游团每个团的 2 号客人住……第 k 个一万个空房间，可以让新来的一万个旅游团的每个团的第 k 号客人去住，于是新来的一万个旅游团的每一个客人都有了自己的房间。

我们可以总结一下，来一个旅游团和来一万个旅游团，在本质上是一样的，都是有限的旅游团，尽管旅游团里有无穷多个客人，也都可以按照上述做法去做。比如，再来 9481 个旅游团，就把原来的客人看作一个旅游团，一共 9481＋1＝9482 个旅游团，把房间按照 9482 为一份，一份一份的分，每个旅游团里的第 k 号客人住在 9482×k 号房就可以了。

现在我们再把问题扩展一下，从有限个旅游团扩展到无限个。如果旅馆客满后又来了无穷多个旅游团，每个旅游团中都有无穷多个客人，老板能否安排？

当然可以安排，而且还可以有多种方案。

第一种方案，首先把所有的旅游团编号，原来旅馆中的无穷多客人编作“一团”，新来的无穷个旅游团，分别编做“二团”“三团”“四团”“五团”……然后把每个旅游团中的所有客人也都编号：一团的客人分别编为 1.1，1.2，1.3，1.4，…；二团的客人分别编为 2.1，2.2，2.3，2.4，…；三团的客人分别编为 3.1，3.2，3.3，3.4，…；将所有旅游团的客人编号。然后排成如图 3.6.6 这种阵列，让 1.1 住 1 号房间，1.2 住 2 号房间，2.1 住 3 号房间，1.3 住 4 号房间，2.2 住 5 号房间……按箭头分别安排他们住进各个房间，这样所有客人就都有房间住了。

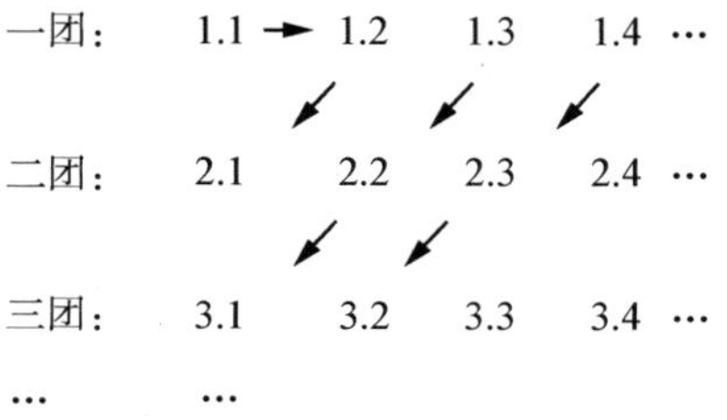

图 3.6.6

一团：	p_1^1	p_1^2	p_1^3	p_1^4 …
二团：	p_2^1	p_2^2	p_2^3	p_2^4 …
三团：	p_3^1	p_3^2	p_3^3	p_3^4 …
…	…			

图 3.6.7

第二种方案，利用素数编排房间号。素数有无穷多个，让每个旅游团占据某一固定素数的方幂，如图 3.6.7，让一团的客人入住第一个素数 p_1 的方幂号房间，让二团的客人入住第二个素数 p_2 的方幂号房间，继续类似的安排，由于素数有无穷多个，所以无穷多个旅游团中的每个旅游团都能分到一个互不相同的素数。根据算术基本定理，正整数分解成素因子的乘积的方式是唯一的，所以不同的客人一定可以住到不同的房间。

对于无限的认识，真正从本质上认识无限的是德国数学家康托尔教授，他出色的工作始于 1874 年。他提出了一个重要结论：“如果一个量等于它的一部分量，那么这个量必是无限量，反之，无限量必可以等于它的某一部分量。"接着，康托尔教授又引进了无限集基数的概念，他把两个元素间能建立起一一对应的集合，称为相同的基数，它证明了在数轴上排得稀稀疏疏的整数，能够与数轴上挤得密密麻麻的全体有理数建立起一一对应的关系，也就是说整数集与有理数集有相同的基数，他们的数目一样多。

要证明整数与有理数一样多，可以把有理数写成分数的形式，这样就是来比较整数和分数是否一样多。把所有分数按照下述规则排列起来，先写下分子与分母之和为 2 的分数，这样的分数只有一个 $\frac{1}{1}$；然后写下两者之和为 3 的分数，即 $\frac{2}{1}$，$\frac{1}{2}$；再往下是两者之和为 4 的，即 $\frac{3}{1}$，$\frac{2}{2}$，$\frac{1}{3}$；删去与前面相同的数就可以得到一个无穷的分数数列，它包括了所有的分数。在这个数列下面写上整数数列，就得到了无穷分数与无穷整数的一一对应，所以分数和整数也是一样多的。

康托尔还证明了一条线段上的点能够和一个平面上的点一一对应，也能和空间中的点一一对应。这样看来，1 厘米长的线段上的点与太平洋面上的点，以及整个地球内部的点都是一样多的。

通过上面的分析，你可能会说是不是所有无穷大数都相等呢？

我们来看最初提出的问题，一条线段上的点数和整数的个数一样多吗？我们建立一条 1 厘米长的线段，这条线段上每一点都可以用这一点到这条线的一端的距离来表示，而这个距离可以写成无穷小数的形式。这些无穷小数，包括分数和无理数，分数是有限小数和无限循环小数。前面已经证明所有分数和所有整数的数目是相等的，一条线段上的点不可能完全由循环小数表示出来，绝大多数的点是由不循环小数表示的，即无理数，因此可以证明在这种情况下，一一对应关系是无法建立的，也就是说，一条线段上的点数所构成的无穷大数大于所有整数构成的无穷大数，因此并不是所有的无穷大都相等，有很多无穷大是不相等的。在数学中竟然有比无穷大更大的无穷大，真是令人感到惊异啊！

通过刚才的比较，我们发现几何点的个数要比整数和分数的个数大，那有没有比几何点数更大的数呢？数学家发现各种曲线包括任何一种奇形怪状的样式在内，他们的样式的数目比所有几何点的数目还要大。如果整数和分数算一级无穷大，几何点数算二级无穷大，那么所有曲线的数目就是三级无穷大。按照无穷大数算数的奠基者康托尔的意见，无穷大数用希伯来字母 $\aleph$（alehp，读作阿列夫）表示，字母右下方的角标代表无穷大的等级。我们可以说整数的数目是 $\aleph_0$（一级无穷大），所有几何点的数目是 $\aleph_1$（二级无穷大），所有曲线的数目是 $\aleph_2$（三级无穷大）（图 3.6.8）。

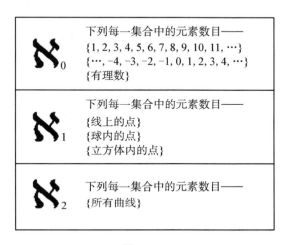

图 3.6.8

　　到目前为止还没有人想得出一种能用 $\aleph_3$ 表示的无穷大数，看来前三级无穷大就足以包括我们所能想到的一切无穷大数了，因此我们现在的处境正好跟我们前面讲的非洲原始部族人相反，他有许多儿子，却数不过 3，我们什么都数得清，却又没有那么多东西让我们来数！

第四章

数学奇观

●● 第一节
● 从庄子切棒和阿基里斯
追龟谈无穷小

从庄子切棒和阿基里斯　　从庄子切棒和阿基里斯
追龟谈无穷小视频　　　　追龟谈无穷小 PPT

无限！再也没有其他问题如此深刻地打动过人类的心灵。

——希尔伯特

　　大圆圈的面积是我的知识，小圆圈的面积是你们的知识，我的知识比你们多，但是这两个圆圈的外面就是你们和我无知的部分，大圆圈的周长比小圆圈的周长更大，因而我接触的无知的范围比你们大，这就是我为什么常常怀疑自己的知识的原因。

——芝诺

一、无穷小之谜

　　约公元前369年，中国出了个庄子，其本名姓庄名周。他在《庄子·天下篇》中说："一尺之棰，日取其半，万世不竭。"意思就是，一根一尺长的木棒，每天取剩下的一半，把这个过程一直进行下去，即使是无限长的时间（即万世），也不可能把这根木棒切完。（图4.1.1）

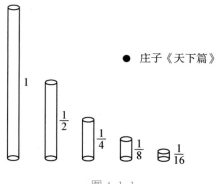

● 庄子《天下篇》

图 4.1.1

　　庄子认识到这是一个趋向极限 0 的过程，虽然"一尺之棰"被越切越短，但是"万世不竭"——永远不为 0，而又无限逼近于 0，即极限为 0。庄子的故事虽然简单，但是却给出了影响极限概念的最重要的实例，这种趋于 0 的极限就是无穷小。

　　在西方，早在古希腊时期数学家们也曾讨论过无穷小的问题。古希腊埃利亚学派的代表人物芝诺（约前 490—约前 425）就曾提出过很多关于有限和无限的悖论，其中最著名的就是"阿基里斯与乌龟悖论"。

　　阿基里斯是古希腊神话中善跑的英雄，然而芝诺却断言"阿基里斯永远追不上乌龟"。芝诺说："如果先让乌龟爬行一段路后，再让阿基里斯去追，那么阿基里斯是永远也追不上乌龟的。理由是：阿基里斯追上乌龟之前，必须先到达乌龟的出发点，而这段时间内，乌龟又向前爬行了一段路，于是阿基里斯必须赶上这段路，可是乌龟又向前爬行了一段路……如此分析下去，阿基里斯只能是离乌龟越来越近，但却永远追不上乌龟。"（图 4.1.2）

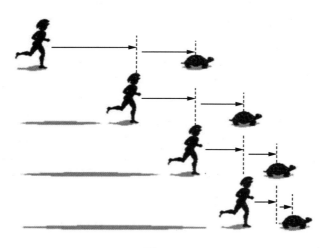

图 4.1.2

　　假设阿基里斯的速度 $v_1 = 10$ m/s，乌龟爬行速度 $v_2 = 1$ m/s，且让阿基里斯处在乌龟后面 $s_0 = 100$ m，然后同时运动。

　　很显然，阿基里斯的速度是乌龟的 10 倍，应该很快就能追上乌龟，但芝诺却认为不可能追上，其分析如下：

　　当阿基里斯跑完 $s_0 = 100$ m 时，乌龟向前爬了 $s_1 = 10$ m；

　　当阿基里斯跑完 $s_1 = 10$ m 时，乌龟又向前爬了 $s_2 = 1$ m；

当阿基里斯跑完 $s_2 = 1$ m 时，乌龟又向前爬了 $s_3 = 0.1$ m；

当阿基里斯跑完 $s_3 = 0.1$ m 时，乌龟又向前爬了 $s_4 = 0.01$ m；

……

因此，乌龟总是在阿基里斯之前，也就是阿基里斯"永远追不上乌龟"。

这个悖论的问题究竟出在哪里呢？问题的中心是"追上"还是"追不上"，那就应该先说清楚，什么叫"追上"，什么叫"追不上"。显然，只要有一个确定的时刻或地点，阿基里斯在这个时刻或地点跑到了乌龟前面，或与乌龟并驾齐驱就叫作"追上"。

设阿基里斯追上乌龟的时间为 t s，于是

$$100 + v_2 t = v_1 t$$

则 $t = \dfrac{100}{v_1 - v_2} = \dfrac{100}{9} = 11\dfrac{1}{9} = 11.111\cdots$（s）。

阿基里斯追乌龟所走的路程为

$$s = v_1 t = 10 \times 11\dfrac{1}{9} = 111\dfrac{1}{9} = 111.111\cdots \text{（m）}$$

因此，阿基里斯追上乌龟的时间为 $11\dfrac{1}{9}$ s，路程为 $111\dfrac{1}{9}$ m，它们都是有限的。为什么芝诺断言阿基里斯永远追不上乌龟呢？原来，芝诺把阿基里斯追赶的有限路程 s "人为地分解"成了无限段，即

$$s = s_0 + s_1 + s_2 + s_3 + \cdots = 100 + 10 + 1 + 0.1 + 0.01 + \cdots = 111.11\cdots$$

芝诺悖论的症结就在于"有限"与"无限"的矛盾，芝诺巧妙地把有限的路程分割成无限段，让人产生一种错觉。实际上，这无限段路程之和可以是有限量，这个"和"正是极限，跨越了这个极限，阿基里斯就追上乌龟了。

芝诺看起来似乎讲了一个诡辩的故事，但是却包含了很多哲理。在阿基里斯追上乌龟之前，尽管阿基里斯与乌龟的距离越来越小，但只要不为 0，就是追不上！要多小有多小，可以小的比什么都小，却不一定是 0，就是无穷小。

二、严格定义无穷小

万世不竭的木棒也罢，善跑的阿基里斯追不上乌龟也罢，故事中的无穷小在数学里却常常出现。比如，用正多边形的面积来逼近圆的面积，边数越多越接近，却永远达不

到圆面积,这岂不是有点像阿基里斯永远追不上乌龟?

既然无穷小参与了数学过程,数学家自然想要驾驭它、降伏它,可这并不是个简单的事。要使它不再成为不可捉摸之物,首先就是要用严格的语言定义它,这个工作数学家从 17 世纪起干了 200 多年,终于在 19 世纪完成了。

利用极限定义无穷小:如果函数 $f(x)$ 当 $x \to x_0$(或 $x \to \infty$)时的极限为零,那么称函数 $f(x)$ 为当 $x \to x_0$(或 $x \to \infty$)时的无穷小。

例如,阿基里斯与乌龟之间的距离 Δs 就是当 $t \to 11\frac{1}{9}$ 时的无穷小,$\lim\limits_{t \to 11\frac{1}{9}} \Delta s = 0$。

特别地,以零为极限的数列 $\{x_n\}$ 也称为 $n \to \infty$ 时的无穷小。

例如,"庄子切棒"每次切下来的木棒构成一个数列 $\frac{1}{2}$,$\frac{1}{4}$,$\frac{1}{8}$,$\cdots$,$\frac{1}{2^n}$,$\cdots$,$\lim\limits_{n \to \infty} \frac{1}{2^n} = 0$,$\left\{\frac{1}{2^n}\right\}$ 为当 $n \to \infty$ 时的无穷小列。

三、0 与 ∞

"0"是一个常数,是唯一可作为无穷小的常数。术语"无穷小"表达的是量的变化趋势,它是变量,不是固定的量,它的变化趋势是绝对值越来越小,极限为 0。因此,一个非 0 的数,不管其绝对值多么小,都不是无穷小。

"∞"表示无穷大,术语"无穷大"是指绝对值无限增大的变量。无穷大符号"∞"是 17 世纪出现的。最早把 8 水平放置成"∞"来表示无穷大的是英国数学家沃里斯,他在 1665 年的论文《算术的无穷大》中首次使用。沃里斯创造无穷大符号的灵感有两种说法,一种说法是来自古罗马早期的数字"⊂|⊃"(1000);另一种说法是把两个"0"相互黏结而形成的。"∞"意味着无限大,这个符号所表示的不是数,而是非常非常大的状况,因此再大的数也不能称为无穷大。

无穷大"∞"不是一个数,很难理解,数学家就想出一个办法,把 ∞ 转换到 0 附近的区域加以研究。如果 $A \to \infty$,那么 $\frac{1}{A} \to 0$,也可记为 $\lim\limits_{A \to \infty} \frac{1}{A} = 0$,即在自变量的同一变化过程中,无穷大的倒数是无穷小;恒不为 0 的无穷小的倒数是无穷大。

再回顾"庄子切棒"这个例子,数列 $\frac{1}{2}$,$\frac{1}{4}$,$\frac{1}{8}$,$\cdots$,$\frac{1}{2^n}$,$\cdots$ 的通项的分母 $\lim\limits_{n \to \infty} 2^n =$

∞，而 $\lim\limits_{n\to\infty}\dfrac{1}{2^n}=0$。这里 $\lim\limits_{n\to\infty}2^n=\infty$ 并不是说"2^n 的极限是 ∞"，只是为了便于表述，无穷大其实是极限不存在的一种形式。

四、关于 $\dfrac{0}{0}$ 与 $\dfrac{\infty}{\infty}$

$\dfrac{0}{0}$ 与 $\dfrac{\infty}{\infty}$ 有意义吗？我们当然知道分母为 0 没有意义，这里的 $\dfrac{0}{0}$ 是指两个趋于 0 的极限之比，$\dfrac{\infty}{\infty}$ 是指两个趋于无穷大的极限之比，这些式子称为未定式。

为了给出这个具体的比值，必须深入探讨无穷小或者无穷大的等级。对于无穷大的等级比较容易理解，无穷大同阶之比是不为 0 的常数，高阶与低阶之比为 ∞，而低阶与高阶之比为 0，例如：

$$\begin{cases}\lim\limits_{n\to\infty}\dfrac{2n}{n}=2\\[2mm]\lim\limits_{n\to\infty}\dfrac{n^2}{n}=\infty\\[2mm]\lim\limits_{n\to\infty}\dfrac{n}{n^2}=0\end{cases}$$

无穷小量也可以进行比较，无穷小之比的极限反映了不同无穷小之间趋于 0 的"快慢"程度，趋于 0 的速度快的称为高阶无穷小，趋于 0 的速度慢的称为低阶无穷小，趋于 0 的速度相仿的称为同阶无穷小，趋于 0 的速度相等的称为等价无穷小。定义如下。

设 α 和 β 是同一自变量变化过程中的无穷小，且 $\alpha\neq0$，

如果 $\lim\dfrac{\beta}{\alpha}=0$，就说 β 是比 α 高阶的无穷小；

如果 $\lim\dfrac{\beta}{\alpha}=\infty$，就说 β 是比 α 低阶的无穷小；

如果 $\lim\dfrac{\beta}{\alpha}=c(c\neq0)$，就说 β 是与 α 同阶的无穷小，若 $c=1$，则称 β 与 α 是等价无穷小。

例如，$\lim\limits_{x\to0}\dfrac{\sin x}{x}=1$，就是说，当 $x\to0$ 时，$\sin x$ 与 x 是等价无穷小。

五、捕捉微积分里的无穷小

微积分是以函数为研究对象，以极限为研究工具的。微分学研究的是瞬时变化率的问题，而积分学研究的是无穷小量的求和问题，它们都必须借助无穷小来完成。

1. 导数里的无穷小

导数是微分学的第一个基本概念，它来源于求曲线在某一点处的切线和运动物体在某时刻的瞬时速度。17 世纪牛顿是最早研究导数的，他从研究瞬时速度入手，认为当时间间隔 Δt 为无穷小时，平均速度 $\dfrac{\Delta s}{\Delta t}$ 就变成瞬时速度了。但什么是无穷小，牛顿说不清楚，只是含糊地说："无穷小就是将要是 0 但还不是 0 的量"，结果遭到了贝克莱的质疑，直到 19 世纪，柯西等人建立了极限理论，将无穷小定义为"极限为 0 的量"，导数概念才得以完善。

莱布尼茨在研究曲线的切线问题时，同样也遇到了这样的问题，在 $y = f(x)$ 所表示的曲线上取一点 $M(x_0, y_0)$ 作切线 MT，那么切线的斜率是什么呢？（图 4.1.3）

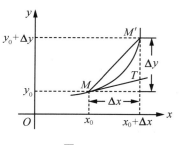

图 4.1.3

在 M 点附近另取一点 $M'(x_0 + \Delta x, y_0 + \Delta y)$ 作割线 MM'，割线斜率为 $\dfrac{\Delta y}{\Delta x}$。当点 M' 沿曲线 $y = f(x)$ 趋于 M 时，$\Delta x \to 0$，此时割线的极限位置就是曲线在点 M 处的切线，于是得到切线 MT 的斜率为 $\lim\limits_{\Delta x \to 0} \dfrac{\Delta y}{\Delta x}$。因此，要求曲线在某一点处的切线也必须借助无穷小。有了无穷小，我们就可以定义导数了。

设函数 $y = f(x)$ 在点 x_0 的某邻域内有定义，自变量 x 在 x_0 处的改变量为 Δx，相应的函数的改变量为 $\Delta y = f(x_0 + \Delta x) - f(x_0)$。如果当 $\Delta x \to 0$ 时，两个改变量的比值的极限

$$\lim_{\Delta x \to 0} \frac{\Delta y}{\Delta x} = \lim_{\Delta x \to 0} \frac{f(x_0 + \Delta x) - f(x_0)}{\Delta x}$$

存在，则称这个极限为函数 $f(x)$ 在点 x_0 处的导数，记为 $f'(x_0)$，$y' \big|_{x = x_0}$ 或者

$$\frac{\mathrm{d}y}{\mathrm{d}x}\bigg|_{x=x_0}。$$

有了导数的定义，瞬时速度就可以表示为 s 在 t_0 时刻的导数，即 $v_{瞬时}=s'(t_0)=\lim\limits_{\Delta t\to 0}\dfrac{\Delta s}{\Delta t}$。

2. 积分里的无穷小

积分是对连续变化过程中总和的度量，求曲边形区域的面积是积分概念的最直接的起源。想求曲线包围的面积只有化整为零的方法，一块面积可以分成很多块，四边都是直线的好办，我们特别关心的是一边曲、其他各边直的那些块。如图 4.1.4 中用 ＊ 号标出的区域，我们把这种形状叫作曲边梯形。

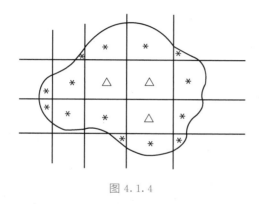
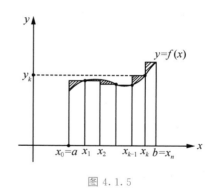

图 4.1.4　　　　　　　　　　图 4.1.5

将一个曲边梯形放到直角坐标系中（图 4.1.5），它的一条曲边是函数 $y=f(x)$ 的图像，想求的是曲线 $y=f(x)$ 的下方、x 轴上方、直线 $x=a$ 右边、直线 $x=b$ 左边围成的曲边梯形的面积。

首先化整为零，在 a、b 之间插入许多分点，$a=x_0<x_1<x_2<\cdots<x_n=b$，过这些分点作平行于 y 轴的直线，把整块面积分割成 n 条。然后用小矩形近似代替，第 k 个矩形的宽是 x_k-x_{k-1}（记为 $\Delta x_k=x_k-x_{k-1}$），长是 $y_k=f(x_k)$。这些矩形面积之和为

$$\sum_{k=1}^{n}f(x_k)\Delta x_k$$

可是这个和并不是曲边梯形的真正面积，图上阴影部分就能看出误差。这时自然就会想到，分得越细，误差就越小，但是又不能分成一条一条的直线，那样就没法相加了，怎么办？

这个问题 17 世纪欧洲数学家卡瓦列里也想到了，他把这种分割方法写成《不可分量几何学》，他认为："线由点组成，正如珠子串成项链一样；面由线织成，正如线可以织成布一样；立体由平面叠成，正如一页一页的纸可以装订成书一样。"从这个观点出发，他认为无穷细分的结果可以达到不可再分的程度，即分成"不可分量"。

但这里有一个明显的矛盾，当达到无限细分时，每个矩形小条都成了不可分量，它们每个的面积都是零，加起来又怎么能得到一个确定的数呢？

用极限的概念，就可以渡过这个难关。

用 λ 表示 Δx_k 中最大的，$\lambda = \max\{\Delta x_1, \Delta x_2, \cdots, \Delta x_n\}$，然后让 $\lambda \to 0$，当 $\lambda \to 0$ 时，矩形条数 $n \to \infty$，分割达到无限细分，这时取和式的极限，就是这个曲边梯形面积的真正值，即

$$\int_a^b f(x)\,\mathrm{d}x = \lim_{\lambda \to 0} \sum_{k=1}^n f(x_k)\,\Delta x_k$$

称为函数 $f(x)$ 在区间 $[a, b]$ 上的定积分。

求平面图形面积的步骤可以总结为："分割取近似，求和取极限"。而取极限的关键就是要让分割变成无穷小，无穷小在这里起到了决定性的作用。

微积分的重要概念都离不开极限，而极限概念的灵魂是无穷小，抓住了无穷小，顺手牵羊，极限概念就有了。所谓极限，就是当 $x \to \infty$ 或者 $x \to x_0$ 时，函数 $f(x)$ 能无限趋近于一个确定的常数 A，而所谓 $f(x)$ 以 A 为极限，无非就是说 $f(x) - A$ 是无穷小罢了。

●● 第二节
● 悖论与三次数学危机

悖论与三次数学危机视频　　悖论与三次数学危机 PPT

悖论式命题充满着使人惊奇的内容。

——普里斯特

悖论之所以具有重大意义，是由于它能使我们看到对于某些根本概念的理解存在多大的局限性……事实证明，它是产生逻辑和语言中新概念的重要源泉。

——赫兹贝格

数学无穷无尽的诱人之处在于，它里面最棘手的悖论也能盛开出美丽的理论之花。

——戴维

●
●
●
●

一、悖论

数学靠的是严密的逻辑推理，可是有时却会发生这种怪事：振振有词的一通推理，却得到了似乎荒谬绝伦的结论。这结论或者有悖于常识，或者自相矛盾，使人左右为难，这就是悖论。悖论是表面上同一命题或推理中隐含着两个对立的结论，而这两个结论都能自圆其说。

悖论是一种能导致自相矛盾的命题，一个命题 A，如果它具有这样的性质：

（1）假定 A 是真的，就可以逻辑地推出 A 是假的；

（2）假定 A 是假的，就可以逻辑地推出 A 是真的。

这时称命题 A 是一个悖论。

古代人就发现过许多有趣的悖论，比如，古希腊哲学家喜欢讲一个母亲与鳄鱼的故事。

一位母亲抱着孩子在河边玩耍,突然从河里窜出一条大鳄鱼,从母亲手中抢走了她的孩子。

母亲着急地叫道:"还我的孩子!"

鳄鱼说:"你来回答我提出的一个问题,如果答对了,我就还你的孩子,如果答错了,我就吃掉你的孩子。"

母亲焦急地说:"你快说,是什么问题?"

鳄鱼说:"你来回答'我会不会吃掉你的孩子?'你可要好好想想,答对了我就还你孩子,答错了我就吃掉你的孩子。"

母亲认真地想了想说:"你是要吃掉我的孩子。"

母亲出乎意料的回答使鳄鱼愣住了,它自言自语地说:"如果我把孩子吃掉,就证明你说对了,说对了就应该把孩子还给你;如果我把孩子还给你,又证明你说错了,说错了就应该吃掉孩子。哎呀!我到底是应该吃掉呢,还是还给你呢?"

正当鳄鱼被母亲的回答搞晕了的时候,母亲夺过孩子,快步跑走了。

鳄鱼非常遗憾,它想如果母亲回答我不会吃掉她的孩子,那该有多好啊,我就可以美美地吃上一顿了。在这个故事中,母亲的回答导致了一个自相矛盾的悖论,而这个悖论却救了孩子的一条命。

悖论的出现使人们不禁要问"逻辑的推理方法可靠吗?"怎样运用逻辑推理的方法才不会出毛病?通过对悖论的分析研究,找出悖论的症结所在,使悖论不悖,叫作消除悖论。有重大影响的悖论的出现与消除,往往标志着数学科学水平划时代的发展。

从古希腊到现代数学,数学的基础曾受到三次危机的困扰,数学史上的三次数学危机都是由数学悖论引起的。

二、毕达哥拉斯悖论和第一次数学危机

毕达哥拉斯(约前580—约前500)是古希腊著名的数学家、哲学家。毕达哥拉斯出生于爱奥尼亚沿海的萨摩斯岛。相传毕达哥拉斯青年时代曾就学于泰勒斯,以后他到过亚洲和埃及旅行,特别是在埃及他学到了很多数学知识。约公元前530年,他返回故里,招收了300多个门徒,建立了毕达哥拉斯学派。

毕达哥拉斯学派对几何学的贡献很大,最著名的就是"毕达哥拉斯定理"(中国称"勾股定理")的发现:即任何直角三角形的两条直角边 a,b 和斜边 c,都有 $a^2+b^2=c^2$ 的关系式。据说当时毕达哥拉斯为了庆祝这一伟大发现,曾屠牛百头,欢宴庆祝,因此也称"百牛定理"。

毕达哥拉斯学派倡导"万物皆数"学说,其要点如下。

1. 数是世界的法则,一切都可以归结为整数比

"万物皆数"学说认为世界上一切事物都可以归结为"数",宇宙间一切现象都可以归结为整数或整数与整数的比(分数),即有理数。

2. 任意两条线段 a,d 都是"可公度的"

所谓任意两条线段 a,d 都是"可公度的",即它们有公共的度量单位 t。这就是说,对于任意两条线段 a,d,总能找到第三条线段 t,使得 a,d 的长度都是 t 的长度的整数倍。例如,a 是 t 的 m 倍,d 是 t 的 n 倍(图 4.2.1)。那时毕达哥拉斯学派的成员直观地设想,只要把 t 的长度取得足够小,这件事就一定能够办到,即两条线段的比一定是整数比,也就是"可公度"。现在我们知道这个命题是错误的。

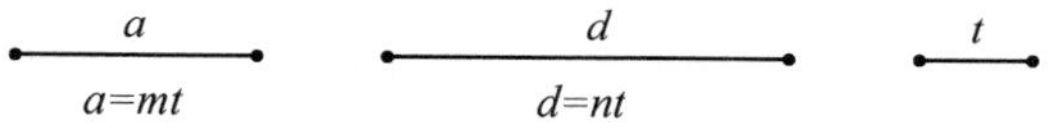

图 4.2.1

毕达哥拉斯学派的"万物皆数"理论,在当时看起来相当完美,但是对"万物皆数"理论产生冲击的,也正是毕达哥拉斯学派成员自己的一个发现,即 $\sqrt{2}$ 不能表示成整数比。

公元前 470 年,毕达哥拉斯的学生希帕索斯请教老师一个问题:"边长为 1 的正方形,其对角线的长是多少?"(图 4.2.2)

设边长为 1 的正方形,其对角线长度为 c,根据毕达哥拉斯定理,有 $c^2=1^2+1^2=2$,推出 $c^2=2$,$c=\sqrt{2}$。希帕索斯发现这一长度既不能用整数,也不能用分数表示,而只能用一个新数 $\sqrt{2}$ 来表示(图 4.2.3)。希帕索斯的发现导致了数学史上第一个无理数诞生。

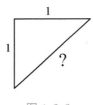

图 4.2.2   图 4.2.3

根据毕达哥拉斯"万物皆数"的理论，边长为 1 的正方形的对角线长度应该能表示成整数比，但毕达哥拉斯学派自己证明了边长为 1 的正方形的对角线不能表示成整数比，是不可公度线段。于是毕达哥拉斯学派面临着要么承认这种现象存在否认自己的学说，要么坚持自己的学说否认这种现象存在的两难境地，这就是"毕达哥拉斯悖论"。

毕达哥拉斯学派发现边长为 1 的正方形的对角线，竟然不能用整数比来表示，他们非常恐慌，千方百计封锁这一消息，不让这一发现传出去，甚至把泄露了这一秘密的希帕索斯抛入了大海。但是真理是锁不住的，这个发现最终还是被传播开来。这一事实使毕达哥拉斯学派的"万物皆数"理论从根本上受到了冲击，数的万能的力量被否定了！这就是数学史上的第一次数学危机。

事实上，直角边长为 1 的等腰直角三角形，其斜边为 $\sqrt{2}$，而 $\sqrt{2}$ 是一个无理数，无理数的发现使第一次数学危机得到了部分解决。

第一次数学危机的彻底解决，依赖于数系的扩张，直到人类认识了实数系，这次危机才算彻底解决，它从出现到彻底消除经过了近 2000 年。

数学并非在危机前停滞不前，在克服危机的过程中一门新的学科——欧几里得几何学（欧氏几何）诞生了，欧几里得的《几何原本》的出现使几何学公理化成为数学界关注的问题。从那以后，几何学便成了全部严密数学的基础，并得到了长足的发展。

三、贝克莱悖论和第二次数学危机

17 世纪后期，出现了一个崭新的数学分支——微积分。微积分诞生之后，数学迎来了一次空前的繁荣时期，18 世纪被称为数学史上的英雄世纪。在微积分的发展过程中，一方面是成果丰硕，微积分应用于天文学、力学、光学、热学等各个领域，都获得了丰硕的成果；另一方面是基础的不稳固，微积分的理论基础是"无穷小量"，可当时并没有给出"无穷小量"严密的定义，也就是微积分的理论基础是不严密的，出现了越来越多的谬论和悖论，数学的发展又遇到了深刻的令人不安的危机。由微积分的基础所引发的危机在数学史上称为第二次数学危机。

虽然在牛顿和莱布尼茨创立微积分之后的大约一百年中，很少有人注意到有必要从逻辑上加强这门学科的基础，但绝不是对薄弱的基础没有人批评。对有缺陷的基础最强有力的批评来自一位非数学家，英国著名的主观唯心主义哲学家贝克莱大主教。他坚持：微积分的发展包含了偷换假设的逻辑错误。贝克莱大主教的质疑主要是针对牛顿的"无穷小量"提出来的，贝克莱悖论笼统地说就是"无穷小量究竟是不是 0"的问题。下面我们以考察牛顿对现在称作"求导数"所采用的方法，来弄明白这个特殊的批判。

微积分的一个起源，是求运动物体在某一时刻的瞬时速度。在牛顿之前，人们只能求运动物体在某一段时间内的平均速度，无法求某一时刻的瞬时速度。由于机器大工业的发展，求运动物体在某一时刻的瞬时速度成为必要。在牛顿提出的"流数术"（即导数）的重要概念中，"瞬"这个概念虽被定义为刚刚产生的无限小的量，但是，其概念仍然是十分含糊和自相矛盾的。对于"无穷小"这一概念，牛顿没能在理论上严密地解决这一问题。

如速度问题，自由落体运动下落 $1\,\mathrm{s}$ 时，它的速度应当是 $9.8\,\mathrm{m/s}$，这个速度不是某段时间的平均速度，而是 $1\,\mathrm{s}$ 末的速度，是瞬时速度。怎样定义瞬时速度呢？牛顿设想，当 $\Delta t = t_2 - t_1$ 很小时，平均速度 $\overline{v} = \dfrac{\Delta s}{\Delta t} = \dfrac{s(t_2) - s(t_1)}{t_2 - t_1}$，就可以近似地表示瞬时速度。$\Delta t$ 越小，这个平均速度就越接近物体的瞬时速度。牛顿说，当 Δt 变成无穷小时，就是"将要成为 0 但还不是 0"时，比值 $\dfrac{\Delta s}{\Delta t}$ 作为两个无穷小之比（微商）便是所要求的瞬时速度。这样，他给出了瞬时速度的定义，并给出了有效的计算方法。例如，自由落体的运动方程是 $s(t) = \dfrac{1}{2}gt^2$，在 t_0 时刻的瞬时速度，牛顿是这样计算的：

$$\overline{v} = \frac{\Delta s}{\Delta t} = \frac{s(t_0 + \Delta t) - s(t_0)}{\Delta t} = \frac{1}{2}g\,\frac{(t_0 + \Delta t)^2 - t_0^2}{\Delta t} = \frac{g}{2} \cdot \frac{2t_0 \Delta t + \Delta t^2}{\Delta t} = gt_0 + \frac{g}{2}\Delta t$$

当 Δt 变成无穷小时，上式右端就可以认为是 gt_0，$v = gt_0$ 就是在 t_0 时刻的瞬时速度，牛顿将其称为"流数"（导数）。

牛顿的这一方法很好用，解决了大量过去无法解决的科技问题，受到数学家和物理学家的热烈欢迎。但是，什么是无穷小，牛顿却说不清楚，这是微积分刚刚诞生时的情形。因为概念不清，逻辑混乱，因此遭到了指责和非议，甚至嘲讽与攻击。

对新生的微积分攻击得最厉害的就是贝克莱大主教。1734 年他在《分析学者——致一位不信神的数学家》中写道："无穷小究竟是不是 0？如果是 0，上式的左端当 Δt 和 Δs 都变成无穷小就没有意义了；如果不是 0，上式右端的 Δt 就不能任意去掉。在从上式的左端推出右端时，假定 $\Delta t \neq 0$ 而作除法，那么为什么又可以让 $\Delta t = 0$ 而求得瞬时速度 gt_0 呢？"贝克莱还讽刺挖苦道："既然 Δs 和 Δt 都变成'无穷小'了，而无穷小既不是 0，也不是非 0 的量，那它岂不成了量的'鬼魂'了吗？"这就是著名的"贝克莱悖论"。

"贝克莱悖论"可以表述为"无穷小量究竟是否为 0"的问题，就无穷小量在当时实际应用而言，它必须既是 0，又不是 0。但从形式逻辑而言，这无疑是一个矛盾。这一问题的提出，在当时的数学界引起了一定的混乱。应当承认，贝克莱的攻击还是切中要害的，牛顿和当时的数学家们确实在逻辑上无法严格解释这个新方法。其实，在牛顿把瞬时速度说成"物体所走的无穷小距离与所用的无穷小时间之比"的时候，这种说法本身就是不明确的。当然，牛顿也曾在他的著作中说明，所谓"最终的比"，就是分子、分母将要成为 0，但还不是 0 时的比，它不是"最终的量的比"，而是"比所趋近的极限"。牛顿在这里虽然提出和使用了"极限"，但并没有在严格意义下说清楚"极限"的含义。牛顿和其后 100 年间的数学家都不能有力地回答贝克莱的这种攻击，从而导致了数学史上的第二次数学危机。

第一个为补救第二次数学危机提出真正有见地的意见的是达朗贝尔。达朗贝尔在 1754 年指出，必须用可靠的理论去代替当时使用的粗糙的极限理论，但是他本人未能提供这样的理论。最早使微积分严谨化的是拉格朗日，为了避免使用无穷小推理和当时还不明确的极限概念，拉格朗日曾试图把整个微积分建立在泰勒展开式的基础上。但函数的范围又太窄，所以拉格朗日用幂级数为工具的代数方法也未能解决微积分的奠基问题。

直到 19 世纪初，柯西、魏尔斯特拉斯等一批数学家致力于微积分理论的严格化，把$\frac{dy}{dx}$定义为两个变量之比的极限，才彻底消除了贝克莱悖论。在"无穷小"问题上的论证，由柯西最终领取了"胜利之杯"。柯西对一系列数学分析学的基本概念下了严格的定义，包括无穷小量、导数、微分、积分和无穷级数等。

"贝克莱悖论"的焦点是"无穷小量是不是0"的问题，柯西创立了极限理论后，经魏尔斯特拉斯进一步严格化，使得这一问题的解决意外的平凡。

我们把物体在t_0时刻的瞬时速度定义为当$\Delta t \to 0$时平均速度的极限，无穷小定义为极限为0的函数，则上述自由落体运动在t_0时刻的瞬时速度，即

$$v(t_0)=\lim_{\Delta t \to 0}\frac{\Delta s}{\Delta t}=\lim_{\Delta t \to 0}\left(gt_0+\frac{1}{2}g\cdot\Delta t\right)=\lim_{\Delta t \to 0}gt_0+\lim_{\Delta t \to 0}\frac{1}{2}g\cdot\Delta t=gt_0+0=gt_0$$

上述过程所得结论与牛顿原先的结论是一样的，都是gt_0，但现在每一步都有严格的逻辑基础，这里也没有"最终比"或"无限趋近于"那样含糊不清的说法。于是，"贝克莱悖论"在历经200年后，终于消除了。

第二次数学危机的核心是微积分的基础不稳固，柯西的贡献在于将微积分建立在极限理论的基础上，魏尔斯特拉斯的贡献在于逻辑地构造了实数系，建立了严格的实数理论，使之成为极限理论的基础。所以，建立微积分基础的"逻辑顺序"应该是：实数理论→极限理论→微积分，而微积分发展的"历史顺序"则正好相反。

四、罗素悖论和第三次数学危机

19世纪下半叶，康托尔创立了著名的集合论，在集合论刚产生时，曾遭到了许多人的猛烈攻击。但不久这一开创性成果就为广大数学家所接受了，并且获得了广泛而高度的赞誉。数学家们发现，从自然数与康托尔集合论出发，可以建立起整个数学大厦。因而集合论成为现代数学的基石，"一切数学成果都可建立在集合论基础上"这一发现使数学家们为之陶醉。1900年，在巴黎国际数学家大会上，法国著名数学家庞加莱曾兴高采烈地宣称："借助集合论的概念，我们可以建造整个数学大厦，今天，我们可以说绝对的严格性已经达到了！"

然而，好景不长，刚刚过去两年，一个震惊数学界的消息传出，集合论是有漏洞的。这就是英国数学家罗素提出的著名的"罗素悖论"。

1902 年 6 月，罗素给正在致力于把算术化归于集合和逻辑的德国著名逻辑学家弗雷格写了一封信，叙述了他所发现的一条悖论。

有些集合不以自身为元素，如弗雷格规定的 $\{0，1，2\}=3$，"3"并不是自身的元素；也有些集合以自身为元素，如"所有集合的集合"，自己是个集合，所以也是自身的元素。现在考虑所有那些"不以自身为元素的集合"，它是不是自身的元素呢？

如果它是自身的元素，它就不符合定义自身的概念，因而它不是自身的元素。

如果它不是自身的元素，它就又和概念相符了，则它又应当是自身的元素。这就陷入了两难之境。

罗素悖论也可以表述为：以 M 表示"是其本身成员的所有集合的集合"，而以 S 表示"不是其本身成员的所有集合的集合"，于是任一集合或者属于 M，或者属于 S，两者必居其一，且只居其一。然后问：集合 S 是否是它本身的成员？

如果 S 是它本身的成员，则按 M 及 S 的定义，S 是 M 的成员，而不是 S 的成员，即 S 不是它本身的成员，这与假设矛盾。即 $S \in S \Rightarrow S \in M \Rightarrow S \notin S$。

如果 S 不是它本身的成员，则按 M 及 S 的定义，S 是 S 的成员，而不是 M 的成员，即 S 是它本身的成员，这又与假设矛盾。即 $S \notin S \Rightarrow S \in S$（$S \notin M$）。

罗素悖论的特点是只用到"集合""元素""属于"这些最基本的概念，这正符合弗雷格用概念的外延来定义集合的方法，实质上也就是康托尔所主张的用描述集合元素性质的方法来定义集合。从如此基本的概念出发，竟推出了矛盾，这就表明在集合论中存在着大漏洞。把集合论作为算术乃至整个数学的基础，这一想法遭到了严重的打击。

弗雷格接到信时，正好完成了他的关于集合的基础理论的二卷巨著，他在即将出版的《算术基础》的末尾伤心地写道："一个科学家遇到的最不愉快的事莫过于，当他的工作完成时，基础崩塌了。当本书即将印刷时，罗素先生的一封信就使我陷入了这样的尴尬境地。"

罗素悖论的通俗解释叫作理发师悖论。（图 4.2.4）

张家村有一位理发师，他的宣言是："我的职责是为本村所有不给自己刮脸的人刮脸，我也只给这些人刮脸。"那么，这位理发师的脸应该由谁来刮呢？他能不能给他自己刮脸呢？

图 4.2.4

如果他给自己刮脸，他就属于自己给自己刮脸的人，按宣称的原则，他就不应该给他自己刮脸；如果他不给自己刮脸，他就属于不给自己刮脸的人，按宣称的原则，他就应该给他自己刮脸。于是无论哪一种情况都会产生矛盾。

罗素悖论表明，集合论中居然有逻辑上的矛盾！顷刻之间，算术的基础动摇了，整个数学的基础似乎也动摇了。这一动摇所带来的震撼是空前的，许多原来为集合论兴高采烈的数学家发出哀叹："我们的数学就是建立在这样的基础上的吗？"数学再次陷入了危机，由罗素悖论引发的危机称为第三次数学危机。

由于严格的极限理论的建立，数学上的第二次危机已经解决，但极限理论是以实数理论为基础的，而实数理论又是以集合论为基础的，现在集合论出现了罗素悖论，因而形成了数学史上更大的危机，从此，数学家们开始为这场危机寻找解决办法。

危机出现以后，包括罗素本人在内的许多数学家都做出了巨大的努力来消除悖论。当时消除悖论的选择有两种，一种是抛弃集合论，再寻找新的理论基础；另一种是分析悖论产生的原因，改造集合论，探讨消除悖论的可能。最终人们选择了后一条路，希望在消除悖论的同时，尽量把原有理论中有价值的东西保留下来。

罗素等人分析后认为，悖论的实质或者说悖论的共同特征是"自我指谓"，即一个待定义的概念，用了包含该概念在内的一些概念来定义，造成恶性循环。例如，悖论中定义"不以自身为元素的集合"时，定义中涉及"自身"这个待定义的对象。

为了消除悖论，数学家们要将康托尔的"朴素集合论"加以公理化，并且规定构造集合的原则。例如，不允许出现"所有集合的集合""一切属于自身的集合"这样的集合。

1908 年，策梅洛（1871—1953）提出了有七条公理组成的集合论体系，称为 Z-系统。1922 年，弗兰克尔（1891—1965）又加进一条公理，还把公理用符号逻辑表示出来，形成了集合论的 ZF-系统。再后来，还有改进的 ZFC-系统。这样大体完成了由朴素集合论到公理集合论的发展过程，悖论消除了。但是新的系统的相容性并未证明。因此，庞加莱在策梅洛的公理化集合论出现后不久，形象地评论道："为了防狼，羊圈已经用篱笆圈起来了，但却不知道圈内有没有狼。"（图 4.2.5）这句话把悖论比作狼，把公理化集合论中的集合比作羊群，把公理比作篱笆。意思是，已经出现的悖论都排除在新的公理化集合论之外了，但新的系统内部是否还有其他悖论却不知道。这就是说，第三次数学危机的解决并不是完全令人满意的。

图 4.2.5

以上简单介绍了数学史上由于悖论而导致的三次数学危机及其消除的过程，从中我们不难看到悖论在推动数学发展中的巨大作用。有人说："提出问题就是解决问题的一半"，而悖论提出的正是让数学家无法回避的问题。它对数学家说："解决我，不然我将吞掉你的体系！"，正如希尔伯特在《论无限》一文中所指出的那样："必须承认，在这些悖论面前，我们目前所处的情况是不能长期忍受下去的。人们试想，在数学这个号称可靠性和真理性的模范里，每个人所学的、所教的和所用的那些概念结构和推理方法，竟导出不合理的结果。如果数学思考也失灵的话，那么我们应该到哪里去寻找可靠性和真理性呢？"悖论的出现逼迫数学家投入最大的热情去解决它。而在解决悖论的过程中，各种理论应运而生了：第一次数学危机促成了公理几何与逻辑的诞生；第二次数学危机促成了分析基础理论的完善与集合论的创立；第三次数学危机促成了数理逻辑的发展与一批现代数学的产生。三次数学危机的出现和排除，使数学家们对数学的认识更为清醒了，人们有了思想准备，也许还有第四次、第五次数学危机乃至第 n 次（$n >$ 5），但可以相信人类有能力排除任何数学危机，而且每次数学危机爆发之日就是新的数学概念、新的数学理论孕育之时。随着危机的排除，数学则会得到划时代的进展与突破，这或许就是数学悖论的重要意义所在吧！

科学史家乔治·萨顿说："根据我的历史知识，我完全相信 25 世纪的数学将不同于今天的数学，就像今天的数学不同于 16 世纪的数学那样。"当经济危机发生的时候，整个经济就处于萧条状态，但数学危机则不同，数学危机的发生不会引起数学研究的萧条，反而会极大地刺激数学的发展，使数学的整体水平更上一层楼！

●● 第三节
● 数学与哲学的思辨

数学与哲学的思辨视频　数学与哲学的思辨 PPT

要辩证而又唯物地了解自然，就必须熟悉数学。

——恩格斯

数学是一种理性的精神，使人类的思维得以运用到最完善的程度。

——克莱因

哲学家也要学数学，因为他必须跳出浩如烟海的万变现象而抓住真正的实质，又因为这是使灵魂过渡到真理和永存的捷径。

——柏拉图

━━ 一、数学与哲学的关系 ▶

　　翻开西方数学史或哲学史，人们会发现一个有趣的现象，数学和哲学几乎同时诞生于遥远的古希腊。西方数学与哲学有着千丝万缕的联系，这种联系不但源远流长，而且绵延至今，共同构成了那个时代文明的骄傲。

　　追溯起来，数学与哲学自西方哲学诞生之日起，就结下了不解之缘。西方第一位哲学家泰勒斯是数学家；提出"万物皆数"的著名数学家毕达哥拉斯是最早的唯心主义哲学家；创立理念论唯心主义体系的柏拉图，也特别推崇数学。

　　为什么哲学家如此重视数学呢？当哲学家要说明世界上的一切时，他看到万物都具有一定的量，呈现出具体的形，数学的对象寓于万物之中；当哲学家谈论怎样认识真理时，他不能不注意到，数学真理是那么清晰而无可怀疑，那样必然而普遍；当哲学家谈论抽象的事物是否存在时，数学提供了最抽象而又最具体的东西，数、形、关系、结构，它们有着似乎是不依赖于人的主观意志的性质；当哲学家在争论中希望把概念弄得更清楚时，数学提供了似乎卓有成效的形式化的方法。

数学与哲学在这两千多年结伴而行的漫长岁月里，相互影响，相互促进。进入20世纪，围绕数学的哲学基础问题所产生的三大流派——罗素的逻辑主义、希尔伯特的形式主义、布劳威尔的直觉主义更是把两者的关系推向了高峰。

张景中先生在《数学与哲学随想》中形象地描述了数学与哲学的关系。

数学的领域在扩大；

哲学的地盘在缩小。

哲学曾经把整个宇宙作为自己的研究对象。那时，它是包罗万象的，数学只不过是算术和几何而已。

17世纪，自然科学的大发展使哲学退出了一系列研究领域，哲学的中心问题从"世界是什么样的"变成"人怎样认识世界"。这个时候，数学扩大了自己的领域，它开始研究运动与变化。

今天，数学在向一切学科渗透，它的研究对象是一切抽象结构——所有可能的关系与形式。可是西方现代哲学此时却把注意力限于意义的分析，把问题缩小到"人能说出些什么。"

哲学应当是人类认识世界的先导，哲学关心的首先应当是科学的未知领域。

哲学家谈论原子在物理学家研究原子之前，哲学家谈论元素在化学家研究元素之前，哲学家谈论无限与连续性在数学家说明无限与连续性之前。

一旦科学开始真真实实地研究哲学家所谈论过的对象时，哲学便沉默了。它倾听科学的发现，准备提出新的问题。

哲学，在某种意义上是望远镜。当旅行者到达一个地方时，他不再用望远镜观察这个地方了，而是把它用于观察前方。

数学则相反，它是最容易进入成熟的科学，是获得了足够丰富事实的科学，是能够提出规律性的假设的科学。它好像是显微镜，似乎只有把对象拿到手中，甚至切成薄片，经过处理，用显微镜才能观察它。

哲学从一门学科退出，意味着这门学科的诞生。数学渗入一门学科，甚至控制一门学科，意味着这门学科达到成熟。

哲学的地盘缩小，数学的领域扩大，这是科学发展的结果，是人类智慧的胜利。

但是，宇宙奥秘无穷。向前看，望远镜的视野不受任何限制。新的学科将不断涌现，而在它们出现之前，哲学有许多事可做。面对着浩渺的宇宙，面对着人类的种种困难问题，哲学已经放弃的和数学已经占领的，都不过是沧海一粟。

哲学在任何具体学科领域都无法与该学科一争高下，但是它可以从事任何具体学科无法完成的工作，它为学科的诞生准备条件。

数学在任何具体学科领域都有可能出色地工作，但是它离开具体学科之后无法做出贡献。它必须利用具体学科为它创造条件。

模糊的哲学与精确的数学——人类的望远镜与显微镜。（摘自张景中《数学与哲学》）

二、哲学问题的数学思辨

在人类文明发展进程中，哲学引领智慧的方向，而数学则是澄清沿途的迷雾。涉及具体问题时，语言必须精确严格。数学的看家本领，就是把概念弄清楚。有些扯不清的事，概念清楚了，答案也就清楚了。

1. 先有鸡还是先有蛋

"先有鸡还是先有蛋"这是一个广泛流传于世界的趣题，也常常被认为是扯不清的事。如果认为地球上的生物从来就像今天这样，那当然无所谓最早的鸡，也无所谓最早的蛋了。可是更为可信的是，最早的地球上没有生物，没有鸡，也没有蛋，鸡是后来才有的。这么看，"鸡与蛋哪个在先"就是个有意义的问题了。

这里说的蛋，当然是鸡蛋。鸡蛋与鸡的关系，通常是不言自明的，鸡生蛋，蛋生鸡。不过，涉及最早的鸡与蛋时，不能含糊，而要严格化。要定义清楚"什么是鸡""什么是鸡蛋"。

如果生物学家无法判断什么是鸡，当然也无法回答这个问题。我们应当假定，什么是鸡的问题已经解决，否则，问题没有意义。

什么是鸡蛋呢？鸡蛋的概念不应当与鸡无关，否则问题也无意义。根据常识，我们可以提供两个可能的定义：

（1）鸡生的蛋才叫鸡蛋。

（2）能孵出鸡的蛋和鸡生的蛋都叫鸡蛋。

如果选择定义（1），自然是先有鸡，第一只鸡是从某种蛋里出来的，而这种蛋不是鸡生的，按定义，不叫鸡蛋。

如果选择定义（2），一定是先有蛋。孵出了第一只鸡的蛋，按定义是鸡蛋，可它并不是鸡生的。

只要我们把定义选择好，问题就迎刃而解了。如果不把鸡蛋的定义确定下来，问题自然无解。不知道什么是鸡蛋，还问什么先有鸡先有蛋呢？至于怎么选择定义才合理，那就是生物学家的课题了，说不定又有一番争论。

这就是数学家常用的办法——问一个"是什么"。古代的哲学家不懂得这个方法，古代的数学家也不太懂这个方法，这个方法是从非欧几何诞生之后数学家才掌握的。现代西方哲学家正力图把这个方法搬到哲学中去，能否成功现在还很难说，因为数学家的这个本领是经过两千多年才练出来的。

2. 白马非马

在中国古代，有公孙龙"白马非马"的著名诡论。他说："要马，黄马黑马都可以。要白马，黄马黑马就不行了。可见白马非马。"这种说法，难倒了当时的许多人。

这其实是"一般"和"个别"的关系，在两千多年的时期内，一直是哲学家争论的话题。

柏拉图认为具体事物是虚幻的，抽象的概念倒是真实的。世界上除了大狗、小狗、黄狗这些个别的狗之外，还有一个理念的狗。具体的狗可以变化、死亡，而理念的狗是永恒的、绝对的。具体的狗之所以是狗，是因为有了狗这个理念。

亚里士多德批判了柏拉图的理念论，他指出，"一般"不能离开"个别"而存在。除了具体的这只狗、那只狗之外，没有一个另外的抽象的狗。他并不认为"一般"存在于"个别"之中。列宁赞扬了亚里士多德对柏拉图的批判，但他也弄不清"一般"与"个别"的辩证法。

"一般"与"个别"的关系，其实，用数学中集合的概念就很容易弄清楚。

这只狗、那只狗，过去的每一只狗、未来的每一只狗，构成一个集合，这个集合就叫作狗集合，不过通常略去集合二字罢了。具体的狗是狗集合的元素。黑狗，是狗集合的一个子集。这样看，"一般"是存在的，它作为集合而存在。"个别"也是存在的，它作为集合的元素而存在。集合由元素构成，没有元素的集合是空的，可见"一般"离不开"个别"。

公孙龙的诡论，一方面是弄不清一般与个别的关系，另一方面是利用了语言的歧义。

我们常用的"是""非"这些字眼，在不同场合意义是不同的。

"是"可以表示"等于"。比如，"欧几里得是《几何原本》的作者"，这里，"是"可以表示"等于"。

"是"可以表示"属于"。比如，"欧几里得是古希腊数学家"，这里，"是"不再表示"等于"了。古希腊数学家是一个集合，欧几里得是这个集合的一个元素。元素与集合的关系，在数学上用"属于"来表示。

"是"还可以表示"包含于"。比如，"狗是哺乳动物"这句话里，狗是一个集合，哺乳动物也是一个集合。这句话表示：狗集合是哺乳动物集合的子集。在数学里，若甲集是乙集的子集，就说甲集包含于乙集。

"白马非马"中的"非"是什么意思？

"非"是"是"的反面。"非"也就表示"不等于""不属于"或"不包含于"。

"马"是一个集合，"白马"是"马"的一个子集，"白马非马"中的"非"字，如果表示"不等于"，这句话是对的，因为白马集合确实不等于马集合。如果表示"不包含于"，就错了，因为白马集合包含于马集合。如果说"白马集合不属于马集合"，从数学上看这种表述是不对的。因为"属于"表示元素与集合之间的关系，不能用来表示集合之间的关系。

明确了集合间的关系，"白马非马"就成了索然无味、毫无意义的普遍陈述了。这个诡论的奥妙在于字的歧义，一个字有两种或两种以上的含义，就形成了妙语双关，也能成为诡论的根源。

3. 飞矢不动

"飞矢不动"是古希腊哲学家芝诺提出的一个悖论。

芝诺问他的学生："一支射出的箭是动的还是不动的？"

"那还用说，当然是动的。"

"确实是这样，在每个人的眼里它都是动的。可是，这支箭在每一个瞬间里都有它的位置吗？"

"有的，老师。"

"在这一瞬间里，它占据的空间和它的体积一样吗？"

"有确定的位置，又占据着和自身体积一样大小的空间。"

"那么，在这一瞬间里，这支箭是动的，还是不动的？"

"不动的，老师。"

"那么下一个瞬间呢？"

"也是不动的，老师。"

"那其他瞬间呢？"

……

"所以，射出去的箭是不动的！"

哲学家早就批判过"飞矢不动"的诡论。从数学上看问题，可以更清楚地抓住芝诺逻辑上的漏洞。

数学是讲究概念严密的科学，要搞清楚问题出在哪里，就要首先定义"什么是动""什么是不动"。一个物体，如果它在两个不同的时刻有不同的位置，就说明它在这两个时刻之间动了；如果它在两个时刻之间的每一个时刻都有相同的位置，就说明它在这段时间内没有动。

这么看，所谓动与不动，是涉及两个时刻的概念。动与不动，要看它在不同时刻的位置。在一瞬间，也就是在一个时刻，动与不动的概念失去了意义。

飞矢不动——飞快射出的箭，在每一瞬间都是静止的，这个说法在逻辑上没有任何意义。因为在任一时刻，物体只占有一个确定的位置。在黑夜里我们看到的闪电是一个静止的画面，因为闪电一瞬间就过去了。这个画面决不能作为一切静止了的论据。要问动没动，必须用另一个瞬间的画面作比较！

4. 人不能两次踏入同一条河流

我们生活着的这个世界，在一刻也不停地变化着。古希腊哲学家赫拉克利特对运动与变化强调得最厉害。他说："人不能两次踏入同一条河流，因为河水在流动，当人第二次踏进同一条河流时，已经不是第一次踏进时的河水了"。

赫拉克利特用这个生动的比喻说明万物是在不断变化着的，但是严格来讲，赫拉克利特的这个比喻在概念上是不清楚的。同一条河流是什么意思呢？昨天的黄河和今天的黄河是不是同一条河流呢？如果是同一条河流，赫拉克利特那句话就错了。如果不是同一条河流，那黄河就成了无数多条河流了，因为它的每个瞬间都与前面的河流不同，同样的道理，赫拉克利特也不是一个人，而是无穷多个不同的人了。

对于赫拉克利特这一极端的观点，有人专门写了剧本讽刺赫拉克利特，说一个人欠债不还，还对债主声称："我已经不是原来借钱的那个人了"。债主大怒，打了他。在法庭上，债主不承认打了人，说："刚才打人的我，已经不是现在的我了。"

当时持相反观点的是巴门尼德，他主张世界是静止的、不变的、永恒的，变化与运动只是幻觉。巴门尼德的得意门生芝诺，为了论证运动只是幻想，还提出了"飞矢不动"这样的诡论，竭力说明运动必然引起矛盾，因而运动是不可能的。

古代哲学家对于如何从逻辑上严格把握事物的运动与变化和相对静止与稳定的统一，是不清楚的。他们或者否定了运动的可能，或者否认变化了的事物是同一事物。直到 17 世纪，数学上出现了变量与函数的概念，才找到了精确描述运动与变化的工具。

在数学中，函数的概念是描述运动与变化的重要工具。所谓事物，可以看作以时间为自变量，状态为因变量的函数，时间可以取任意值，事物就是与时间对应的无数状态的总和。

既然事物在不同时刻可以有不同的状态，我们又怎么知道这不同的状态是同一个事物的状态，而不是不同的事物呢？这就要用到连续的概念。

从数学上来定义连续，就是对于函数 $y = f(x)$，如果当自变量 x 在某一点的改变量 Δx 趋于 0 时，函数的改变量 Δy 也趋于 0，即 $\lim\limits_{\Delta x \to 0} \Delta y = 0$，就称函数 $f(x)$ 在这一点连续。也就是说，对于同一事物，在不同时刻，虽然有不同的状态，但是当两个时刻相距越来越近的时候，对应的状态之间的差别也越来越小，这就是事物的连续性。同一事物就是由无穷多连续变化着的状态所组成的。如果不连续了，我们就认为它已消亡，被另一新出现的事物代替了。

同一河流是不是同一事物？河流每时每刻都在变化，每个时刻都对应着一个状态，当时间做微小变化时，状态也做微小变化，因此同一条河流是同一事物，而且是连续变化的同一个事物。第二次踏进的河水虽然和第一次的不同了，但仍然是同一条河流。也就是说"人两次踏进的是同一条河流。"

幸亏世界上的千变万化绝大多数都是以连续函数的形式相互制约，否则我们很难认识这个世界，甚至我们本身也不能成为稳定的认识主体了。

三、极限思想的辩证剖析

极限思想在现代数学乃至物理、工程等学科中有着广泛的应用，从哲学的角度来看极限，它包含着丰富的哲学思想。

1. 极限思想是变与不变的对立统一

"变"与"不变"反映了事物运动变化与相对静止两种不同状态，但它们在一定条件下可以相互转化。例如，求变速直线运动的路程问题，无法用初等方法解决，困难在于变速直线运动的速度是变量。为此，人们先在小的时间段内用"匀速"代替"变速"，求每一小段时间内的路程，然后累积求和，最后通过取极限，求得变速直线运动的路程。在积分计算中，极限完成了"变"与"不变"的统一。

2. 极限思想是有限与无限的对立统一

"有限"与"无限"有着本质的区别，但两者又有联系。无限是有限的发展，有限是无限的结果。比如"庄子切棒"和"阿基里斯追龟问题"都是把有限的数划分成无限个数，然而无限个数的和不是一般的代数和，而是部分和的极限。极限过程是无限的过程，但最终得到的往往是一个有限的数，这就通过极限完成了有限与无限的相互转化。

3. 极限思想是近似与精确的对立统一

"近似"与"精确"是对立统一关系，两者在一定条件下也可以相互转化。比如，刘徽的"割圆术"中，圆内接正多边形的面积是圆面积的近似值，取极限后就可得到圆面积的精确值，是极限完成了由近似到精确的转化。

4. 极限思想是量变与质变的对立统一

"量变"和"质变"既有区别又有联系，量变能引起质变。质和量的互变规律是辩证法的基本规律之一。极限思想包含了量变质变律，如对于任何一个圆内接正多边形来说，当它的边数加倍后，得到的还是内接正多边形，是量变，不是质变。但是，不断地让边数加倍，经过无限次的过程后，多边形就"变"成了圆，多边形的面积就转化为圆面积，极限完成了由量变到质变的转化。

●● 第四节
● 英国的海岸线与分形

英国的海岸线与
分形视频

英国的海岸线与
分形 PPT

分形给艺术带来的全新的特征，既不是自然限定的也不是人类创造性限制的，而是一种全新的不同途径的秩序和突变间的适当的交互作用。分形艺术的源泉存在于那种看上去不能产生新东西的非常简单的数学公式，事实上孕育着无数的图形结构。

——曼德勃罗

分形几何不仅展示了数学之美，也揭示了世界的本质，还改变了人们理解自然奥秘的方式。可以说，分形几何是真正描述大自然的几何学，对它的研究也极大地拓展了人类的认知疆域。

——周海中

明天不熟悉分形的人，将不能被认为是科学上的文化人。

——约翰·惠勒

我们生活的客观世界是由各种形态、大小、色彩迥异的"形"构成的，比如云彩的边缘、山峦的轮廓、绵延的海岸线、变幻莫测的闪电，这些图形和我们通常研究的直线、圆、椭圆、双曲线等规整的欧氏几何图形相比大不相同，它们呈现着不规则或光怪陆离的形态。20 世纪 70 年代诞生了一门新的几何学——分形几何，它研究的正是自然界中常见的、不规则的、不稳定的、变化莫测的现象。分形几何的研究对象普遍存在于自然界中，因此分形几何学又被称为"大自然的几何学"。

分形几何的创始人美籍法国数学家曼德勃罗 1975 年在他的名著《大自然的分形几何学》一书中说："云朵不是球形的，山峦不是锥形的，海岸线不是圆形的，树皮不是光滑的，闪电也不是一条直线。它们是什么呢？它们都是简单而又复杂的'分形'……"
他指出，自然界的许多物体的形状及现象的复杂性是寻常的事，但欧式几何却把它们抛
在一边不加理会。分形几何为阐述这类复杂性提供了全新的概念和方法。

那么分形几何是如何诞生的呢？这还要从英国的海岸线说起。

一、英国的海岸线有多长

英国的海岸线有多长呢？最初英国数学家理查逊（1881—
1953）想了解一些国家锯齿形的海岸线长度，他翻阅了西班
牙、葡萄牙、比利时与荷兰的百科全书，发现其中对英国海岸
线（图4.4.1）的长度说法不一，出入最多达到20%。显然，
通常的测量是不可能产生这么大的误差的，那么这20%的差距
是如何产生的呢？

理查逊指出：这种误差是因为测量时使用不同长度的量尺
所导致的。

图 4.4.1

比如，测量一条直线段，我们需要一把尺子，如果我们用长度为1的尺子来量
（图4.4.2），那么这条线段就是4把尺长不到5把尺长，线段的长度就在4～5。如何把
它量得更精确呢？我们自然会想到把尺子缩短一些，用长度为0.1的尺子，再来量一
遍（图4.4.3），这条线段就是41把尺长不到42把尺长，线段的长度就是在4.1～4.2。
这样测量出来的长度就比刚才测量的精确些，因此较短的尺可以测得较精确的长度。尺
的长度越短，则测量得到的线段的长度越精确，当尺长趋于0时，测得的长度就趋向于
线段的精确长度。

图 4.4.2

图 4.4.3

对于圆周这样的曲线也是如此。我国古代刘徽用"割圆术"计算圆周率时，就是用
不断增加圆内接正多边形的边数，也就是不断缩小正多边形的边长，从而无限逼近圆的
周长。正多边形的边就好比一把尺，当尺长趋于零时，测得的长度就是圆周长。

那么是不是所有的东西都可以这样测量呢，对于海岸线是不是也是尺长越小，精度越高呢？

1967年曼德勃罗对这一问题进行了深入研究，他在美国的《科学》杂志上发表了题为《英国的海岸线有多长——统计自相似性和分数维》的著名论文，对这一问题做出了回答。他提出了一个令人惊讶的结论——英国海岸线的长度是不确定的。

曼德勃罗认为，无论测量得多么仔细认真，都不可能得到英国海岸线的准确长度，因为根本就不会有准确的答案，英国的海岸线长度是不确定的。事实上，任何海岸线在某种意义上都是无穷大，或者说答案取决于你所用尺的长度。

如果用1 km长的尺测量，少于1 km的那些弯曲就会被忽略掉。如果用1 m长的尺测量，就会得到更确切的海岸线的长度，因为它捕捉了更多的细节。如果你用更小的尺来刻画这些细小之处，就会发现，这些细小之处同样也是无数的曲线近似而成的。随着不停地缩短你的尺，你发现的细小曲线就越多，你测得的曲线长度也就越大。（图4.4.4）

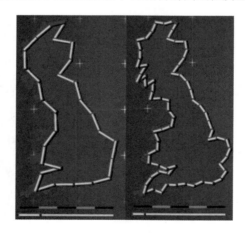

图4.4.4

那么是否是当尺的长度越来越小时，海岸线长度就会越来越精确了呢？答案是否定的，随着测量尺度的变小，测出的海岸线长度将无限增大。海湾内有更小的海湾，半岛上有更小的半岛，因此，测量的长度与所用的尺度有关，海岸线无法精确测量。

二、科赫曲线

真的有不可求长的曲线吗？我们来看一个特殊的曲线——科赫曲线，也叫雪花曲线。它是1904年瑞典数学家科赫构造的一种曲线。

取一条直线段,在中间切掉 $\frac{1}{3}$,上面补一个类似正三角形的尖角出来(图 4.4.5),

接着在每一条线段上都进行这样的操作,如此往返递归的构造,就可以得到科赫曲线。

我们来求一下科赫曲线的长度,取科赫曲线直线长度为一个尺长(图 4.4.6)。

取 $\frac{1}{3}$ 尺长来测量,需要量 4 次,长度为 $4 \times \frac{1}{3} = \frac{4}{3}$。

取 $\frac{1}{9}$ 尺长来测量,需要量 16 次,长度为 $16 \times \frac{1}{9} = \frac{16}{9}$。

取 $\frac{1}{27}$ 尺长来测量,需要量 64 次,长度为 $64 \times \frac{1}{27} = \frac{64}{27}$。

一般地,尺长为 $\left(\frac{1}{3}\right)^n$,需要量 4^n 次,长度为 $\left(\frac{4}{3}\right)^n$,当尺长→0 时,长度→∞,

所以说科赫曲线不可求长,或者说长度为无穷大。

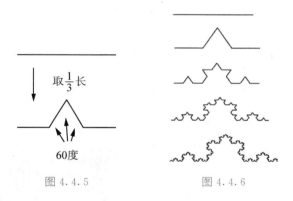

图 4.4.5　　　　　　　　图 4.4.6

将三个科赫曲线连在一起,就可以组成一个漂亮的雪花形曲线,称为科赫雪花(图 4.4.7)。科赫雪花面积是有限的,而周长却是无限的。

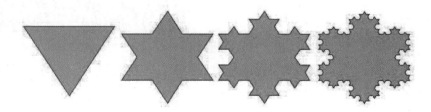

图 4.4.7

为什么圆周曲线是有限的长度,而科赫雪花曲线长度却是无穷大呢?

我们来比较一下这两种曲线，从直观上来看，圆周曲线是光滑的，而科赫曲线处处不光滑。

我们把圆周曲线的局部放大，再放大，圆周的局部放大之后近乎一条直线（图4.4.8），这样用直尺尺长代替一小段曲线的长度，测量得到的误差就不会太大，并且随着尺长的缩短，总的测量误差会越来越小，最后达到曲线的实际长度。光滑曲线的局部和直线很接近，曲线上很小的一段可以近似看作一段直线，也就是，在一小段

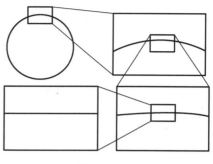

图4.4.8

曲线上，可以"以直代曲"。对于光滑曲线，就是再复杂，局部也将变得非常简单，接近于一条直线。

圆周或光滑曲线的特征如下：

（1）处处光滑，处处有切线；

（2）可以求出确切长度；

（3）不管整体多复杂，局部变得非常简单，近似于直线；

（4）局部与整体非常不一致，无相似性。

我们再来比较一下科赫曲线，将科赫曲线截取一部分，放大，再放大（图4.4.9）。放大了，居然和原来的一模一样。曲线上任何一小段都不能用直线段替代，局部和整体一样复杂，再微小的地方也具有自相似性。

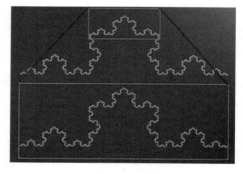

图4.4.9

科赫曲线的特征如下：

（1）处处不光滑，无切线；

（2）不可求出确切长度或长度无穷大；

（3）再小的局部都很复杂，有精细结构；

（4）局部和整体有自相似性。

科赫曲线是一个典型的分形的例子，我们把具有这种特征的几何对象称为分形。

三、分形

1. 分形的特性

分形一词是曼德勃罗在 1975 年创造出来的，他说："我从拉丁文形容词 fractus（分裂的）造出了 fractal（分形）这个词。相应的拉丁文动词 fragere 的意义是'使碎裂''造成不规则的碎片'……多么符合我们的需要啊！这样，除了'分裂的'，还应该有'不规则的'之意，这两个意义都继承保留了下来，就是不规则的、破碎的、琐屑的几何特征。"分形正是提供了一种描述这种不规则、复杂图形现象中的秩序和结构的新方法。

分形的特性：

（1）复杂性（没有通常几何对象的规则性）；

（2）细结构（任意细小的局部经过放大后仍包含对象的复杂结构）；

（3）无法用通常的方法来度量（所测结果或者为零，或者为无穷大）；

（4）自相似性（局部和整体相似），这是分形最重要的特性；

（5）递归结构（经过无数次递归迭代过程构造的）。

曼德勃罗认为海岸线非常接近科赫曲线的形式，海岸线具有分形的特性。海岸线从远距离观察，其形状是极不规则的，从近距离观察，其局部形状又和整体形态相似，它们从整体到局部，都是自相似的。

事实上，客观世界中的图形更多的是分形。也就是说光滑的是少的，处处有毛刺的是多的，自然界普遍存在不光滑和不规则的空间形体。比如，下雨区域的边界、指纹和掌纹、河流的水系图等都属于平面分形图形；天空中的云、地面上的山、河流的河道、树皮、DNA 螺旋线都属于空间分形图形。这些都是自然界真实存在的，但都不在欧氏几何和通常数学的研究范围内。此外，还有人的血管分岔、闪电、人的经络等，植物中的蕨类植物、羊齿植物，还有人们常吃的花椰菜以及许多其他植物，它们的每一分支都与其整体非常相似，其生成规则保证了小尺度上的特征，成长后就变成了大尺度上的特征。

早在曼德勃罗提出分形理论之前，他和同事沃斯等已经在计算机上绘制了大量的逼真的月球地形、类似行星、岛屿、山脉以及类似蜗牛、水母等分形图形。也就是说，从分形开始创立时，分形就是与自然界的物体密切相关的，也为人类认识许多复杂的自然界物体提供了新的工具。可以说，数学上标准的分形一开始就是和自然界的现象结合在一起的。为此，曼德勃罗猜想，自然界的许多东西都是由简单步骤的重复而产生出来的。这就使我们能够解释一些让人们困惑的事件，如为什么相对少量的遗传物质可以发育成复杂的结构，如肺、大脑甚至整个机体；为什么只占人体体积5％的血管能布满人体的每一个部分。

2. 曼德勃罗集

分形可以很容易地用计算机模拟，曼德勃罗集（简称 M 集）就是在复平面上用一种迭代构造出来的（图 4.4.10）。1980 年，当曼德勃罗第一次画出 M 集的图形以后，M 集就被公认为迄今发现的最复杂的形状。大体上说，它的形状是由一个主要的心脏形结构与一系列"芽苞"凸起连在一起，而每一个芽苞又被更细小的芽苞所环

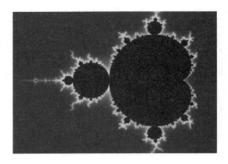

图 4.4.10

绕。此外，还有更精细的"头发"状分枝向外长出。由于计算机屏幕分辨率的问题，很可能看不清楚细节，但是所有这些黑色的点确实像是被一张无形的大网连接在一起了。

M 集最惊人的特征是：当你以越来越高的放大倍数把它放大时，它依然保持着极端复杂的结构，几乎每次放大都使人目瞪口呆。如图 4.4.11，这是 M 集的多局部放大，将 M 集中矩形框里的部分依次放大，呈现在眼前的是漩涡、涡卷、海马、线圈、斑点、繁星、发芽的仙人掌、乃至之字形闪电……你可以把它想象成任何一个，而且每一个细小的局部都具有自相似性，分形带给人们无限的想象。

图 4.4.11

四、分形维数

分形维数视频

经典的欧式几何学研究的对象是那些光滑和规则的空间形体，它们一般都具有整数的维数，如点是零维的，可以记数；线是一维的，可以测量长度；面是二维的，可以测量面积；体是三维的，可以测量体积。然而，自然界是复杂的，还普遍存在不光滑和不规则的空间形体，如弯弯曲曲的海岸线、起伏不平的山脉、变幻无常的浮云等，这些对象很难用欧式几何学来描述，因为它们的维数不一定是整数，而有可能存在分数维。

曼德勃罗认为，我们能观察到的事物取决于我们观察的角度和测量的方法。以足球为例，从远处看像一个二维的圆盘，走近看是个三维的球体（图4.4.12），那么在远点和近点之间的区域内，情况怎么样呢？二维物体在哪里变成了三维物体？曼德勃罗认为，要定量的分析像海岸线这样的图形，引入分形维数是必要的。

图4.4.12

分形维数是描述分形最主要的参量，简称分维。它反映了复杂形体占有空间的有效性，是复杂形体不规则性的量度。

我们来看一个规则分形的例子，康托尔三分集（图4.4.13）。取长度为1的直线段，将它三等分，去掉中间一段，端点留在剩下的两段上，再将剩下的两段分别三等分，去掉中间一段，这样一直操作下去，直到无穷，得到一个离散的点集，称为康托尔三分集，这个集合有无穷多个点，但长度为

图4.4.13

零。康托尔三分集作为0维的点，太大，有无穷多个点，作为1维的线又太小，长度为零。0维太大，1维又太小，康托尔三分集的维数可能介于0维和1维之间。

我们再来看一个规则分形——谢尔宾斯基三角（图4.4.14）。先做一个正三角形，将它均分成四个小等边三角形，挖去中心的一个三角形，然后剩下的小三角形中，每个再挖去一个中心三角形，重复这样的操作，一直到无穷，那么三角形面积将趋于零，而周长却趋于无穷大。谢尔宾斯基三角作为1维的线太大，作为2维的面又太小，因此维

数可能介于 1 维和 2 维之间。

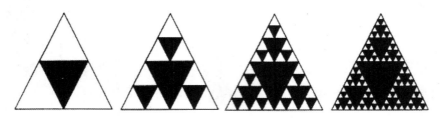

图 4.4.14

如何计算分形维数呢？下面给出分形维数的计算公式。

设 E 是分形曲线，l 是尺长，N 是测量次数，如果存在 $d \geqslant 0$，使得 $D = \lim\limits_{l \to 0} N \cdot l^d$ 存在且是一个有限的正数，则称 d 为 E 的分形维数，记为 $\dim E$。

分形维数的计算公式为

$$\dim E = d = \lim_{l \to 0} \frac{\ln N}{\ln \dfrac{1}{l}}$$

分形维数是经典维数的拓展，对于 1 维的曲线，我们在测量长度时，如果尺长为 l，测量了 N 次，则曲线的长度为 $L = \lim\limits_{l \to 0} N \cdot l^1$；对于 2 维的面，我们在测量面积时，对于不规则的平面封闭图形，将平面划分为一些边长为 l 的小正方形，则与给定平面图形相交的小正方形的面积之和，就是这个平面图形的面积的近似值，当小正方形边长趋于 0 时，如果与平面图形相交的小正方形的面积之和有一个极限值，那么这个极限值就是这个平面图形的面积，即为 $A = \lim\limits_{l \to 0} N \cdot l^2$；对于 3 维的体，在测量体积时可以用一些边长为 l 的小正体堆积起来，类似地可以得到计算空间图形的体积公式 $V = \lim\limits_{l \to 0} N \cdot l^3$。

对于任一图形，一般的可以表示成

$$D = \lim_{l \to 0} N \cdot l^d$$

l 的指数 d 即为维数，d 可以不是整数，这是维数概念的一个突破。d 是描述复杂度的量，维数越高，复杂度越高。

下面计算几种规则分形的维数。

（1）康托尔三分集的分形维数（图 4.4.13）。

尺长 $l = \dfrac{1}{3}$，测量次数 $N = 2$；

尺长 $l = \dfrac{1}{9}$，测量次数 $N = 4$；

尺长 $l = \dfrac{1}{27}$，测量次数 $N = 8$；

……

尺长 $l = \left(\dfrac{1}{3}\right)^n$，测量次数 $N = 2^n$。

则 $\dim E = d = \lim\limits_{l \to 0} \dfrac{\ln N}{\ln \dfrac{1}{l}} = \lim\limits_{n \to \infty} \dfrac{\ln 2^n}{\ln 3^n} = \dfrac{\ln 2}{\ln 3} \approx 0.63 < 1$。

（2）科赫曲线的分形维数（图 4.4.6）

尺长 $l = \dfrac{1}{3}$，测量次数 $N = 4$；

尺长 $l = \dfrac{1}{9}$，测量次数 $N = 16$；

尺长 $l = \dfrac{1}{27}$，测量次数 $N = 64$；

……

尺长 $l = \left(\dfrac{1}{3}\right)^n$，测量次数 $N = 4^n$。

则 $\dim E = d = \lim\limits_{l \to 0} \dfrac{\ln N}{\ln \dfrac{1}{l}} = \lim\limits_{n \to \infty} \dfrac{\ln 4^n}{\ln 3^n} = \dfrac{\ln 4}{\ln 3} \approx 1.26 < 2$。

有人对自然界的分形也进行了计算，海岸线的分形维数是 $1 < d < 1.3$，云的分形维数是 $d = 1.35$，河流水系的分形维数是 $1.1 < d < 1.85$，山脉表面的分形维数是 $2.1 < d < 2.9$。分形维数比 2 大的曲面的表面积理论上可以任意大，能够很好地利用这一性质的组织是肺和大脑。肺从气管尖端成倍的反复分叉，使末端的表面积变得非常大。人肺的分形维数大约为 2.17。分形维数越大，表面积变大的效率也越好，但这时曲面的凹凸也变得更加厉害，这不利于空气的流通，为了兼顾起见才产生了 2.17 这一数值。人脑表面有各种不同大小的皱褶，从人脑表面皱褶的分形结构模型出发，计算出大脑的分形维数是 $2.73 < d < 2.79$。从分形几何的角度看，大脑表面皱褶越多，分形维数就越高，就越逼近我们所处的三维空间的维数。有研究表明，这是进化过程中某种优化机制起作

用的结果，当大脑的分形维数达到某一适宜的度，可以使大脑在有限的空间内占有更大的面积进而发挥更为复杂的作用，这也可能是大脑具备更复杂的思考能力的缘故。

五、分形艺术

分形几何是大自然的几何，是复杂性的几何，分形从提出的那天起就与艺术紧密地联系在一起了，曼德勃罗的奠基性著作里充满了大量的分形美术插图。分形图形艺术是计算机图形艺术的一种，是用数学公式创作出来的，这要求作者要有一定的数理基础，除了懂得绘画中的透视关系外，还要知道射影几何、矩阵变换、计算机图形学等知识，分形图形艺术做得好的大师们，无一不精通数学。

下面我们来欣赏用计算机制作的几幅分形图画（图4.4.15）。

图4.4.15

分形还可以模拟各种自然景象，如图4.4.16，用分形模拟山峦、草原、瀑布、火焰山，还有这个像地球的球体，也是分形模拟的。

分形图形广泛应用于艺术设计，如可以将分形艺术图形直接作为一种艺术图形制成装饰画（图4.4.17）；还可以将分形装饰图案用于包装材料上，或用于纺织品纹样设计及印染工艺（图4.4.18）。

图 4.4.16

在建筑装饰设计中，根据分形图形的无限放大而精度不减的性质，将高精度分形图形应用于建筑设计中给人以强烈的视觉美感（图 4.4.19）。

图 4.4.17

图 4.4.18

图 4.4.19

在电影特技制作中也广泛应用分形，现在全球有数百万人在观看分形。如当他们看完《星球大战》三部曲时，他们自己都不知道，电影中外星球的地形就是在计算机里利用分形制作出来的。实际上，分形现在已成为电影特技的一个重要组成部分。

在现代信息加密防伪技术中，分形也有独到之处，分形图形的无限自相似性及细致性，很难通过对原稿扫描复制取得。

分形作为艺术，现在越来越多地被人们认识到，也越来越多地融入了人们的生活中。分形几何学不仅让人们感悟到了科学与艺术的融合，更使人们感受到了数学与艺术审美的统一。

●● 第五节
● 蝴蝶效应与混沌

蝴蝶效应与混沌视频   蝴蝶效应与混沌 PPT

在巴西一只蝴蝶拍打翅膀，能够在美国得克萨斯州引发一场龙卷风吗？

——洛伦兹

混沌的真正重要性在于，它是一个解决问题的新工具，一种思考自然、物理世界和我们自身的新方法。从这一点来看，它确实是一个能够塑造我们人类未来的潜力无限的领域。

——斯图尔特

数学的伟大使命是在混沌中发现有序。

——维纳

●
●
●
●

一、奇妙的混沌

"混沌"一词，最早是古人想象中的世界开辟前的状态。在中国古代的《易经》中就有这样的描述："混沌者，言万物相混成而未相离"，指的是宇宙未形成之前的混乱状态。

《西游记》开篇说：

混沌未分天地乱，茫茫渺渺无人见。

自从盘古破鸿蒙，开辟从兹清浊辨。

在古希腊神话中，混沌是孕育世界的神明。古希腊哲学家也一致认为，宇宙是从最初的混沌，逐渐变成现在有条不紊的模样的。

到现代，混沌一词赋予了新的含义，成为各个学科竞相关注的一个学术热点。英国皇家学会于 1986 年在伦敦召开的一次有影响的关于混沌的国际会议上，提出的混沌定义是：数学上指在确定性系统中出现的随机状态。

现实展现在我们面前的是一个确定的遵循着基本物理法则的世界，同时又是一个无序的、复杂的、不可预知的世界。比如，现实生活中大多数的力都是非线性的，我们以前为什么没有发现呢？原因是科学家为了分析它们，在研究中将复杂的非线性问题，简化成了线性问题了。比如，伽利略对重力的研究，他在比萨斜塔做实验，两个铁球同时着地，忽略了空气阻力，如果是羽毛和铁球呢？由于空气阻力羽毛的下落速度与铁球的下落速度肯定不同，伽利略认为要创造出理想的科学世界，就要把规律性从现实经验和混乱中分离出来，但是现实是很复杂的，我们不应忽视现实的复杂性。混沌就是讨论过程的复杂性的。

混沌是蕴含着有序的无序运动状态，探索复杂现象中的无序中的有序和有序中的无序，就是新兴混沌学的任务。我们将会看到混沌无所不在，它存在于大气中，海洋湍流中，动物种群数的增减中，心脏的颤动中……世界是混沌的，混沌遍布世界！

二、蝴蝶效应

对混沌的认识具有里程碑式的人物，是一位气象学家，他就是美国麻省理工学院教授爱德华·洛伦兹（1917—2008），他是第一个记录下混沌行为的人。1972 年 12 月洛伦兹在华盛顿召开的美国科学促进会上宣读了一篇文章，题为《可预报性：在巴西一只蝴蝶翅膀的拍打能够在美国得克萨斯州产生一场龙卷风吗?》。洛伦兹指出，一只蝴蝶在巴西扇动一下翅膀，几周后有可能在美国的得克萨斯州引起一场龙卷风。其原因在于：蝴蝶翅膀的运动，导致其身边的空气系统发生变化，并产生微弱的气流，而微弱气流的产生又会引起它四周空气或其他系统产生相应的变化，由此引起连锁反应，最终导致其他系统的极大变化。洛伦兹把这种现象称作"蝴蝶效应"，这一现象是洛伦兹在研究天气预报时发现的。

天气预报是怎样做出来的呢？首先要分析、研究和总结天气的规律，如冬天一股寒流来了就要降温，夏天浓重的云彩过来了就要下雨等。把一大批规律找出来，表达成微分方程组的形式后，输入计算机里作为一个固定的模式，然后去采样，测量世界各地今天各个时间的气温是多少，空气湿度是多少，气压为多少，风向如何，风力多大等。把所得数据输入计算机就能得到明天各个时间的数据，然后计算机自己会把明天各个时间的数据输入，又得到后天的数据，这样反复计算就能得到近几天的天气预报。按照一般的想法，计算机继续做下去，还可以得到近几周以致近几个月的天气预报。在 20 世纪五六十年代，人们普遍认为气象系统虽然非常复杂，但仍是遵循牛顿定律的确定性对象，只要计算机功能足够强大，天气状况就可以精确预报。但是洛伦兹在利用计算机进行天气预报的研究时却发现了一个奇怪的现象。

1961 年冬季的一天，洛伦兹决定在研究中利用计算机走一条捷径。他想考察在更大范围内可能出现的情况。于是他没有等到整个过程结束，而是从半途就重新开始。他直接根据前面的结果将数字输入计算机，由于当时的计算机运算速度比较慢，他就走下楼喝咖啡去了，当他回来时，他简直不敢相信自己的眼睛。新打印出来的路线与原先的路线几乎没有重合之处，它们成了两个完全不同的系统。

洛伦兹开始以为是计算机出问题了，但他检查后发现计算机没有问题，他很快认识到问题出在初始数据上。他输入计算机的数字是 0.506，这是计算机打印出来的数值，而之前的计算使用的是计算机中存储的数据，其原始数据是 0.506127，两次数据的误差仅为 0.000127。虽然只有这么小的差别，结果却大不相同。洛伦兹意识到，这个细微的区别并非不合理，初始条件中的细微差距会导致结果大相径庭。

洛伦兹发现，天气运动的规律不同于人们通常研究的物质运动规律，人们通常研究的物质运动，初值微小的改变只会导致结果的微小改变，而天气运动则不然，天气运动是混沌运动。混沌运动对初值具有极端的敏感性，两种差别极其细微的状态，最终会演变成两种差别巨大的状态。

正因为混沌现象的存在，洛伦兹预言长时间的天气预报是不可能的，因为在天气这样的系统中，对初始条件的敏感依赖性乃是各种大小尺度的运动互相纠缠所不能避免的后果。因此，洛伦兹预言长期的天气预报注定要失败，尽管现在天气预报越来越准确，但想精确预报一年或两年后的天气是不可能的。

为了观察这种现象，我们可以做个实验"树叶在小溪中漂流"。

假设有一条稳定流淌的小溪，把一片树叶轻轻放在小溪的水面上，然后再把另一片

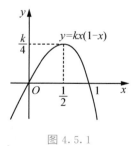

树叶精确地放在与前一片树叶相同的地方，观察并记录树叶在小溪中漂流的情况。刚开始，两片树叶的运动可能会一样，但不久它们所表现出来的运动形式就会出现差别，越到后面差别越大，到某个距离以外就完全不同了。其原因就是不会有两片完全相同的树叶，也不可能把两片树叶放到完全相同的位置上。这个微小的差别会逐渐放大，最终表现出完全不同的行为。

三、逻辑斯蒂映射

逻辑斯蒂映射是产生混沌的一个范例。映射是指两个元素的集之间元素相互对应的关系，函数就是一种映射。比如，现在世界上有 60 亿人，如果一对夫妇生一个孩子，理想中下一代就是 30 亿，这就是 x 到 $\frac{x}{2}$ 的一个映射。关于人口问题，科学家认为人口增长不能只考虑生育和死亡，还有战争和疾病、自然资源和环境条件等因素的影响。荷兰的数学生物学家弗尔哈斯特指出，人口增长与 x^2 有关。由 $f(x)=kx(1-x)$ 所实现的映射称为逻辑斯蒂映射。

函数 $y=kx(1-x)$ 的图像是开口向下的抛物线（图 4.5.1），

$$y=kx(1-x)=-k\left(x-\frac{1}{2}\right)^2+\frac{k}{4}$$

当 $x=\frac{1}{2}$ 时，y 取得最大值 $\frac{k}{4}$，抛物线关于直线 $x=\frac{1}{2}$ 对称。

对 x 的初值进行简化，引进单位 1。比如，现在有 60 亿人口，将来最多也不会超过 10000 亿，我们用 10000 亿作单位 1，现在就是 0.006。我们从 $x=0.006$ 开始，x 在 0 到 1 之间取值。$x(1-x)$ 不会超过 $\frac{1}{4}$，于是选择的 k 只要不超过 4，映射之后就不会超过 1，这样就可以无穷地做下去，所以选参数 $k\in[0,4]$。

图 4.5.1

（1）当 $k=2$ 时，取 $x_0=0.1$ 代入 $f(x)=2x(1-x)$，反复迭代，得到如下结果。

$$x_0=0.1, \quad x_1=0.18, \quad x_2=0.2952, \quad x_3=0.4161, \quad x_4=0.4859,$$

$$x_5=0.4996, x_6=0.4999, \quad x_7=0.5, \qquad x_8=0.5。$$

从 x_7 之后，迭代就停止在 0.5，所以这是一个稳定的状态，x 取其他初始值，同样可以得到这个结果，这个数值与 x_0 的选取无关。

（2）当 $k > 3$ 时，逻辑斯蒂映射迭代出现了周期性。

当 $k = 3.2$ 时，这时 $f(x) = 3.2x(1-x)$，取 $x_0 = 0.5$ 反复迭代，得到如下结果。

$x_0 = 0.5$, $x_1 = 0.8$, $x_2 = 0.512$, $x_3 = 0.7995$, $x_4 = 0.5130$,

$x_5 = 0.7995$, $x_6 = 0.5130$, $x_7 = 0.7995$, $x_8 = 0.5130$.

从 x_3 以后出现循环，x 交替地取 0.7995 和 0.5130 两个值，这是一个周期为 2 的循环，这个数值与 x_0 的选取无关，取别的初始值作迭代最终也会得到这个结果。

继续增大 k 值，当 $k = 3.5$ 时，出现了周期为 4 的循环；当 $k = 3.56$ 时，出现了周期为 8 的循环；$k = 3.567$ 时，周期达到 16。此后周期迅速加倍：32，64，128…这些最后的稳定状态都与开始的 x_0 的选取无关，我们把这种现象称为"倍周期分岔现象"。

当 k 的值增加到 3.58 左右时，逻辑斯蒂映射变成混沌。

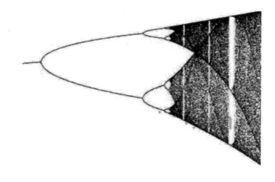

图 4.5.2

如图 4.5.2，$k = 3$ 时，一条曲线分成两条，因而这里出现一个分岔。随着 k 的增加，分岔加倍，再加倍，当 k 的值增加到 3.58 左右时，终于分成了无穷多个分支，分岔图完全混乱，布满了无规则的点。但是随着参数的增大，稳定的循环又重新出现了。

（3）混沌中的秩序。

对 $k = 3.58$ 以上的混沌区域进行仔细分析，竟发现了一件惊人的事情。在图 4.5.2 中有一些细长的白条，这些白条构成周期窗口。我们把 3.820 到 3.889 之间的图放大（图 4.5.3），从图中不仅发现了混沌区域中的规则部分。更重要的是，在这个规则部分中有三个分支，每一支跟刚才那个图都差不多，都是1分2，2分4，4分8，而且每个分支里面的黑色区域里又会出现白色部分，位置也是类似的，这就是"自相似性"，典型的分形行为，所以混沌并不是完全的杂乱无章。分形告诉我们，现实世界可能出现极其复杂的"形状"，而混沌告诉我们，现实世界也可能出现极其复杂的"过程"。

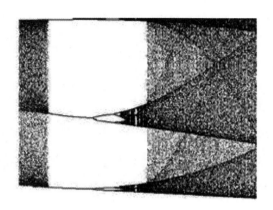

图 4.5.3

四、混沌的特征

"混沌"这个词是由马里兰大学的两位数学家李天岩和詹姆斯·约克首次创造并使用的。这个词首先出现在他们于 1975 年发表在美国的《数学月刊》上的一篇题为《周期三意味着混沌》的论文里，并给出了混沌的 Li-Yorke 定义：混沌是指发生在确定性系统中的，貌似随机的不规则运动。对于一个确定性系统，其行为却表现为不确定性（即不可重复，不可预测），混沌是非线性动力系统的固有特性，是非线性系统普遍存在的现象。

通过前面的分析可以看出混沌主要有三大特征。

1. 对初始条件的敏感性

混沌运动的一个重要特点就是对初值的极端敏感。比如，蝴蝶效应，初值的微小差别，在长时间的演化中会产生极大的变化。心理学上的蝴蝶效应，是指表面上看来毫无关系，非常微小的事，可能给心理上带来巨大的改变。比如，当一个人小时候受到微小的心理刺激，长大后这个刺激会被放大。许多心理上的疾病，往往可以追溯到小时候的一件事。蝴蝶效应之所以令人着迷，令人激动，发人深省，不但在于其大胆的想象力和迷人的美学色彩，更在于其深刻的科学内涵和内在的哲学魅力。

西方有个民谣："钉子缺，蹄铁卸；蹄铁卸，战马蹶；战马蹶，骑士绝；骑士绝，战事折；战事折，国家灭。"就是说一个很小的事件经过逐级放大后，会导致严重后果。

在中国也有这样的记载，在《礼记·经解》中有"君子慎始，差若毫厘，谬以千里"。在《魏书·乐志》中有"气有盈虚，黍有巨细，差之毫厘，失之千里"意思都是虽然只是微小的差别，结果却会造成很大的错误。这些都是混沌对初值的敏感依赖性所导致的。

2. 极为有限的可预测性

混沌是决定论系统中的内在的随机性。混沌中有随机性，但这种随机性与一般的随机现象，如抛硬币有很大区别，抛硬币的随机性是每一次抛出前完全不知道它是正还是反，任何一次，结果都是不可预测的。而混沌中存在无规律，但也有规律，如洛伦兹在做天气预报时，输入一大批数据，计算机又输出一大批数据，可以预测明天的气温是多少度。短期的天气预报是由规律确定的，可以预测，但是长期的天气预报是不可预测的。混沌使我们对长期天气预报问题有了更符合实际的态度，我们可能更关心各种平均量的变化，如近三年华北的平均年降水量，20年内全球平均气温的变化等。气象学研究混沌动力学，这个进步恰恰在这方面提高了人类的预报水平。

3. 混沌不是有序，但也不是简单的无序

混沌在"是否有序"上也是十分复杂的。它既不是简单意义下的无序，也不是通常意义下的有序；它的解可能有一定的周期性，也可能没有周期性而具有随机性。即使解是随机的，有时也不是完全随机的，可能比较偏好某些解。特别地，还可能出现"自相似性"这样的规律性。

五、混沌学的应用

1. 混沌与健康

人体中有一种自然的混沌，如大脑就是由混沌组织起来的。大脑是一个复杂的非线性反馈系统，它包含数以百万计互相联结的神经细胞。信号携带着大量的信息，在大脑无穷的反馈循环中穿行。虽然我们知道大脑的各个部分各有各的功能，但某一区域的活

动仍能在很大的范围内引起更多的神经细胞的反应。

传统观念认为身体不健康是因为压力和其他因素扰乱了人体正常的周期节奏，混沌告诉我们，无规律和不可预测性才是健康的重要特点。例如，正常人的脑电波是一种混沌运动，而不是周期运动，失去这种混沌，会导致功能紊乱。研究发现，癫痫病患者的脑电波呈明显的周期性。

癫痫病患者是不定期发病的，没有发病时，脑电波是一种混沌运动，一旦脑电波接近周期性，很可能就是要发病了。于是有人想到，对癫痫病患者可以设计一种监测及治疗方法，就是事先在癫痫病患者体内植入芯片，通过该芯片能够测算患者的脑电波，什么时候脑电波快要出现周期性了，赶紧把患者送进医院，使患者得到及时治疗。

现在甚至有人设想更进一步的治疗手段，在患者的脑电波快要出现周期性时通过芯片刺激他一下，使患者的脑电波恢复混沌状态，这样患者在不知不觉中就治愈了。这一方案，现在只是在动物实验阶段，因为混沌运动对初值有极度的敏感性，给患者多大的刺激才合适目前还远没有弄清楚，刺激的量不当，也可能使患者提前发病，或者当场死亡。虽然现在这项研究还处于初级阶段，但可以预见随着人们对混沌现象的逐步了解，必将大大推进此类疾病的治疗能力。

2. 交通管理上的应用

美国有个交通工程师小组，1988年他们就把混沌理论应用于现实交通管理。比如，高速公路上汽车的运动，晚间的汽车是随意行驶在公路上的，各种型号的汽车从不同方向在公路上来回穿梭，或快或慢，这种错综复杂的交通运动就是一种混沌运动。而在上班高峰时间，汽车却几乎整齐地排列着，变得很有秩序。高峰时段过去，又变成混沌运动。这就是从混沌到秩序，再回到混沌，可以用混沌的理论去研究交通管理。

3. 经济理论上的应用

目前将混沌理论应用到经济上的研究也相当活跃。有人认为投资、生产、销售、股市、赢利、吞并、破产等有很大数量的人在参与，多种复杂的操作在进行，各种形式的经济行为在发生，这应该是一个混沌的过程，混沌的系统。所以用传统理论去研究经济过程，可能不如用混沌理论研究，更能揭示其本质。

混沌是比一般的有序更为普遍的现象，复杂性是比一般的确定性更为普遍的现象。

现实中的许多事物并不是过去传统认为的那么理想，那么完美，那么确定，会出现很多很复杂的现象。但是这些复杂的现象又不是完全不可捉摸的，它们在无规律中有规律，在有规律中又无规律。混沌理论为研究自然界的复杂性和更深刻的规律开辟了一条道路，也让我们从更广泛的角度认识了客观世界。

●● 第六节
● 埃舍尔绘画艺术
中的数学奥秘

埃舍尔绘画艺术中的 埃舍尔绘画艺术中的 埃舍尔绘画艺术中的
数学奥秘（一）视频 数学奥秘（二）视频 数学奥秘 PPT

惊奇是大地之盐。没有惊奇，这个世界将索然无味。

——埃舍尔

许多艺术都能美化人们的心灵，但却没有哪一门艺术能比数学更能有效地修饰人们的心灵。

——比林斯利

荷兰版画家莫里茨·科内利斯·埃舍尔（1898—1972），是世界闻名的错觉版画大师，他以源自数学灵感的版画作品而闻名。他的主要创作方式包括木版、铜版、石版、素描。在他的作品中可以看到对分形、对称、密铺平面、双曲几何和多面体等数学概念的形象表达，而他最大的成就是给我们一种以近乎完美的数学的计算方式绘画出错误的图画——他的画被称为"矛盾的空间""不可能的世界"。

在 20 世纪初，艺术界曾把他的绘画视为异端。因为西方的历史是一部追求真实的历史，这是古希腊求知精神的延续。追求真实是构建整个西方文明社会的基础。文艺复兴时期的艺术家杜乔，他为锡耶纳大教堂画的《圣母即位》运用了明暗的熟练技巧，把圣母的长袍画得像真实的布料，完成了在二维平面上创造三维空间的真实。扬·凡·艾克发明了油性调和剂，这使得他把真实的体验上升到几乎无法超越的高度。当大多数艺术家想尽一切办法追求真实时，埃舍尔却用最精密的计算追求荒谬，人们发现自己的视觉被戏弄了。埃舍尔创作的矛盾的空间让人们发现自己一贯熟悉的世界竟然是虚幻的，因此他的画很长时间没有得到认可和重视。由于埃舍尔所思考的问题，以及他思考问题的方式更接近于科学家而不是艺术家，所以毫不奇怪，他的作品首先被科学家所接受，是科学家发现了埃舍尔作品的价值和意义。

1954年9月，"国际数学协会"在荷兰的阿姆斯特丹现代美术馆专门为他举办了个人画展，这是现代艺术史上罕见的。这次画展引起了轰动，同年10月在华盛顿美术馆举办展览。后来《画室》《时代》《生活》等著名杂志也相继发表了他的作品。1965年埃舍尔接受了荷兰文化勋章。埃舍尔在世界艺术中占有独一无二的位置，他的许多版画都源于悖论、幻觉和双重意义。

一、不可能图形

大多数中国人第一次看到埃舍尔的作品应该是在20世纪80年代初期。在一本叫作《读者文摘》的中心插页上刊出了一张怪异却令人印象深刻的石版画《瀑布》（图4.6.1）。

画面中的瀑布倾泻而下，推动着水车，然后又沿着水渠逐级向下流向出口，然而奇怪的事发生了！水怎么又流回到瀑布的出口？这该是多么不可思议的一幕啊！现实世界中肯定不会出现这样的情形。水怎么会由低往高流，没有任何动力，流水却能川流不息，完全违反地心吸力，难道这就是传说中的永动

图4.6.1

机吗？这个瀑布简直把从古至今各种物理规律统统蹂躏了一遍。但从各处细节看上去却又是如此天衣无缝，实在让人称奇！

1961年的石版画《瀑布》是埃舍尔最后期的奇异建筑式图画，他将整齐的立方物体堆砌在建筑物上，使瀑布循环往复，这完全是人产生的视错觉，他的秘诀就是彭罗斯三角与彭罗斯阶梯。

彭罗斯三角（图4.6.2）是不可能的物体中的一种，它的三个角都是90°，这在平面三角形中是不可能的。平面三角形内角和为180°，而彭罗斯三角形看起来好像是270°，因此它不可能在一个平面上。它实际上是由三个截面为正方形的长方体构成的。两长方

体之间的夹角都是直角，三个长方体组合成为一个"三角形"。但上述的性质无法在任何一个正常三维空间的物体上实现。比如，从图4.6.3中的镜子里可以看出彭罗斯三角的真实构造，我们看到的彭罗斯三角形实际是一个错觉，它并不是一个三角形，而是三条互相垂直的边。

图4.6.2   图4.6.3

罗杰·彭罗斯是英国当代很有影响力的数学家和物理学家，他和他父亲设计了彭罗斯三角和彭罗斯阶梯这些图案，并在1958年2月的《英国心理学月刊》中发表，称之为"最纯粹形式的不可能"。彭罗斯三角虽然是不可能的物体，但确实存在有三维物体，若在特定的角度下观看时，其看到的图案和彭罗斯三角的二维图案相同。如图4.6.4，这个雕塑看起来不错吧，当然，要拍好照，还得选好一个位置。

图4.6.4

彭罗斯阶梯可以视为彭罗斯三角形的一个变体，也是一个不可能图形（图4.6.5）。它指的是一个始终向上或向下但却无限循环的阶梯。它是一个由二维图形的形式表现出来的拥有4个90°拐角的四边形楼梯。由于它是个从不上升或下降的连续封闭循环图，所以一个人可以永远在

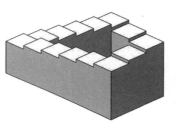

图4.6.5

上面走下去而不会升高，也不会下降。

在埃舍尔 1960 年创作的石版画《上升与下降》中（图 4.6.6），我们就遇到了这样的一座楼梯。在阴森的教堂楼顶上，僧侣们分成两列义无反顾地往前走，顺时针一队总在上楼梯，逆时针一队总在下楼梯，而且走在同一条楼梯上，却又都总是回到原来的出发地！这就是彭罗斯阶梯。既是上升又是下降，又在一个平面上，不升不降，于是一个怪圈出现了！除了在可视方面埃舍尔为我们构造了一个逻辑的怪圈外，他的创作思想中还有一个文化上的源头，就是要诠释荷兰的一个民谚："僧人的劳动"。意思是指无效的劳动。联想到现代人类总在创造 GDP，却又总在毁坏自己的家园，这幅画所体现的是增长与衰退的混响？还是进步与退步的无歧义？令人深思！

图 4.6.6

如何能在一个水平面上画出连绵不断的楼梯，我们不妨亲自画一个（图 4.6.7）。*ABCD* 代表一个水平放置的四边形。然后，我们在每条边的中点画一条垂直线，就很容易画出一个从 *A* 到 *B* 再到 *C* 的楼梯［图 4.6.7（a）］。那么怎样从 *C* 到 *D*，再回到 *A* 呢？图 4.6.7（b）是这样做的，画了两个向下的阶梯，于是这个想法所具有的全部美感就烟消云散了。走上两级，再走下两级，回到起点，这有什么好奇怪的。但是，如果我们改变一下边角的大小之［图 4.6.7（c）］，这个楼梯就真的能连续向上了。这样的图形才是我们想要的。然而，按照这种图形画出的建筑也有一个不尽如人意之处。虚线标示着边墙在右上角互相倾斜的方向，这一点也没有错，因为它们正符合这种建筑的透视规则，灭点为 V_1（灭点就是在线性透视中，两条或多条代表平行线线条向远处地平线伸展直至聚合的那一点）。但另外两条虚线在右下角的灭点 V_2 汇合，这就与正确的透视画法相左了。然而，如果将边 BA 与边 DA 加长，如图 4.6.7（d）所示，我们便可以将 V_2 移到左上角。于是，这两条边都多了一级台阶。埃舍尔以其作品告诉我们，这种方法所达到的效果是多么地逼真。

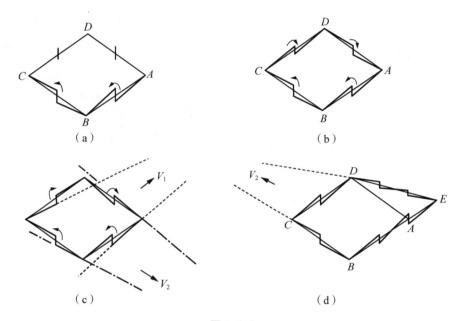

图 4.6.7

我们已经知道了这幅作品在哪里捉弄了我们——楼梯本身其实处在完全相同的水平面上。而这座建筑的其他部分，如廊柱的底座、窗框等，它们本应位于同一水平面，实际上却是螺旋上升的。由此，我们可以进一步观察这座楼梯（图 4.6.8）。如果沿着每个大的条带画线，我们就会注意到，这是一个棱柱，侧面宽度比为 6∶6∶3∶4。那些在画面里看上去高度差不多的部分成了螺旋（用虚线表示）。从彭罗斯阶梯切片上也能看出这一点，如图 4.6.9，我们看到切片 1（左上），重新出现在底部（正前方）低得多的位置，所以这些切片并不处于同一水平面，它们呈螺旋状向上或向下。所以，这个建筑的前面看起来绝对像是真的，如果埃舍尔用另一幅版画将它的后部画出来，我们就会发现整座建筑早就坍塌了。

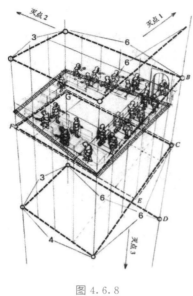

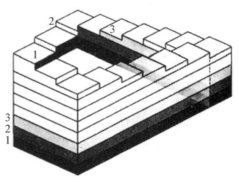

图 4.6.8   图 4.6.9

1955 年埃舍尔创作的石版画《凸与凹》(图 4.6.10)是另一类不可能存在的世界。

图 4.6.11 是《凸与凹》中一个细节的放大,从这幅画中你看到了什么?如果从上往下看,是地板上凹陷的贝壳形的盆;如果从下往上看,就是一个外凸的贝壳状天花板装饰物的轮廓。在你的视网膜上投射的这个影像可以有这样两种解释,你既可以把它看作凹,也可以把它看作凸。

图 4.6.10   图 4.6.11

《凸与凹》的关键点就在于画面中心的这个贝壳,如果把整幅画面以此为轴劈成两半的话,那么左边就是俯瞰图,右边就是仰视图。从图 4.6.12 来看这个中心的贝壳,左边的俯瞰图中它是地面上凹下去的一个坑，而右边仰视图中它是一个凸出来的天花板装饰。

俯视图   仰视图

图 4.6.12

石版画《凸与凹》是一个视觉炸弹。显而易见，一眼看去整幅画是个对称结构，左半部分是右半部分的镜像，中间部分的过渡也不突兀，平缓而自然。然而，一过中线就出事了，比坠入无底深渊还要可怕，名副其实地天翻地转了，上变成了下，前变成了后。画面中的人、蜥蜴以及花盆倒是抵制了这种翻转，它们仍然与我们这个可见可触的现实世界一般无二。按照我们的正常思维，这些东西也根本不可能有一个翻转态。但如果它们越过了中线边界，它们与周围环境的关系就会变得异常怪异。比如，左下角有个人从梯子爬上平台，他看到眼前是一座小殿，他可以走过去站在那个打瞌睡的人身边，叫醒他，问问他为什么中间有个贝壳状的凹陷的坑。然后他可以试试，能不能爬到右边的楼梯上去。但是，为时已晚，因为就在这时，从左边看起来像是台阶的东西已经变成了拱门的底部。他突然发现，本来在他脚下的坚实的地面，现在变成了天花板，他正以一种奇怪的姿势吸附在上面，仿佛根本没有什么地球引力似的。如果左侧那个提着篮子的妇女走下台阶，越过中线的话也会发生同样的事情。我们看到左边是拱形桥的上面，而右边则是拱形桥的下面。

再来看一下中线两边的吹笛人，就会感受到更为震撼的视觉冲击。左上侧的吹笛人看着窗外，下面是一座小殿的交叉拱顶。如果他愿意，他可以爬出来，站在拱顶上面，并从那儿跳到下面的平台上去。但如果我们再看一下右面稍微低一点的那个吹笛人，就会发现，他所看到的是一座倒悬的拱顶，他只能打消跳到"平台"上的念头，因为他的下面是个无底深渊。这个"平台"对于他来说是看不见的，因为在他这一半的画面中，平台是向后延伸的。

两个互相矛盾的空间结构，就这么被埃舍尔安排进了同一个画面。这其实是埃舍尔非常著名的一种创作方法，叫作矛盾空间，矛盾空间在三维世界是不存在的。

1958年埃舍尔创作的石版画《观景楼》（图4.6.13）与《凸与凹》关系非常密切，也是由于错误的连接形成的不可能存在的世界。

《观景楼》看起来是一座非常怪异的亭楼，这种怪异不是因为下面窗户里有一个怒气冲冲的囚徒，实际上也没有人会多看他一眼。这幅画的怪异主要是来源于错误的连接。这座亭楼的上层与下层居然互成直角，上层的纵向轴线与阳台栏杆处那位妇女观望的方向是一致的，下层对应的轴线则与瞭望山谷的那位富商的视线平行。此外，连接两层楼台的八根柱子也很奇怪。只有最左边与最右边的柱子是正常的，其余

图4.6.13

六根都是把前面连到了后面，所以有些柱子肯定会从中央的空间斜穿而过。那位商人已经把右手扶在了角柱上，如果他还想把左手扶在另一根柱子上的话，他很快就会发现这个问题。

建造得结结实实的梯子竖得笔直，但是很明显，它的最上端斜靠在观景楼的外边，而梯脚却站在楼内。不论谁爬在梯子上，都弄不清楚自己到底是在亭楼的里边还是在外边。如果从下往上看，他肯定是在里边，但如果是从上往下看，他又只能在外边。

如果我们把画面从中间沿着水平线剪开，就会发现这两部分都很正常，但就是这两部分的连接造成了这种不可能，正是这种错误的连接使人产生了一种奇异感。

地上左边最显眼的位置有一片纸，纸上画着一个立方体。一个少年坐在长凳上，手里拿着一个像纸上画的那样的立方体（图4.6.14）。这个立方体，边缘相互交叉。哪个在前面，哪个在后面？在三维的世界中同时在前面或后面是不可能的，然而在埃舍尔的

画中它是完全可能画出来的。

有很多人试图按照埃舍尔在《观景楼》中使用的立方体制作一个现实空间中的模型。"疯狂板箱"（图4.6.15）是芝加哥的科克伦博士拍摄的照片，这是一个制作精巧的成功范例。但他的模型是由分立的两个部分组成，只有从一定的视角拍摄，才能与埃舍尔的立方体相像。

图 4.6.14

图 4.6.15

在绘画中，我们可以用实线表示前面，虚线表示后面，如果全部画成实线〔图4.6.16（a）〕，就可以表现两种现实的投射，如可以看作点1和点4在前，点2和点3在后〔图4.6.16（b）〕，也可以看作点2和点3在前，点1和点4在后〔图4.6.16（c）〕。如果将立方体的边线加粗，让边线 A2 在边线 1-4 前面通过，C4 在 3-2 的前面通过〔图4.6.16（d）〕，我们就可以迫使观众接受这样的解释，点2和点4在前，点1和点3在后。这是不是很奇特？埃舍尔就是以这样非常精巧考究的细节写实手法，生动地表达出各种荒谬的结果。

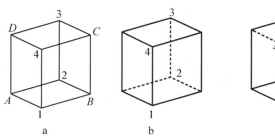
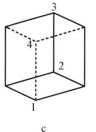
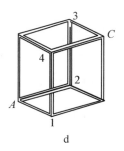

图 4.6.16

　　埃舍尔 1948 年创作的石版画《手画手》（图 4.6.17）是他的传世名作。画面上有两只都正在执笔画画的手，初看平淡无奇，可是仔细看时，就会感到充满玄妙。一只右手正在仔细地描绘左手的衣袖，并且很快就可以画完了。与此同时，左手也正在执笔异常仔细地描绘右手，并且也正好处于快要结束的部位。我们看到一只手在画另一只手，同时，被画的那只手又忙着画第一只手，而所有这一切又都画在一张被图钉固定在画板上的纸面上，这是多么荒诞啊！埃舍尔制造的这种矛盾就是，我们相信自己看到的是一个三维世界，然而画纸仅仅是二维的。

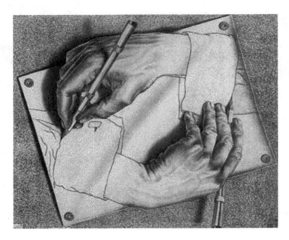

图 4.6.17

　　埃舍尔创作的这幅《手画手》给人以强烈的悖论感：左手认为它正在画右手，但右手认为自己在画左手。这幅画作的精妙之处就在于构造了"自指悖论"，让观赏者从理性上认识到画中的情形是不可能实现的，但是又借助于其高超的视觉欺骗艺术，让荒诞的情节在视觉下变得似乎很合理。

　　这个悖论中包含着深刻的数学原理。罗素悖论就是一种自指悖论，这种悖论的实质或者说共同特征就是"自我指谓"，即一个待定义的概念，用了包含该概念在内的一些概念来定义，从而造成恶性循环。

　　《手画手》的特点就是自我指谓，正是这种自指的存在让我们感受到了荒谬。如果我们认为下面那只手 A_{11} 是真实的，上面那只手 A_{12} 就是下面那只手 A_{11} 画出来的，然而我们发现上面那只手 A_{12} 也画出了下面那只真实的手 A_{11}，也就是真实的手 A_{11} 正在自己的画中，即 $A_{11} \rightarrow A_{12} \rightarrow A_{11}$。反之，如果没有自指，就是 $A_{11} \rightarrow A_{12} \rightarrow A_{21} \rightarrow A_{22} \rightarrow A_{31} \rightarrow A_{32} \rightarrow \cdots$ 即由真实的手开始，一只只手不断地画下去，但是绝对不会在某一个地方画出真实的手本身来，此时将不会产生任何矛盾。当然，由自指带来的矛盾所产生的奇异感也就失去了。

1956 年埃舍尔创作的石版画《画廊》(图 4.6.18) 又是一场绝美的悖论演练：究竟是画廊里的年轻人在看画，还是窗外的老妇人在看画廊里的年轻人？

《画廊》中的故事从画廊入口处开始，版画在墙上和桌上展示，门口有位男士在画廊里看画，左侧一个年轻人正凝视着一幅画。画面上是一座水城，一艘汽船正在水上行驶，岸上有两三个人在驻足观望，一个老妇人正趴在窗台上向外眺望。左侧的这个年轻人比门口处的男子要放大了许多，头部比手也增大了许多，年轻人看的画也在不断扩大，一直到达窗边有老妇人的建筑物下面。随着视线的下移，就会发现右侧角落里有一座房子，房子的底部有一个画廊的入口，画廊里正在举办一场画展……所以，这位年轻人其实正站在他所观看的那幅作品之中！

图 4.6.18

图 4.6.19

《画廊》和《手画手》原理一样，看画的年轻人竟然在自己所看的画中，这也涉及自指悖论。在图 4.6.19 中标明了这种自指：人→画→城市→走廊→人，画面将整个画廊，包括那位看画的年轻人在内。本来是看版画的人，却成了版画中的人物。正如《断章》中的诗句"你站在桥上看风景，看风景的人在楼上看你；明月装饰了你的窗子，你装饰了别人的梦……"《画廊》所揭示的不正是诗中那富有哲理性的蕴意吗？

三、透视

传统的透视方法有两条重要规则：一是与画面平行的水平线与垂直线要画成水平线与垂直线，在现实中与这些线相等的距离也要画成相等的距离；二是从我们眼前向后退的平行线要画成通过一个点，即灭点的线束，与这些线相等的距离不能画成相等的距离。埃舍尔在作品的创作中总是一丝不苟地遵循传统的透视方法，正因如此，他的作品才具有强烈的空间感。

画一组直线交于一点，这个点可以代表很多东西，包括天顶、天底和与地平线平行的灭点等。而究竟是什么点，则完全取决于周围的情况。埃舍尔在 1947 年创作的木刻作品《彼岸Ⅱ》（图 4.6.20）中很好地演示了这个发现。

《彼岸Ⅱ》中的透视看上去是十分正确的，但是仔细一看，我们又发现这样一个结构是不可能出现在我们这个世界中的。画面是一间奇特的屋子，这个奇特的建筑面上有三对面积相等的窗户，每个窗户外面都有不同的景色，并且都有不同的透视效果。左侧和正面的窗户外，是月球表面和星空；从上面的窗户看去，仿佛我们又在俯视月球表面；而从下面的窗户看起来，我们是在仰望星空。这位艺术家把我们转移到了一个令人眼花缭乱的王国，其中"上""下""左""右""前""后"的概念随时都会变化，它取决于我们从哪个窗子看出去。展现

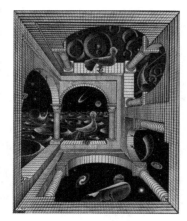

图 4.6.20

在我们面前的是没有固定方向的画面，天地之间也是可以互换的。你在上方还是下方？天在上方还是下方？没了定数。

对于这幅作品的深入研究可能会对宇航员有所帮助。它将帮助宇航员认识到这一点，在失去重力的空间中，每个平面都可以随意地成为地面，他们必须习惯，看到同事随时随地都可能从夸张的位置出现！

埃舍尔 1953 年创作的石版画《相对性》（图 4.6.21）同样表达了这一主题，三个空间有三种不同方向的地心引力。在三个现存的平面之中，总有一个可以作为三组人群中

某一组的地面，每一组都会受到某一个引力场的作用，且仅仅一个。同时，在这幅画中"相对性"是埃舍尔要着力表现的另一个重要主题。我们日常生活中常常会觉得"世事无绝对"，对相对性强调的顶峰要算是爱因斯坦的《相对论》了。在爱因斯坦的理论中，没有了绝对的空间，也没有了绝对的时间。埃舍尔巧妙地运用数学中的各种理念，精心设计点、线、面在空间的位置

图 4.6.21

和关系，完美地诠释了相对性的理念。

在《相对性》这幅画中，三个完全不同的世界构成了一个统一的整体，它看起来十分怪异，却像真的似的。画中出现的 16 个小人可以分为 3 组，每一组都生活在自己的世界里。对于所选定的任何一组小人，他们的世界都是这幅作品所画的全部内容，只有他们才能感觉到事物的差异，并赋予它们不同的名称。其中一组的天花板，可能是另一组的墙，一组认为是门的东西，另一组可能认为是地板上的活动门。

为了分辨这三组不同的人，不妨给他们起个名字。例如，直立派，就是那个从画面底部朝上走的人，他们头朝上；然后是左派，他们头朝左；还有右派，他们头朝右。

画面上有三个小花园。底部中间的那个直立派可以向左转，爬上台阶，来到他的花园。对于他的花园我们只能看到两棵树。在通向花园的拱门旁边，他有两条上楼的路可供选择。如果向左，他会碰到两个同伴；如果向右，沿着楼梯上行，他会看到最后两位直立派。我们根本看不到直立派的地板，但是他们的天花板有很大一部分出现在画面的上方。

在画面的中央部分，就在直立派的一面墙上，一位右派正坐着看书。如果他抬起头，就会看到不远处有个直立派，他会认为那位直立派站得非常奇怪，因为在他看来，就像是仰着滑行似的。他还会看到一位背着口袋的左派，他看起来也非常奇怪，他正在地板上侧着滑行。如果这位右派站起身，爬上台阶，然后向右转，再爬一段楼梯，他会遇见一位同伙。然而，这个楼梯上还有一个人，那是一个左派，虽然他与右派走的是同一个方向，但却是在下楼而不是上楼。这个右派与那个左派彼此互成直角。要看出右派

怎样走到他的花园是没有什么困难的。但是你能否看出那位背着一袋子煤的左派，以及画面左下角端着篮子的左派，他们怎样才能到达他们的花园呢？

围绕在画面中央的三个大楼梯中，有两个可以两面并行。显然，直立派可以使用三个楼梯中的两个。但是，左派与右派呢？他们也可以使用两个或三个楼梯吗？

《相对性》是多个视角的空间被整合在一起。很显然，在这幅画中，有三种不同的引力互成直角。你设想自己在画面中行走，那么走着走着地心引力就会发生改变，然后你会发现自己其实是在墙壁上行走，这似乎是不合逻辑的。再仔细观察，这些空间其实是贯通的，在《相对性》的世界里，既有"直立派"，又有"左派""右派"，所有的人都在自己的世界里合理地生活着，你能说只有哪一个才是正确地生活着吗？通过这幅画，我们是否受到启发，相对性其实也孕育着多样性，只有对相对性有了深刻的理解，才能对多样性有真正的理解，从而对多样性有发自内心的宽容。

四、球面反射

两个不同的世界合二为一，在同一时间出现在同一个地方，这是不可能的。从1934年开始，埃舍尔就有意识地寻找这种同位感，并在作品中表现出来。埃舍尔发现了一个重要的可行之法——利用凸镜的反射，他成功地使两个、有时甚至是三个世界，天衣无缝地统一在同一幅作品之中，形成了一个共存的世界。

埃舍尔1935年制作的石版画《手持球面镜》（图4.6.22），利用球面反射将这种共存以极为紧凑的形式呈现了出来。埃舍尔手持球面镜坐在房间中央，而球面镜映照出整个房间。我们可以看见房间里有桌子、条凳、沙发、台灯，天花板上有吊灯，墙壁上有画框、书架，书架里有一排排的书……靠近球面镜中心的景物变小，而靠近球面镜边缘的景物发生严重变形。其实这就是一个鱼眼广角镜头，它能够以360°的视角观察世界，从而收入最大限度的景物，当然变形是免不了的。埃舍尔粗大有力的手

图4.6.22

和球面镜中变形的手接触部分紧密贴合，给人异常真实的感觉。埃舍尔托着球面镜的手看起来那样灵活有力，不禁使人产生"一只手托起一世界"的豪气。

1946 年的石版画《三个球Ⅱ》（图 4.6.23）则是通过三个球展现了三种不同的立体效果，左边是半透明的玻璃球，中间是反射的镜面球，而右边是一颗纯色球。

图 4.6.23

三个反射能力不同的球放在桌面上。中间那个反射能力最高，左边那个次之，右边那个几乎没有反射能力。在中间那个球上映出了正在工作的埃舍尔本人，以及房间、敞开的窗和左右两个球。埃舍尔坐在工作台前，面前铺着图纸，手里拿着画笔，画面上正是这幅作品的草图。光线从左侧的窗户射来，照亮了每一个球体的左侧。但是，左边那个球看起来比右侧的更加明亮一些，这是因为中间那个球更加明亮，因此成为比自然光更强的光源。也就是说三个球同时被窗户射来的光照亮，然后它们彼此再互相照亮。画面毫无瑕疵，看起来这真是一个"真实"的世界。然而这果真是一个真实的世界吗？它们不过是画在纸上的三个平面的圆，既没有反射能力，也没有光和阴影。一切都是幻象，是观众自己的幻觉。所谓绘画无非就是"骗术"，这就是埃舍尔企图通过这幅作品告诉我们的意义。

五、分形

分形图是埃舍尔的代表风格，他采用周期性平面分割的方法，探索无限多与无限小的思想。1964 年埃舍尔创作的木刻版画《方极限》（图 4.6.24）就属于周期分割图。埃舍尔在对这幅画进行平面分割时，用的都是完全相同的图形，图形的尺度从中央向外扩展，越来越小直到无穷小。

《方极限》与数学上的分形图形谢尔宾斯基地毯（图 4.6.25）有异曲同工之处。谢尔宾斯基地毯的构造以正方形为基础，将一个实心正方形划分为 9 个小正方形，去掉中间的小正方形，再对余下的小正方形重复这一操作便能得到。在地毯上取任意一块，放大之后都和整个大地毯是一样的形状。同样，在《方极限》中如果把埃舍尔画的小鱼无限放大，依然能看到一模一样的小鱼，这就是分形的精髓，具有自相似性。

 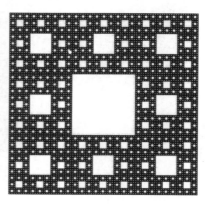

图 4.6.24   图 4.6.25

埃舍尔 1960 年创作的木刻版画《圆极限 Ⅳ》（天使与恶魔）（图 4.6.26）也具有分形的这种自相似性。这幅画与《方极限》一样也属于周期性分割图形，画面中心是三个天使双脚相交的地方。通过天使与恶魔的身体轴心画水平线与垂直线，我们看到不仅有四重轴心，还有三重轴心。天使与恶魔一组一组地分布在由内向外不断辐射的同心圆上，每个同心圆上天使与恶魔大小形状完全相同，而不同圆上天使与恶魔形状虽然相同、大小却不一样，从内向外逐

图 4.6.26

渐缩小，越靠近边缘越小，越小分布越多，直至无穷。数学上把这叫作自相似变换，这也是分形几何最显著的特征之一。

分形的概念是在埃舍尔去世以后才提出的，1975 年数学家曼德勃罗创造了分形几

何学。当时埃舍尔并不知道什么是分形，只是有一种感觉，而这种感觉恰恰就是分形的思想。因此数学家说："埃舍尔是平面对称群的发现者、也是分形几何与数学艺术的开拓者！"

这幅画不仅具有出色的美学价值，还非常具有哲理性。在天使与恶魔的变换中，是天使还是恶魔？这体现了天使与恶魔的对立统一，世界就是由天使与恶魔交织而成，天使与恶魔既相互斗争又相互依存。有哲学家说："埃舍尔是一个伟大的思想家，他不是通过语言和文字来表达他的伟大思想，而是通过绘画！"

六、变形

《昼与夜》是埃舍尔 1938 年创作的一幅镶嵌式木刻版画（图 4.6.27），属于变形类作品。在白天与黑夜的对称、黑白大雁的镶嵌中，最令人惊奇的是从田地到大雁的变形。在画面底部的中间，我们看到一块白色的近乎菱形的田地，随后我们的视线自然地被吸引向上，田地的形状变了，而且很快地变了，只用了两个步骤，就变成了白色的鸟。这只鸟在沉重而现实的土地上突然腾上了天空，变成了一只能够飞翔的白色的大雁。向右，大雁高高地飞翔在河畔小村庄的上空，被包裹在漆黑的夜色之中。我们也可以从下面沿着中心线两侧的黑土地中随意选一块，它同样升上了高空，变成了黑色的大雁。向左，大雁飞到了晴朗的田野上空。而这片田野又以一种令人惊奇的方式变成了右边夜景的镜像。从左到右，是从白天到黑夜的逐渐过渡；从下往上，是从田地到大雁。本来两个毫不相干的物体竟然能建立起联系，还显得十分顺理成章，因此这幅作品成功地唤起了观众的惊奇感，成为埃舍尔最受赞誉的作品。

图 4.6.27

1959 年埃舍尔制作的木刻版画《鱼与鳞》（图 4.6.28）是变形类的经典之作。在画面左侧我们看到一条大黑鱼的头，这条鱼身上的鳞慢慢地发生变化。往下，变成了一条条小黑鱼和小白鱼，越往下越大，最终它们变成了两群鱼，游弋在彼此之间。如果我们从右侧的大黑鱼看起，几乎可以看到一模一样的现象。

图 4.6.28

在图 4.6.29 中，我们看看从鳞到鱼的变形是如何完成的。我们看到一片黑色的鱼鳞 A，膨胀成小鱼 B，然后又游到 C，长成画面右侧的大黑鱼。小箭头表示小鱼游动的方向，如果我们沿着鱼的游动方向在其上下两边画线，然后仔细地将这个线条体系扩展到左右两侧，就能看到这个作品所用网格的大致轮廓（图 4.6.30）。我们可以从 P 开始，P 是右边向上移动的大黑鱼身上的鳞。这片鳞慢慢变大，变成了 Q 处的小鱼，再向左移，这条小鱼继续变大，最终变成了左边的大黑鱼。如果我们希望从 R 点继续向下游，这条鱼应该继之以更大的鱼，但是由于画面的限制，这是不可能的，于是在大鱼还没完全长大之前，它就爆散成很多新的小鱼，这样就可以不间断地从 S 继续循环下去。S 处的小鱼逐渐变成右侧的大鱼，我们又可以在它身上选一片鱼鳞——如此循环往复。

图 4.6.29

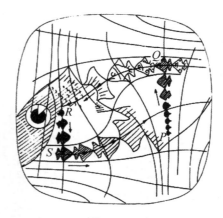

图 4.6.30

周期性图案与变形是埃舍尔最喜爱的两大主题。1938 年埃舍尔创作的石版画《循环》（图 4.6.31）从多方面体现了这两个主题。

图 4.6.31

在《循环》的画面中，右边拐角顶端一个快乐的年轻人正轰然冲出自己的房子，当他冲下楼梯时，他失去了自己的特性，而成为一个个由平面、灰色、白色和黑色相互交织成的几何图形。然而这种从人形到几何图案的变形并不是变形的结束，朝左方和朝上看，这些几何图案又变成了更简单、更确定的形状，最后这些阶梯成为单一的菱形。阳台的地板也是由相同的菱形构成的。随即，在大房子里的某个神秘小屋中，这些无生命的形状似乎在经历着进一步的变化，重新变成小人，因为我们看到了那个快乐的年轻人又从门口跳了下来，这成了某种周期性的循环。这幅画的顶部是多山的景观，倾向于一种三维的现实主义风格，然而在画的底端部分则是受到了二维的限制，这可以看作三维到二维的渐变。

埃舍尔 1943 年创作的石版画《蜥蜴》（图 4.6.32）则是用一个二维的世界创造出一个三维的世界。在这幅画中，我们看到了表现埃舍尔周期性图案思想的速写本，在左下侧的边缘，一些小小的、扁平的速写图形开始生出奇妙的第三维，进而从速写本中爬了出来。这只蜥蜴爬过一部动物学著作，爬过一块三角板，最后爬到一个十二面体的顶上，它打

图 4.6.32

了个胜利的响鼻，鼻孔里还喷了些烟。但是游戏结束了，所以它从铜钵又跳回到速写本上。最后它缩成一个图形，被正方形网格牢牢锁定。这只蜥蜴完成了从二维到三维的穿越，又从三维回到了二维世界，周而复始，循环变化。

七、莫比乌斯带

除了欧式几何和非欧几何学，埃舍尔对拓扑学的视觉效果也很感兴趣，他曾多次表达数学上有趣的莫比乌斯带。1963年埃舍尔创作的《莫比乌斯带Ⅱ》（红蚁）（图4.6.33）便是这种题材的作品。如果你在《莫比乌斯带Ⅱ》上跟踪蚂蚁的路径，你将发现它们不用翻过任何边缘，就能爬过所有的表面——"正面"和"反面"，它们不是在相反的面上走，而是都走在一个面上。莫比乌斯带非常令人感兴趣的性质就是它只有一条边和一个面。

莫比乌斯带是由德国数学家莫比乌斯和约翰·李斯丁于1858年分别独立发现的。如图4.6.34，把一根纸条扭转180°后，两头再粘接起来做成的纸带圈就是莫比乌斯带，它具有魔术般的性质。普通纸带具有两个面（即双侧曲面），一个正面，一个反面；而莫比乌斯带只有一个面（即单侧曲面），一只小虫可以爬遍整个曲面而不必跨过它的边缘。

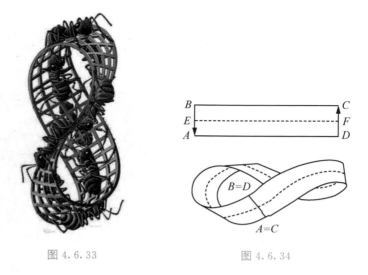

图4.6.33   图4.6.34

莫比乌斯带还有一个惊人的特性就是，沿其中线剪开它不会分成两个环，而是会形成一个把纸带的端头扭转了两次再结合的环，但它并不是莫比乌斯环。埃舍尔将这一特性在《莫比乌斯带 Ⅰ》（图 4.6.35）中清楚地表现出来。它被表现为三条彼此咬着尾巴的小蛇，如果顺着蛇的方向看，可以发现它确实是完整的一条带，没有中途间断。但如果我们把带子拉开一点，就会得到一条带有两个半周的带子。

1964 年埃舍尔创作的《骑士》（图 4.6.36）也是取自莫比乌斯带，这里我们看到了两个半周的莫比乌斯带，如果你亲自做一个，就会发现，它会自动地构成 8 字形。在数字 8 的中央，他将带子的两个部分黏在一起，使得带子的前面与后面连接起来。这张图的独特之处在于，向左走的灰骑士和向右走的红骑士是带子的正面和反面，当他们走到 8 字的中央时就交融在一起了，构成了毫无间隙的平面镶嵌图案。

图 4.6.35

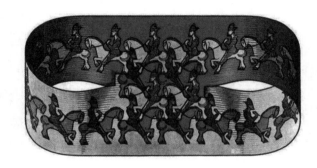

图 4.6.36

莫比乌斯带只有一个面，应该是一个二维结构，但它本身却只能在三维空间存在。那么，三维空间有没有对应的结构呢？有，就是克莱因瓶（图 4.6.37），在这个管状物里行走你能经历所有空间的正面和反面。克莱因瓶在数学领域是指一个无定向的平面。

克莱因瓶是 1882 年由德国几何学家菲立克斯·克莱因提出，并以他的名字命名的著名"瓶子"。克莱因瓶的结构可表述为：一个瓶子底部有一个洞，现在延长瓶子的颈部，并且扭

图 4.6.37

曲地进入瓶子内部，然后和底部的洞相连接。这和我们平时用来喝水的杯子不一样，这个物体没有"边"，它没有内部和外部，它的表面不会终结。它和球面不同，一只苍蝇可以从瓶子的内部直接飞到外部而不用穿过表面，即它没有内外之分。

观察克莱因瓶的图片，你会发现它的瓶颈和瓶身有相交的，瓶颈上的某些点和瓶壁上的某些点占据了三维空间的同一个位置，其实真正的克莱因瓶是不相交的。克莱因瓶是一个在思维空间才能真正表现出来的曲面，也就是克莱因瓶的瓶颈先穿过第四维空间，然后才能与瓶底圈相连，并不穿过瓶壁，就像莫比乌斯环在三维空间不相交一样。因此克莱因瓶在三维空间中是不存在的，只能在四维空间实现。

埃舍尔尝试创作与克莱因瓶有关的作品，但是在二维画面上做实在是有点勉为其难了。1952年埃舍尔创作的《龙》（图4.6.38）可以算是一种高维尝试吧。

图4.6.38

画面上那条有点疯狂的"反叛龙"用武装到牙齿的嘴巴咬住了穿过自己身体的柔软的尾巴，整个形象像极了一只克莱因瓶。只不过龙的嘴巴只是咬住而没有超越现实地无缝连接起来，使之成为一个完整的克莱因瓶。但作为艺术表现，埃舍尔已达到了目的，如果这条龙的身体完美无伤，那它就只能存在于四维空间里，而埃舍尔想在二维空间里表现它已经是无能为力了。在二维画面上，我们甚至可以看到龙的翅膀和身体上的两个裂口，它们暗示着这条龙只是一条具有二维龙面的三维龙在二维平面上展示其在四维空间里的扭转。或许这两个裂口是埃舍尔有意为之，想表达处于低维空间里对刻画高维物体的局限。有意思的是，龙本身就是一个想象的生物，用一个想象的生物描述一个想象的高维空间，这不能不让人体会到埃舍尔的良苦用心。

埃舍尔说："绘画乃是骗术。"一方面，埃舍尔在各种作品中展示这种骗术；另一方面，他把艺术与数学巧妙结合，用精湛的写实技巧表现出来，把它变成一种超级幻想，使之呈现出不可能的事物。由于这种幻想是如此顺理成章，不容置疑，清晰明了，这种不可能便造就了完美。

第五章
奇妙数学史

一门科学的历史是那门科学中最宝贵的一部分，因为科学只能给我们知识，而历史却能给我们智慧！

——傅腾

课本中字斟句酌的叙述，未能表现出创造过程中的斗争和挫折，以及在建立一个可观的结构之前，数学家所经历的艰苦漫长的道路。实在地说，叙述数学家如何跌跤，如何在迷雾中摸索前进，并且如何零零碎碎地得到他的成果，比告诉他们一个定理一个公式要有意义得多，更能使任一位搞研究工作的新手鼓起勇气。

——克莱茵

数学是人类最古老的学科，它源自古老的河谷文明，绵延上下五千年，传承着人类最富有理性魅力的科学文化。追溯古今，每一个数学真理的获得，都闪耀着人类思想的光辉；每一个数学问题从绝境中突破，都折射出数学家的睿智和灵感；每一个划时代的数学思想及其理论体系的创生，都孕育着人类科学新的跨越。数学史，一部恢弘壮丽的数学文明发展史诗，是人类用实践和智慧铸就的理论丰碑。

数学家庞加莱说："若想预见数学的未来，正确的方法就是研究它的历史和现状。"法国人类学家施特劳斯说："如果他不知道他来自何处，那就没有人知道他去向何方。"我们需要知道我们在何处，我们是如何到达这里的，我们将去何方，数学史将告诉我们来自何处。

历史有以古知今的作用。研究数学发展史可以使我们了解数学思想的起源、数学概念的形成与发展，领悟数学大师在创造这些知识时的心智过程。本章我们将遵循数学发展时间线，从数学家的发现这一视角，用大写意的手法勾画数学文明史的发展，着重刻画数学发展史上划时代概念的形成与发展。

●●第一节
●数从何来

数从何来 PPT

整数是全部数学的基础。

——闵可夫斯基

如果不知道远溯古希腊各代所建立和发展的概念、方法和结果，我们就不可能理解近五十年来数学的目标，也不可能理解它的成就。

——魏尔

●
●
●
●

一、数字系统

数字系统发展时间线	
约公元前 35000 年	带有刻纹的骨头可能是人类探索数字的较早证据
约公元前 4000 年	属于大河文明的印度河、尼罗河、底格里斯河和幼发拉底河及长江流域，出现了使用数字的证据
约公元前 3400 年	古埃及人用简单的直线发明了数字的第一个符号
约公元前 3000 年	古埃及人使用了十进制系统
约公元前 3000 年	古埃及人优化了象形数字
约公元前 3000 年	古巴比伦人使用 60 进制系统进行商品交易
约公元前 2400 年	古巴比伦人使用楔形数字
约公元前 1600 年	中国人使用甲骨文数字
约 300 年	古印度人发明了阿拉伯数字

我们不了解早期人类是如何看待世界的，我们所能做的就是根据他们留下的文物进行猜测。很多人认为有关数学思维最早的物证是列朋波骨。这是一块狒狒的小腿骨，在

非洲南部斯威士兰的卢邦博山脉的一个洞穴里被发现，迄今大约 37000 年，骨头表面有 29 个不同的刻纹。1937 年，在今捷克共和国境内出土了一块狼骨，这块骨头可以追溯到公元前 3 万年，骨头上刻着 55 个深深的刻纹，每 5 个一组，刻痕记数是人类最早的数学活动。

在人类早期，随着部落越来越大，越来越多的人、货物和牲畜聚集在一起，人们必须找到一种方法来记录各种情况，解决人们有多少东西的问题，这就需要一个数字系统。不同的人在不同的时间和地点，为这一问题给出了各种各样的解决办法。

古埃及人在公元前 4000—前 3000 年用象形文字表示数字（图 5.1.1）；古巴比伦人的楔形数字出现在约公元前 2400 年（图 5.1.2）；中国的甲骨文数字出现在约公元前 1600 年（图 5.1.3）。

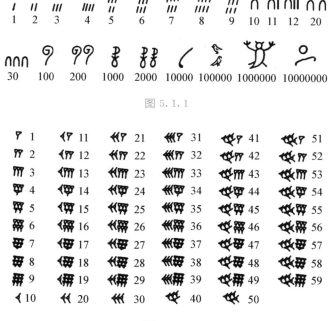

图 5.1.1

图 5.1.2

至于我们现在所使用的"阿拉伯数字"，则是古印度人大约在 3 世纪发明的。一开始，即使在印度的不同地区，它们的写法也不尽相同，后来经过上千年的演变，才形成了近似现代的写法。大约在 6、7 世纪时，这种数字传到阿拉伯国家，最后又由阿拉伯人传到了欧洲，又经过演变之后，才成了现在这个样子。

图 5.1.3

　　古埃及人表示数字的方式是十进位制，就是以 10 为基数，也许因为我们都有 10 个手指头，中国古代采用的也是十进制系统。大约公元前 3 世纪中国人发明了一种新的记数形式——算筹（图 5.1.4）。据《孙子算经》记载，算筹记数法是："凡算之法，先识其位，一纵十横，百立千僵，千十相望，万百相当。"即个位用纵式，十位用横式，百位再用纵式，千位再用横式，万位再用纵式等，以此类推，遇零则置空。这样从右到左，纵横相间，就可以用算筹表示出任意大的自然数了。由于位与位之间的纵横变换，且每一位都有固定的摆法，所以这样的方法称为位值制，即同样的符号在不同的位置上表示不同级别的数值。毫无疑问，这样一种算筹记数法和现代通行的十进位制记数法是完全一致的。

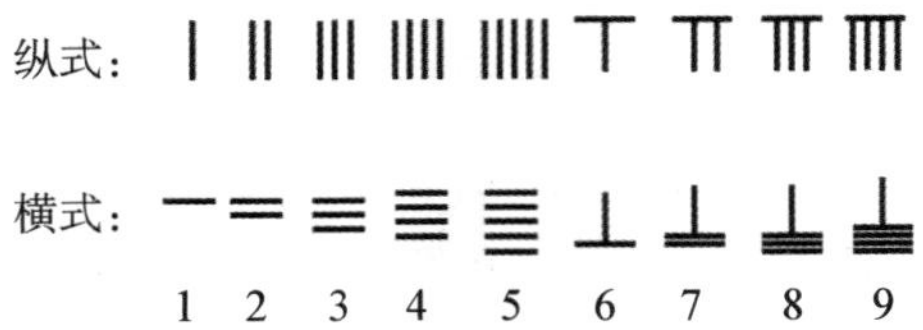

图 5.1.4

　　古巴比伦人在公元前 3000 年使用的数字系统中，将 60 和 60 的倍数作为基数，使用的是 60 进制系统。这种进位制也一直沿用至今，比如圆有 360 度，1 小时有 60 分钟，1 分钟有 60 秒等。

　　原则上讲，我们可以任意选一个数作基数进行记数。现在计算机中广泛使用的二进制就是以 2 为基数的记数系统。二进制是德国数学家莱布尼茨 1679 年发明的，他在看了中国的《周易》之后，受到启发，用两个基本字符 0，1，按照逢 2 进 1 的运算规律表示数字。现在常用的进位制还有八进制和十六进制等。

二、从代数数到超越数

数是一个庞大的"家族"，按照不同的"血缘"关系，它可以分成不同的分支，下面是最常见的数的分类法。

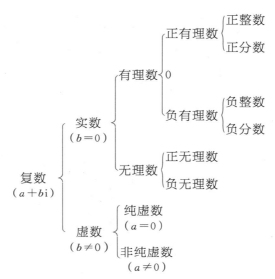

人们对数的认识过程中，首先接触到的是自然数。古希腊毕达哥拉斯学派认为"万物皆数"，所有的数都可以表示成整数或整数比，即有理数。公元前 500 年左右，毕达哥拉斯学派的希帕索斯发现，边长为 1 的正方形，对角线的长为 $\sqrt{2}$。希帕索斯发现 $\sqrt{2}$ 无法表示成整数与整数的比值，因此这个数在当时被称为"不成比例的数"，这个不成比例的数引入中国的时候被翻译成无理数。

1545 年，此时的欧洲人尚未完全理解负数、无理数，然而他们的智力又面临着一个新的挑战，就是求负数的平方根问题。意大利数学家卡尔达诺（1501—1576）在所著《大术》中提出一个问题：把 10 分成两部分，使其乘积为 40。这需要解方程 $x(10-x)=40$，他求得的根是 $5+\sqrt{-15}$ 和 $5-\sqrt{-15}$，把 $5+\sqrt{-15}$ 和 $5-\sqrt{-15}$ 相乘，得到 $25-(-15)=40$。于是他说："算术就是这样神妙地搞下去，它的目标，正如常言所说，是又精致又不中用的。"这就是当时人们不承认复数而又无法否认其合理性的深刻描述。

1572 年拉斐尔·邦贝利（1526—1572）出版了《代数》一书，这个问题得到了解决。在这本书中他为数字系统制定了规则,该系统包括诸如$\sqrt{-1}$这样的数字。

1637 年法国数学家笛卡儿(1596—1650)在解方程时,把方程的根区分为实根与虚根。他把$\sqrt{-1}$叫作"虚数",意思是"虚假的数""想象当中的并不存在的数",他把人们熟悉的有理数和无理数叫作"实数",意思是实际存在的数。

18 世纪,数学家莱昂哈德·欧拉(1707—1783)给$\sqrt{-1}$取了个名字,即"i"或"虚数单位",其他虚数是 i 的倍数。

邦贝利的数字系统包括另一种类型的数。除了实数(如 5,-3 和 π)和虚数,还有复数,复数由实数和虚数组合而成,如 $a+bi$,其中 a 和 b 是任意实数,i$=\sqrt{-1}$。最终当数学家进一步探索复数时,他们意识到了复数是多么强大。

在数学上,对数的分类还有一种方法,就是把数分为代数数和超越数,即

$$复数\begin{cases} 代数数 \\ 超越数 \end{cases}$$

什么是"代数数"?如果一个复数,它是形如

$$a_n x^n + a_{n-1} x^{n-1} + a_{n-2} x^{n-2} + \cdots + a_1 x + a_0 = 0$$

整系数代数方程的根的话(这里 $a_n \neq 0$),那么它就被称为"代数数"。全体复数集合中,除去代数数,剩下的便称为"超越数"。代数数所包含的范围很广,它包括了所有的有理数和整系数代数方程的根,如 5,$\sqrt[3]{7}$,$\dfrac{1}{8}$,$\sqrt{2+\sqrt{2+\sqrt{2}}}$…都是代数数。

超越数的概念,首次出现在 1748 年出版的欧拉的著作《无穷分析引论》之中。他在该书第一卷第六章中,未加证明地断言:"如果数 b 不是底 a 的幂,其对数就不再是一个无理数。事实上如果有 $\log_a b = \sqrt{n}$,则有 $a^{\sqrt{n}} = b$,假如 a,b 都是有理数,这等式不能成立。因而对于这种不是底 a 的幂的数 b,其对数应当恰如其分地命名为超越数。"

历史上第一个证明了超越数存在性的是法国数学家刘维尔(1809—1882),1851 年他构造了一个数:

$$L = \frac{1}{10} + \frac{1}{10^{2!}} + \frac{1}{10^{3!}} + \frac{1}{10^{4!}} + \cdots$$

这显然是一个无限不循环小数,当然是一个无理数,其实它也是一个超越数。这个无限小数后来被称为"刘维尔数"。刘维尔成功地证明了这个数是一个超越数。

继刘维尔之后，数学家们为了证明某些具体数的超越性付出了种种努力。1873 年，法国数学家埃尔米特（1822—1901）证明了自然对数的底 e＝2.718281828… 是超越数。1882 年，德国数学家林德曼（1852—1939）证明了圆周率 π＝3.1415926… 是超越数。1900 年，国际数学家大会上希尔伯特提出的 23 个问题中的第七个就是关于超越数的问题。希尔伯特推测像 $\sqrt{2}^{\sqrt{2}}$ 和 e^{π} 这样的数是超越数。1929 年，有人证明了 e^{π} 是超越数。1930 年，$2^{\sqrt{2}}$ 也被证明是超越数。判断某些给定的数是不是超越数实在太困难了，为了获得上述结果，一个多世纪以来，数学家们付出了艰苦的劳动。即便如此，这个领域仍旧迷雾重重。比如说，现在人们仍然无法断定像 e＋π 和 $π^{π}$ 这样的数到底是代数数还是超越数。

既然复数集合中既包含代数数，又包含超越数，那么他们各有多少呢？根据康托的结论，代数数与超越数虽然都有无穷多个，但代数数是可数的而超越数是不可数的。换句话说，人们所知甚少的超越数的个数竟比代数数还要多得多！数学的确是一片浩瀚的海洋，即使是对"数"的自身的研究领域中，竟也蕴含着这许许多多的未知之谜等待着人们去探索！

●●第二节
●几何学的开端

几何学的开端 PPT

假如几何学不严密，那么它就什么也不是……在严密这一点上，普遍认为欧几里得的方法是无懈可击的。

——史密斯

几何无王者之道。

——欧几里得

数学是一门演绎的学问，从一组公设，经过逻辑推理，获得结论。

——陈省身

●
●
●
●

几何学发展时间线	
约公元前 1650 年	早期的古埃及抄书吏艾哈迈斯抄写了 200 年前一位无名氏的书。《莱茵德纸草书》列出了 80 多个数学问题及相应的解题方法，其中包括如何计算粮仓的容积
约公元前 575 年	古希腊数学家和哲学家泰勒斯把他掌握的古埃及和古巴比伦的数学知识带到了古希腊，用几何学来解决诸如计算金字塔的高度和船离海岸的距离等问题
约公元前 500 年	古希腊数学家毕达哥拉斯受到方砖地的启示，找到了直角三角形三边之间的平方关系，并第一个证明了勾股定理
约公元前 300 年	古希腊数学家欧几里得总结了当时的几何学知识，形成了具有公理化结构的，具有严密逻辑体系的《几何原本》，这是所有数学著作中最著名和最有影响力的著作之一

"几何学"（Geometry）一词源自希腊语的地球（Geo）和测量（Metry）。几何学是数学的一个分支，研究线条、形状和空间以及它们之间的关系。

　　几何学是关于"形"的科学，自远古时代人类从关注大地和太阳，到研究直线和圆形，几何学在不断地研究"形"的过程中发展。古埃及人优化了计算面积和体积的方法，但他们没有提出与几何有关的理论。古巴比伦有许多擅长解决几何问题的数学家，他们熟知什么样的三角形有直角，三边分别为3、4、5或5、12、13，对着最长边的角就是直角，但是他们没有发现数字之间的关系，直角三角形三边之间的关系是靠古希腊人来完善的。古希腊人试图将几何学建立在可靠的证明和推理基础上，最终欧几里得把几何学建立成一个逻辑的演绎体系。

一、《莱茵德纸草书》

　　《莱茵德纸草书》是公元前1650年左右的埃及数学著作，属于世界上最古老的数学著作之一。《莱茵德纸草书》以苏格兰古董商亨利·莱茵德的名字命名，他在1858年到卢克索旅行时购得，使得古埃及的数学思想在世人面前惊艳亮相。《莱茵德纸草书》被称为《艾哈迈斯纸草书》可能更合适，因为抄书吏艾哈迈斯转抄了它。根据艾哈迈斯的说法，此书提供了精确的计算方法，用于探究所有事物的秘密。它包含了帮助人们计算的参考表，并列出了80多个数学问题及相应的解题方法，其中包括面积问题、体积问题、面包分配比例问题、牲畜饲料的分配问题等。

　　《莱茵德纸草书》特别关注与金字塔有关的问题，其中一个问题就是涉及金字塔侧面坡度的计算。金字塔在建造时必须确保塔的四个面的坡度是一致的，从中可以看到三角学的初步知识。

　　《莱茵德纸草书》中有关准确测量面积的方法对古埃及的农业非常重要。每年的雨季，尼罗河洪水会冲走区分一个地区和另一个地区的标记，因此古埃及的测量员要重新丈量，恢复标记。测量正方形或长方形的面积很简单，但如果要测量三角形或者圆形的面积，就会变得非常棘手。古埃及的几何学家发现了计算三角形面积的公式：三角形的面积 $=\frac{1}{2}\times$ 底 $\times$ 高，他们还了解如何计算四边形的面积。

　　《莱茵德纸草书》还涉及计算一个圆的面积的问题。古埃及人首先把要测量的圆放在一个正方形内，然后在正方形内画一个八角形，使其尽可能地与圆接近。如图5.2.1，用外接正方形的面积减去在正方形和八角形之间形成的三角形的面积，就能计算出八角形的面积，这被认为是足够接近圆面积的近似值。这种方法实际上产生了一个近似的 π，即一个圆的周长与其直径的比值，约为 3.16，与 π 的近似值 3.1415…相当接近。

《莱茵德纸草书》是了解埃及数学的最主要依据。它准确反映了当时埃及的数学知识状况，其中鲜明地体现了埃及数学的实用性。

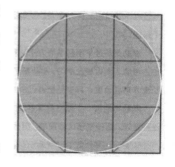

图 5.2.1

二、泰勒斯的证明方法

史册所载的第一位数学家是古希腊的泰勒斯（约前 624—前 546）（图 5.2.2），他是第一个提出数学定理的人，也是第一个证明定理的人。他证明了以他名字命名的泰勒斯定理：如果将圆的直径作为三角形的底边，然后从圆周长上的任意一点绘制三角形的其他两边，则与底边相对的角度始终为直角（图 5.2.3）。他通过观察和归纳证明了这些定理。这些定理虽然比较简单，但他的研究标志着一种全新的数学方法的诞生，并使数学发展成为一门科学。

图 5.2.2

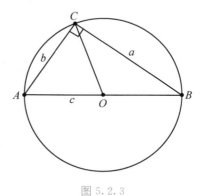

图 5.2.3

泰勒斯是最早用科学的方法解释世界的人之一。泰勒斯曾和其他古希腊人到古埃及学习，当泰勒斯参观大金字塔时，它已经有 2000 多年的历史了，但是没有人知道金字塔到底有多高，泰勒斯利用相似三角形原理解决了这个问题。

相似三角形的对应角相等，对应边成比例。泰勒斯把一根棍子立在地上，记录下一天中棍子投射的阴影长度等于棍子长度的那一刻。他推断，在同一时刻，金字塔投射的阴影将等于金字塔的高度（图 5.2.4）。

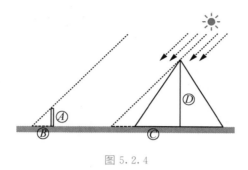

图 5.2.4

三、勾股定理

（一）勾股定理的发现

在直角三角形中，两条直角边的平方和，等于斜边的平方（图 5.2.5）。我国古代，称直角三角形的两条直角边为"勾和股"，斜边为"弦"，因而此结论在我国称为"勾股定理"。

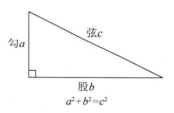

图 5.2.5

早在我国周朝初年，数学家商高就提出"勾三、股四、弦五"。在我国古算书《周髀算经》中介绍了勾股定理这一结论，但未予证明。

在西方，这个定理称为"毕达哥拉斯定理"，公元前 500 余年由古希腊数学家毕达哥拉斯发现。相传，毕达哥拉斯是在一次朋友聚会时，发现了方砖地上藏着的这个秘密。如图 5.2.6，他用棍子在地上勾画出一个直角三角形，然后在三边上各画一个正方形，他发现斜边上正方形的面积恰好等于两直角边上正方形面积之和，这个规律适合一切直角三角形。方砖地的启示使毕达哥拉斯发现了勾股定理。毕达哥拉斯认为这个定理太重要了，他所以能发现这个重要定理，一定是"神"给予了启示，于是他下令杀 100 头牛祭祀天神，起名为"百牛定理"，也叫作"毕达哥拉斯定理"。毕达哥拉斯是第一个证明了它的普遍正确性的人。

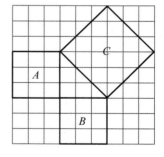

图 5.2.6

(二)勾股定理的证明

勾股定理提出距今虽已有两千余年，但各种证明方法仍接连涌现，世界各地的人们对其着迷程度依然不减。这一定理证明方法之多是任何其他定理所无法比拟的。据说，现在世界上已找到了的证明有 400 多种，由鲁密斯搜集整理的《毕达哥拉斯》书中就给出了 370 种不同的证法。

1. 赵爽弦图

赵爽，东汉末至三国时代人，约生活于公元 3 世纪初。他写的《勾股圆方图》，是数学上极有价值的文献。它作为《周髀算经》的注文而保存在该书的注中。全文只有530 字，它是我国第一次给出的勾股定理的理论证明。

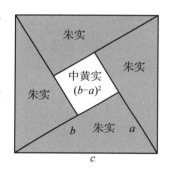

赵爽证明勾股定理使用的是"弦图"，原文是："弦图又可以勾股相乘为朱实二，倍之，为朱实四，以勾、股之差自相乘为中黄实，加差实亦成弦实。"（图 5.2.7）

"朱"就是红色，"实"就是面积。这段话的意思是，弦图的构成是把直角三角形的两条直角边相乘正好是两个直角三角形的面积，涂上红色，再两倍，就变成四个相等的三角形，都涂上红色，像弦图那样排列起来。中间是以勾股之差为边的正方形的面积，涂上黄色。这样正好构成一个以直角三角形的斜边（弦）为边的正方形面积。

图 5.2.7

用 a，b，c 表示勾、股、弦，则 $2ab+(b-a)^2=c^2$，展开整理，得 $a^2+b^2=c^2$。

2. 加菲尔德证法

美国第 20 任总统加菲尔德对数学有着浓厚的兴趣。1876 年，当他还是一名众议员的时候，发现了勾股定理的一种巧妙证法，并发表在《新英格兰教育杂志》上。如图 5.2.8，他是用两种方法来计算同一个梯形的面积。

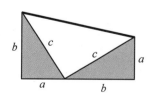

图 5.2.8

梯形面积 $=\dfrac{1}{2}$（上底＋下底）×高 $=\dfrac{1}{2}(a+b)(a+b)$，

又梯形面积＝3 个直角三角形面积之和 $=\dfrac{1}{2}ab+\dfrac{1}{2}ab+\dfrac{1}{2}c^2$，

于是，有 $\frac{1}{2}(a+b)(a+b)=\frac{1}{2}ab+\frac{1}{2}ab+\frac{1}{2}c^2$，

整理，得 $a^2+b^2=c^2$。

四、欧几里得的《几何原本》

欧几里得（约前 330—前 275），古希腊数学家，被称为"几何之父"（图 5.2.9）。他最著名的著作《几何原本》是欧洲数学的基础。欧几里得的《几何原本》被广泛地认为是有史以来最伟大的数学教科书之一。

在欧几里得以前，人们已经积累了许多几何学的知识，然而这些知识存在一个很大的缺点和不足，就是内容繁杂和混乱，缺乏系统性。大多数是片段、零碎的知识，公理与公理之间、证明与证明之间并没有什么很强的联系性，更不要说对公式和定理进行严格地逻辑论证和说明。因此，把这些

图 5.2.9

几何学知识加以条理化和系统化，成为一整套可以自圆其说、前后贯通的知识体系，已经刻不容缓。欧几里得早期通过对柏拉图数学思想尤其是几何学理论系统而周详的研究，已敏锐地察觉到了几何学理论的发展趋势。经过欧几里得艰苦的工作，终于在公元前300 年结出丰硕的果实，几经易稿而最终定形的《几何原本》。

这是一部集前人思想和欧几里得个人创造于一体的巨作，囊括了几何学从公元前7 世纪到欧几里得生活时期——前后共 400 多年的数学发展历史。这是一部传世之作，正是有了它，几何学不仅第一次实现了系统化、条理化，而且又孕育出一个全新的研究领域——欧几里得几何学，简称欧氏几何。

《几何原本》全书共分 13 卷，最著名的是第 1 卷。在第 1 卷中欧几里得用 23 个定义提出了点、线、面、圆和平行线的原始概念，提出了 5 个公设和 5 个公理。

所谓公理或公设，指的是某门学科中不需要证明而必须加以承认的某些陈述或命题，即"不证自明"的命题。一门学科如果是基于公理或公设的，那么它的所有命题就可以由这些公理或公设逻辑地推证出来。如果我们把一门学科比作一幢大楼，那么该学科的公理或公设就像大楼的地基，整幢大楼必须以它为基础而建立起来。

《几何原本》中的五条公设阐述如下。（图 5.2.10）

1. 任意两点可以画一条直线。

2. 任意线段都可以无限延伸成一条直线。

3. 给定任意线段，以该线段为半径，以一个端点为圆心，可以画出一个圆。

4. 所有直角都全等。

5. 同一平面内，若两条直线都与第三条直线相交，并且在同一边的内角之和小于两个直角和，则这两条直线在这一边必定相交。

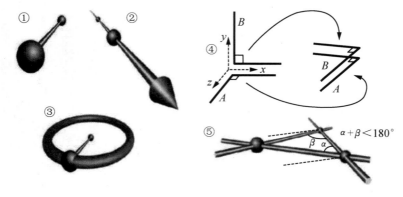

图 5.2.10

欧几里得是最早严格证明定理的数学家之一，他所创建的欧式几何是如此魅力无穷，仰慕他的弟子从世界各地纷至沓来。权倾一时的埃及国王托勒密一世发现了这种景象，也想亲自尝试一下几何学的乐趣。刚开始学习几何，由于还没有掌握几何论证的方法，是会感到困难的。传说托勒密王有一次召见欧几里得，询问如何解决学习几何的困难。

托勒密王问："学习几何学，除了你的《几何原本》外，还有没有其他捷径？"

欧几里得回答："在几何学中，没有专为国王铺设的大道。"

在几千年的数学史上，没有谁的影响力能超过欧几里得，也没有任何一本书像欧几里得的《几何原本》那样拥有如此众多的读者，被译成如此多种语言，在长达两千多年的时间里一直盛行不衰。在 1482 年以前，《几何原本》只有手抄本，而在 1482 年第一个印刷本出版以来，至今已有一千多种不同的版本。历史上不计其数的名人都是读着《几何原本》长大并走向成功的。笛卡儿、牛顿、爱因斯坦等科学巨匠都说过自己得益于《几何原本》的熏陶。直到今天，《几何原本》的主要内容仍然是各国数学课本的基本内容之一。

●●第三节
●代数学渐进

代数学渐进 PPT

代数是搞清楚世界上数量关系的智力工具。

——怀特海

正如太阳之以其光芒使众星失色，学者也以其能提出代数问题而使满座高朋逊色，若其能给予解答则将使侪辈更为相形见绌。

——婆罗摩笈多

代数学发展时间线	
约公元前 1950 年	古巴比伦人发现了解二次方程的方法
约 100 年	中国的《九章算术》给出了三元一次方程组的解法；同时在世界历史上第一次使用负数，叙述了对负数进行运算的规则；也给出了求平方根与立方根的方法
约 300 年	希腊数学家丢番图的《算术》一书引入了未知数，创设了未知数的符号，讨论了一次、二次以及个别的三次方程，还有大量的不定方程
约 830 年	阿尔·花拉子密发表了他的巨著《代数学》
1535 年	尼科洛·丰坦纳解出了三次方程
1572 年	拉斐尔·邦贝利引入了虚数的概念
1591 年	弗朗索瓦·韦达用字母表示已知和未知的量
1832 年	伽罗瓦发现五次以及五次以上的方程没有根式解，他在研究五次代数方程根式解的问题时，引进了许多新概念，开辟了代数学的一个崭新领域——群论

代数学，这个术语来自 9 世纪阿拉伯数学家阿尔·花拉子密的一本著作 *AL-jabr wal*

muqbala 的书名，这本书是讨论解方程的规则的。该书于 1183 年被译成拉丁文传入欧洲，在翻译中把 "*al-jabr*" 译为拉丁文 "*aljebra*"，拉丁文 "*aljebra*" 一词后来被许多国家采用，英文译作 "*algebra*"。1859 年，我国数学家李善兰首次把 "*algebra*" 译成 "代数"。后来清代学者华蘅芳和英国人傅兰雅合译英国瓦里斯的《代数学》，卷首有 "代数之法，无论何数，皆可以任何记号代之"，说明了所谓 "代数"，就是用符号来代表数的一种方法。"用字母表示数" 是代数的基础，初等代数主要以引进符号和未知数为特征，其基本内容是解方程。

直到 19 世纪后半叶，代数学仍等同于方程理论。本来，将具体的实际问题转化为代数方程求解就是一个抽象的过程，而现代的代数学——有人称 "近世代数"，也有人称 "抽象代数"，更是研究某种形式的数学运算和关系的。随着时间的推移，代数学研究的对象由具体算法到方程理论，再到更抽象的环、群、域之类的所谓代数结构。可以说，从具体到抽象，是代数学永恒的追求。

一、早期的方程

代数的起源可以追溯到古埃及和古巴比伦的数学家。埃及现存的《莱茵德纸草书》表明，古埃及人能够解出 $4x + 3x = 21$ 之类的简单方程。只要他们知道一个场地的长度和宽度，就可以计算出它的周长和面积，然而，他们在求解时没有使用符号。

现存的泥板表明，古巴比伦人能够解出二次方程和三次方程的未知量，但是他们的方法延续了一题一解的思路，没有人能够制定一套通用的规则来解决类似的问题。

《九章算术》是中国古代最重要的数学著作，成书年代大约在 100 年。"方程" 是其中的一章。在这一章里，所谓 "方程" 是指一次方程组。书中给出了三元一次方程组的解法，同时在世界数学史上首次引入了负数及其加减法运算法则。三元一次方程组在中国古代是用算筹布置起来解的，各行由上而下列出的算筹表示 x，y，z 的系数与常数项。我国古代数学家刘徽注释《九章算术》说，"程，课程也。二物者二程，三物者三程，皆如物数程之，并列为行，故谓之方程。" 这里所谓 "如物数程之"，是指有几个未知数就必须列出几个等式。一次方程组各未知数的系数用算筹表示时好比方阵，所以叫作 "方程"。

二、代数学鼻祖——丢番图

丢番图（约 246—330），古希腊著名数学家（图 5.3.1）。他是代数学的创始人之一，开创了用缩写方法简化文字叙述运算，他以代数学闻名于世。

图 5.3.1

丢番图的《算术》记载了代数学方面的知识，书中借助符号来代替文字叙述，讨论了一次、二次以及个别的三次方程，还有大量的不定方程。对于具有整数系数的不定方程，如果只考虑其整数解，这类方程就叫作"丢番图方程"，它是数论的一个分支。

代数学区别于其他学科的最大特点是引入了未知数，并对未知数加以运算。就引入未知数，创设未知数的符号，以及建立方程的思想这几方面来看，丢番图的《算术》完全可以算得上是代数。古希腊数学自毕达哥拉斯学派后，兴趣中心在几何，他们认为只有经过几何论证的命题才是可靠的。为了逻辑的严密性，代数也披上了几何的外衣。一切代数问题，甚至简单的一次方程的求解，也都纳入了几何的模式之中。直到丢番图，才把代数解放出来，摆脱了几何的羁绊，他认为代数方法比几何的演绎陈述更适宜于解决问题。而他在解题过程中显示出的高度的巧思和独创性，在希腊数学中更是独树一帜，由于他对西方代数学的发展产生了重大的影响，所以西方数学史家把他称为"西方代数学的鼻祖"。

说到丢番图，不得不提及他的墓志铭。对于丢番图的生平，人们知道得很少，但在一本《希腊诗文选》中，收录了丢番图的墓志铭。墓志铭是用诗歌形式写成的。

过路的人！

这儿埋葬着丢番图。

请计算下列数目，

便可知他一生经过了多少个寒暑。

他一生的六分之一是幸福的童年，

十二分之一是无忧无虑的少年。

再过去七分之一的生命旅程，

他建立了幸福的家庭。

五年后儿子出生，

不料儿子竟先于父亲四年而终，

年龄不过父亲享年的一半。

晚年丧子老人真可怜，

悲痛之中度过了风烛残年。

请你算一算，丢番图活到多少岁，

才和死神见面？

丢番图用一个代数题简单地概括了一生的经历，并把这道数学题刻在了墓碑上。他或许是希望通过墓志铭来激励更多的人喜欢数学这门学科。

丢番图到底活到多少岁呢？这个问题可以通过列方程解决。

设丢番图的寿命为 x，则可以得出等式：

$$\frac{1}{6}x+\frac{1}{12}x+\frac{1}{7}x+5+\frac{1}{2}x+4=x$$

通过计算，可以得出 $x=84$，丢番图活到 84 岁。

三、花拉子密的名字成了"算法"

阿拉伯数学家阿尔·花拉子密（约 780—850），代数与算术的创立人，被誉为"代数之父"（图 5.3.2）。

花拉子密是巴格达"智慧之家"的学者，也是天文学家、地理学家和数学家。约 830 年，他出版了一本名为《代数学》的书，书中记载了通过移项和合并同类项来计算的方法。今天的英文"代数"（Algebra）一词就来源于该书的书名。

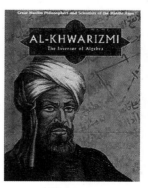

图 5.3.2

《代数学》开创了解方程的科学，花拉子密从抽象的角度来思考问题，找到了一种解二次方程的方法。从 $ax^2+bx+c=0$ 这个方程开始，其中 a，b，c 是任意数字，得到的解是

$$x=\frac{-b\pm\sqrt{b^2-4ac}}{2a}$$

所有二次方程都可以用花拉子密的公式求解，但其他类型的方程就不那么容易求解了。x 的三次方程有三个不同的解，而四次方程可能有四个解，因此，这就需要数学家继续寻找更多的求解方法。

花拉子密写《代数学》的目的是教给人们最简单最有用的算术方法。与当时的普遍做法一样，花拉子密没有使用任何符号。花拉子密还有一部传世之作是《花拉子密算术》，这部书只有拉丁文译本，书中介绍了印度的十进位值制记数法和以此为基础的算术知识，他的名字成为数学语言的一部分，花拉子密的名字 "Al-Khwarizmi" 变成了 "Alchoarism"，然后又变成 "Algorismi"，最后成为 "algorithm"（算法）。

四、关于三次方程的争斗

一元二次方程的解法人们较早就掌握了，但是如何解一元三次方程和一元四次方程，一直到 16 世纪才解决。

文艺复兴时期的数学家都很好斗，他们经常通过比赛解决一些令人困惑的问题，如求解三次方程的解，他们会为此进行"数学决斗"——择日以题相竞，输家有多少题没有解出来，就得请对手的多少个朋友吃大餐。

在这些比赛中，高手云集，新方法都被大家小心翼翼的隐藏着。据说，希皮奥尼·德尔·费罗已经研究出了求解三次方程的方法，在当时激烈的竞争氛围中，掌握了该方法就占据了优势。因此，费罗对他的方法秘而不宣。在临死前，他才把该方法教给少数几个人，其中包括他的学生安东尼奥·玛丽亚·菲奥尔。菲奥尔在他的老师去世后，自命不凡地认为能解决这个问题的天下只有他一人。当听说威尼斯大学数学教授塔塔利亚会解三次方程时，菲奥尔表示不信。塔塔利亚年轻好胜，一气之下向菲奥尔提出挑战，两人约定 1535 年 2 月 22 日在米兰的圣玛利亚大教堂进行公开比赛。

塔塔利亚原名叫尼科洛·丰坦纳（1499—1557），意大利数学家。父亲是邮局职

员，幼年时正赶上意大利与法国交战，法国人不仅杀死了他父亲，还用战刀砍伤了他的头部，牙床也被砍碎。母亲从血泊中救出了他，但伤愈后他语言失灵，吐字不清，成了结巴，意大利语"塔塔利亚"就是"结巴"的意思。后来，人们就把他叫"塔塔利亚"，尼科洛·丰坦纳这个名字反倒没人叫了。

塔塔利亚家里很穷，但他十分好学，没钱买纸和笔，他就捡些小白石条在父亲的青石墓碑上写算。塔塔利亚天资聪明，又勤奋好学，终究自学成才，不到 30 岁就当上了威尼斯大学的数学教授，在当地小有名气。

由于塔塔利亚只会解特殊的三次方程，又知道菲奥尔真会解三次方程，塔塔利亚心里十分后悔，他知道比赛那天菲奥尔一定会出三次方程题来考他，怎么办呢？塔塔利亚为了获得三次方程更一般的解法，常常彻夜不眠，终于在距离比赛仅剩八天的时间时，找到了一种巧妙的方法来求解好几种类型的三次方程。

2 月 22 日比赛正式开始，果然不出塔塔利亚所料，菲奥尔一连出了 30 道三次方程问题，其中包括如下三次方程：

$$x^3+9x^2=100,\ x^3+3x^2=2,\ x^3+4=5x^2,\ x^3+6=7x^2$$

由于塔塔利亚事先有准备，在两小时内全部解出来了。而菲奥尔望着塔塔利亚所出的题目，一筹莫展，比赛结果不言而喻，塔塔利亚大获全胜。

这个消息震动了整个欧洲数学界，在那之后，登门求教者络绎不绝，但塔塔利亚仍不愿将自己的方法公之于世，以尚需改进为由，回绝了众多求教者。直到有一天，从米兰来了一位极富传奇色彩的怪杰，名叫卡尔达诺。

吉罗拉莫·卡尔达诺（1501—1576），意大利文艺复兴时期百科全书式的学者，数学家、物理学家、占星家、哲学家和赌徒，古典概率论创始人。据说他是个私生子，有着悲惨的童年，经常遭到旁人的奚落、歧视和虐待，但他聪明过人，在医学、天文、几何、代数以及语言学诸多方面都有不凡的表现。他本人也曾研究过三次方程求解问题，但收获不佳。当听说了塔塔利亚的成果之后，卡尔达诺上门来请教，他恳请塔塔利亚教他三次方程的求解方法，当然，塔塔利亚是不会轻易告诉他的。卡尔达诺死缠着塔塔利亚不放，并发誓严守秘密，绝不外传。在这种情况下，塔塔利亚以一首很难读懂的诗歌，隐喻三次方程的求解方法送给了卡尔达诺。

因为秘诀十分复杂，而且是用诗歌形式的文字描述的，卡尔达诺花了好几年才解读出来。卡尔达诺和他杰出的学生费拉里合作，着手拓展塔塔利亚的解题方法。费拉里意识到，他也可以使用类似的方法来求解四次方程。1545 年卡尔达诺出版了《大术》，其中包括塔塔利亚对三次方程的解法，以及费拉里对四次方程的解法。虽然卡尔达诺在书中表明三次方程的解法是塔塔利亚的研究成果，但塔塔利亚对卡尔达诺的失信行为还是非常愤怒，于是他向卡尔达诺提出挑战。然而，比赛那天，卡尔达诺并没有到场，而是他的得意弟子费拉里出阵应战，费拉里是四次方程公式法的发现者，面对风华正茂的费拉里，塔塔利亚自然是败下阵来。而这个三次方程的求解公式，由于首次公开发表在卡尔达诺的著作中，所以人们习惯称之为"卡尔达诺公式"。数学史家伊夫斯称三次方程和四次方程的解决是"16 世纪最壮观的数学成就"。

实际上关于三次方程的求解问题，并没有因此而了结。人们在应用卡尔达诺公式时会遇到一些疑难，这个公式有时涉及负数平方根。这似乎是不可能的：毕竟一个负数乘它本身会产生一个正数，那么负数怎么会有平方根呢？换句话说，方程 $x^2 = -1$ 没有解。尽管如此，卡尔达诺和其他代数学者都发现，$\sqrt{-1}$ 在求解四次方程时出现的频率越来越高了。是哪里出错了吗？他们发现，$\sqrt{-1} \times \sqrt{-1}$ 仍然会得到 -1。卡尔达诺认为虚数不值得思考，但是拉斐尔·邦贝利做了彻底的探索。

拉斐尔·邦贝利（1526—1572）是意大利博洛尼亚的一名工程师，在 1545 年《大术》出版时他 20 岁。5 年后，他写出了自己的大作《代数学》的草稿，不幸的是，邦贝利是个完美主义者，直到 1572 年才出版。在这本书中，他为数字系统制定了规则，该系统包含诸如 $\sqrt{-1}$ 这样的数字。后来，笛卡儿将这些数字视为"虚构的数字"（虚数）。尽管当时的数学家还没有意识到虚数是真正的数字，但他们已经开始有信心研究虚数了。

随着时代的发展，人们对负数、虚数的认识也逐步深化，直到 18 世纪瑞士数学家欧拉才给出了圆满的解答。他强调三次方程在复数域内必有三个根，并指出如何去求，这是对三次方程求解问题的第一个完整的论述，也是最终的总结，那时是 1732 年。

五、符号代数的先驱——韦达

弗朗索瓦·韦达（1540—1603）是 16 世纪末的法国数学家（图 5.3.3）。他第一个有意识地和系统地使用字母来表示已知数、未知数及其乘幂，带来了代数学理论研究的重大进步。

图 5.3.3

韦达（图 5.3.3）的本职是律师，此外他还是一位社会活动家。他从事数学研究只是出于业余爱好，然而他却完成了代数和三角学方面的巨著。1579 年出版的《应用于三角形的数学定律》是韦达最早的数学专著之一，可能是西欧第一部论述 6 种三角形函数解平面和球面三角形方法的系统著作。1591 年，他的数学专著《分析方法入门》出版，这是韦达最重要的代数著作，也是最早的符号代数专著。他用"分析"这个词来概括当时代数的内容和方法，他创设了大量的代数符号，首次提出用字母来表示方程中的系数和未知数，这标志着新型代数的诞生。由于在发展现代的符号代数上起了决定性作用，因此他被称为"现代代数符号之父"。

韦达于 1615 年在著作《论方程的识别与订正》中建立了方程根与系数的关系，给出了一元二次方程中根和系数之间的两个关系式。由于韦达最早发现代数方程的根与系数之间的这种关系，人们把这个关系称为韦达定理。

对于方程 $x^2 + px + q = 0$，韦达定理的结论为：方程的两个根 x_1，x_2，满足

$$\begin{cases} x_1 + x_2 = -p \\ x_1 \cdot x_2 = q \end{cases}$$

这里注意，只有当 $p^2 - 4q \geqslant 0$ 时，方程才有实根。

韦达定理也可以用待定系数法推出。设方程两根为 x_1，x_2，有

$$x^2 + px + q = (x - x_1)(x - x_2)$$

将算式右边展开为

$$x^2 + px + q = x^2 - (x_1 + x_2)x + x_1 x_2$$

即可得到韦达定理的结论。利用韦达定理可以快速求出两个方程根的关系。

韦达最重要的贡献是在符号代数方面。他最早系统地引入代数符号，推进了方程论的发展。用字母代替未知数，系统阐述并改良了三、四次方程的解法，指出了根与系数

之间的关系。由于韦达做出了许多重要贡献，后来成为 16 世纪法国最杰出的数学家之一。

六、人类至今无解的五次方程——伽罗瓦开创群论

自从 16 世纪意大利数学家找到了解一元三次方程和一元四次方程的方法后，人们一直在寻求一元五次方程的解法，可是经历了 300 年的探索，没有一个数学家能够解决这个问题。人们无奈地发现，大多数五次方程是无解的，却并不知晓其中的缘由，直到数学奇才伽罗瓦横空出世，才彻底解决了几个世纪以来数学家们一直未能解决的五次及五次以上代数方程根式解的问题。

在伽罗瓦之前，解方程的问题始终占据着代数舞台的中心，而伽罗瓦在研究五次代数方程根式解的问题时，引进了"群"的概念，开辟了代数学的一个崭新领域——群论。从此，代数学结束了解方程的历史，而进入了研究新的数学对象群、环、域的抽象代数的发展阶段。

埃瓦里斯特·伽罗瓦（1811—1832）法国数学家，现代数学中的分支学科群论的创立者（图 5.3.4）。伽罗瓦 1811 年 10 月 25 日出生在法国巴黎附近的一个小城市，父母都是知识分子。父亲原来主管一所学校，后来被推选为市长。12 岁以前，伽罗瓦的教育全部由他母亲负责。15 岁时进入巴黎的一所公立中学读书，他非常喜欢数学。

图 5.3.4

当时挪威青年数学家阿贝尔证明了"除了某些特殊的五次和五次以上的代数方程可以用根式求解外，一般高于四次的代数方程，不能用根式来解"。这是一个延续了近 300 年的数学难题，被阿贝尔初步解决了。阿贝尔的杰出成就轰动了整个数学界，可是有些问题他还没有来得及解决，比如怎样判断哪些方程可以用根式求解，哪些方程不能用根式求解。由于阿贝尔不满 27 岁就过早地离开了人世，这些问题便被遗留了下来。

阿贝尔的成就激励着伽罗瓦，五次方程问题使伽罗瓦产生了浓厚的兴趣。中学时代的伽罗瓦就开始钻研五次方程问题，他研究了大数学家拉格朗日、高斯、柯西和阿贝尔

的著作。伽罗瓦通过阅读拉格朗日的《几何》，弄懂了数学的严密性。1829年3月，17岁的伽罗瓦在《纯粹与应用数学年刊》上发表了一篇论文。这篇论文清楚地解释了拉格朗日关于连分式的结果，显示了一定的技巧。

在这篇论文发表的前一年，即1828年，伽罗瓦就把自己关于方程的两篇论文送交法国科学院要求审查。科学院决定由数学家柯西负责审查这个中学生的论文。由于柯西根本不把中学生的论文放在眼里，他把伽罗瓦的论文给丢了。1829年伽罗瓦又把自己的研究成果写成论文，送交法国科学院。这次负责审查论文的是数学家傅里叶。不幸的是，傅里叶接到论文，还没来得及看，就病逝了，论文又不知下落了。

伽罗瓦的论文两次丢失，使他非常气愤，但是他没有因此而丧失信心，仍继续钻研方程问题。然而新的打击接踵而来，1829年7月，伽罗瓦的父亲，因持有自由主义政见，遭到政治迫害而自杀。一个月后，他报考在科学上有很高声望的巴黎综合工科大学，由于拒绝采用考核人员提出的解答方法来解答问题，结果名落孙山。两次落榜后，他不得不进入相差甚远的巴黎高等师范学院就读。在校期间，他通过《数学科学通报》得知了阿贝尔去世的消息，同时发现在阿贝尔最终发表的论文中，有许多结论在他送交法国科学院的论文中曾提出过。

1831年，伽罗瓦向法国科学院送交了第三篇论文，论文题目是《关于用根式解方程的可解性条件》。由于论文中提出的"置换群"这个崭新的数学概念和方法，连泊松这样著名的数学家也难以看懂和不能理解，于是将论文退了回去，并劝告伽罗瓦写一份详尽的阐述。可惜，以后由于伽罗瓦投身政治运动，屡遭迫害，直到死也没完成这项工作。

伽罗瓦刚上大学就结识了几位共和主义的领导人。1830年法国"七月革命"爆发，伽罗瓦因公开批评校长不支持革命，被开除学籍，又因为参加革命活动两次被捕入狱，直至1832年4月出狱。在狱中，他结识了监狱医生的女儿，并陷入热恋纠葛。1832年5月31日，在一场无谓的决斗中丧生，去世时年仅21岁。

决斗前夕，伽罗瓦已经预料到自己的不幸结局，他连夜给亲密朋友舍瓦利写了一封信，信中说："我在分析方面做出了一些新的发现，有些是关于方程论的，有些是整函数的……你可以公开请雅可比或高斯，不是对这些定理的正确性而是对它的重要性发表意见。以后，我希望有人将发现，把这些东西注释出来对他们是有益的"。舍瓦利按照伽罗瓦的遗愿，将他的信发表了，并把遗稿寄给了高斯与雅可比，却都没有得到响应。

伽罗瓦的主要论文直至 1846 年才在刘维尔主办的《纯粹与应用数学》上发表，刘维尔作序向数学界推荐，至此，伽罗瓦的天才思想才被世人所知。1852 年，意大利数学家贝蒂开始全面介绍伽罗瓦理论。1870 年，法国数学家约当根据伽罗瓦的思想方法写出了《论置换与代数方程》，第一次系统地阐述了伽罗瓦理论。从此，人们才逐渐认识到群论——这个具有划时代意义的数学杰作。

伽罗瓦的研究成就最主要的是他完整地引入了"群"的概念，并且成功地运用了"不变子群"的理论，这些理论着重解决了"任意 n 次方程的代数解问题"。运用这些理论，还可以解决一些多年来没有解决的古典数学问题。现代数学的发展已无可争辩地证实了伽罗瓦理论是 19 世纪数学最突出的成就之一。

●● 第四节
● 解析几何——几何与代数的结合

解析几何——几何与
代数的结合 PPT

数学中的转折点是笛卡儿的变数。有了变数，运动进入了数学，有了变数，辩证法进入了数学。

—— 恩格斯

只要代数同几何分道扬镳，它们的进展就缓慢，它们的应用就狭窄。但当这两门科学结合成伴侣时，它们就互相吸取新鲜的活力，从而以快速的步伐走向完善。

—— 拉格朗日

坐标系发展时间线	
1637 年	笛卡儿出版了《几何》，发明了坐标系，创立了解析几何
1671 年	牛顿首次引进了极坐标
1691 年	雅各布·伯努利出版了关于极坐标的著作
1692 年	莱布尼茨首次革命性地使用"坐标"一词
1729 年	雅各布·赫尔曼把极坐标的概念进一步完善，并给出了直角坐标和极坐标的变换公式

解析几何是数学的一个分支，它用代数方法来解决几何问题。解析几何的重要性在于它建立了代数方程和几何曲线之间的关系，使得用几何方法求解代数问题成为可能，反之亦然。代数问题可以表示为几何曲线，几何曲线也可以表示为代数方程。

笛卡儿对数学最重要的贡献是创立了解析几何。在笛卡儿时代，代数还是一个比较新的学科，几何学的思维还在数学家的头脑中占有统治地位。笛卡儿致力于将代数和几何联系起来研究，并成功地将当时完全分开的代数和几何学联系到了一起。

一、笛卡儿创建坐标系

勒内·笛卡儿（1596—1650），法国哲学家、数学家、物理学家（图 5.4.1）。他最为世人熟知的是其作为数学家的成就——解析几何的创始人。他于1637年发明了现代数学的基础工具之一——坐标系，将几何和代数相结合，并将几何坐标体系公式化，因而被认为是"解析几何之父"。

图 5.4.1

笛卡儿从小丧母，深得父亲的疼爱。他身体不好，父亲就与学校商量，每天让笛卡儿多睡会儿。后来笛卡儿养成了早上躺在床上沉思的习惯。据说笛卡儿的许多发现都是早上在床上思考而得的。

数学是一门抽象的科学，方程、函数等都是比较抽象的概念。笛卡儿想如果能把数学也搞得比较直观、形象该多好！他为这件事一直动脑筋思考，他想，几何图形是直观的，而代数方程则比较抽象，能不能用几何图形来表示方程呢？关键是如何把组成几何图形的"点"与满足方程的每一组有序实"数"挂上钩，在方程和几何之间架设一座桥梁。

传说，有一次笛卡儿因生病卧床休息，这是他思考问题的好时机。身体有病，头脑可不能闲着。笛卡儿反复琢磨通过一种什么办法能够把点和数挂起钩来。突然，他看见屋顶上的一只蜘蛛拉着丝垂了下来。一会儿，蜘蛛又顺着丝爬了上去，在屋顶上左右爬行。

笛卡儿看到蜘蛛的"表演"，灵机一动，他想，可以把蜘蛛看作一个点，它在屋子里可以上、下、左、右运动，能不能用一组有序实数把蜘蛛的位置确定下来呢？他又想，屋子里相邻的两面墙与地面交出了三条线，如果把地面上的墙角作为计算起点，把交出来的三条线作为三根数轴，那么空间中任一点的位置，不是就可以用在这三根数轴找到的三个有顺序的数来表示了吗？比如，图 5.4.2 中的 P 点，它用 (x_0, y_0, z_0) 来

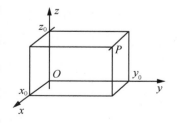

图 5.4.2

表示，反过来，任意给一组三个有顺序的数，也可以用空间中的一个点来表示它们。在蜘蛛爬行的启示下，笛卡儿创建了坐标系。

其实，当初笛卡儿创建的坐标系并不完善，当时，笛卡儿取定一条直线当基线（即现在所说的 x 轴），再取定一条与基线相交成固定角方向的直线（即现在所说的 y 轴），他并没有要求 x 轴与 y 轴互相垂直，所以是很不完备的斜坐标系。至于"坐标"一词，是德国数学家莱布尼茨在 1692 年首次使用的。由于笛卡儿迈出的最初一步具有决定意义，所以人们仍把后来使用的直角坐标系称为"笛卡儿直角坐标系"。

二、解析几何诞生

笛卡儿认为，欧几里得几何过分强调证明的技巧性，过分依赖于图形，不利于提高人们的想象力，而代数又完全受法则和公式的约束，影响人们思想的灵活性，他主张把代数和几何结合起来，各取其长，用代数方法去研究几何问题。笛卡儿悟出新方法的关键在于借助坐标系建立起平面上的点与数之间的对应关系，由此就可以用方程来表示曲线。

坐标系如同架设在代数和几何之间的一座桥梁。在坐标系下，几何图形和方程建立了联系，可以把几何图形通过坐标系转化成代数方程来研究，也可以画出方程的图形来研究方程的性质。1637 年，笛卡儿的名著《几何学》作为《方法论》一书的附录出版。在这个附录中，他明确提出了坐标几何的思想，并用于解决许多几何问题，此书的问世标志着解析几何的诞生。

笛卡儿思想的核心是要建立一种普遍的数学，使算术、代数和几何统一起来，在这种思想的指引下，他是这样进行研究工作的。

1. 引入坐标观念。笛卡儿受到法国人奥雷其姆（1323—1382）思想的影响，从自古已知的天文和地理的经纬度出发，引入了用数对表示点的坐标，建立了平面上的点和实数对（x，y）的对应关系，并认为"静"的曲线是点运动的轨迹。

2. 引入"变量"的数学思想。笛卡儿利用坐标法提出用曲线表示方程的方法，考虑二元方程 $F(x，y)=0$ 的性质，满足这方程的 x，y 值无穷多，当 x 变化时，y 值也跟着变化，由 x，y 不同的数值所确定的平面上的许多不同点便构成了一条曲线。这样，一个方程就可以通过几何直观的方法来处理了。

3. 用代数方法改造传统几何学。笛卡儿证明了几何问题可以归结为代数形式的问题，提出了利用代数方法将方程表示为曲线的思想，进而建立了利用代数方程来表示几何曲线的更一般的方法。

与笛卡儿一起分享创立解析几何殊荣的还有法国业余数学家费马（1601—1665）。早在 1629 年以前，费马便着手重写公元前 3 世纪古希腊几何学家阿波罗尼奥斯失传的《平面轨迹》一书。他用代数方法对阿波罗尼奥斯关于轨迹的一些失传的证明作了补充，对古希腊几何学，尤其是阿波罗尼奥斯圆锥曲线论进行了总结和整理，对曲线做了一般研究。并于 1630 年用拉丁文撰写了仅有 8 页的论文《平面与立体轨迹引论》。他指出："两个未知量决定的一个方程式，对应着一条轨迹，可以描绘出一条直线或曲线。"费马还对一般直线和圆的方程，以及关于双曲线、椭圆、抛物线进行了讨论。

费马的发现比笛卡儿发现解析几何的基本原理还早七年，但是费马为人谦逊，淡泊名利，勤于思，慎于言，在世时没有一部完整的著作问世。他的工作大都在书页上、笔记中，以及与朋友交流的信件中。他的著作直到他去世 14 年后才由他的长子整理出版，因而 1679 年以前，很少有人了解到费马的工作，而现在看来，费马的工作的确是开创性的。

费马的工作主要体现在引进坐标，系统地研究曲线的方程，通过坐标的平移和旋转化简方程，并且在 1643 年，费马在一封信中，曾简短地描述了三维解析几何的思想。费马在 x 轴和 y 轴的基础上添加了第三个轴 z 轴，这样就可以在三维空间中绘制点了。费马是最早把解析几何推广到三维空间的人，他的研究涉及柱面、椭球面、抛物面、双叶双曲面等空间解析几何范畴。

三、极坐标系

笛卡儿和费马建立的坐标系并不是唯一的坐标系，牛顿在此基础上又建立了极坐标系。有些图形用极坐标表现会更简单，如阿基米德螺线、悬链线、心脏线、三叶或四叶玫瑰线等。

极坐标系如图 5.4.3 所示，在平面上取一个定点 O 作为极点，从 O 出发引一条射线 Ox 作为极轴，选

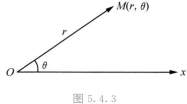

图 5.4.3

定极轴的正方向，规定单位长度。该平面上某点与极点连成的线段称为极径，其长度一般用 r 或 ρ 表示。极径与极轴的夹角称为极角（规定逆时针方向为正），用 θ 表示，θ 的值通常表示成弧度。这样，当限制 $r \geqslant 0$，$0 \leqslant \theta < 2\pi$ 时，平面上任一点 M 的位置就可以用唯一一对有序实数对（r，θ）来表示，M（r，θ）就是这个点的极坐标。

关于极坐标系下的心形曲线还有一个美丽的传说。相传在 1649 年的斯德哥尔摩街头，53 岁的笛卡儿邂逅了 18 岁的瑞典公主克里斯蒂娜，那时落魄、一文不名的笛卡儿，过着乞讨的生活，全部财产只是身上穿的破烂的衣服和随身所带的几本数学书籍，生性清高的笛卡儿从来不开口请求路人施舍，他只是默默的低头在纸上写写画画，潜心于自己的数学世界。

一个宁静的午后，笛卡儿照例坐在街头，沐浴在阳光中，研究数学问题，突然有人来到他身旁，拍了拍他的肩膀，说："你在干什么呢？"笛卡儿扭过头，看到了一张年轻秀丽的脸庞，一双清澈的眼睛如湛蓝的湖水，长长的睫毛一眨一眨地期待着他的回应。她就是瑞典的小公主，国王最宠爱的女儿克里斯蒂娜。她蹲下身子拿过笛卡儿的数学书和草稿纸，和他交谈起来。言谈中，笛卡儿发现这个小女孩思维敏捷，对数学有着浓厚的兴趣。和女孩道别后，笛卡儿渐渐忘却了这件事，依旧每天坐在街头写写画画，几天后，他意外的接到通知，国王聘请他做小公主的数学老师。当他来到皇宫后，发现公主就是前几天在街头偶遇的女孩，从此他当上了公主的数学老师。

公主的数学在笛卡儿的悉心指导下，突飞猛进，他们之间也开始变得亲密起来。在笛卡儿的引导下，克里斯蒂娜走进了奇妙的坐标世界，她对曲线着了迷。每天的形影不离，他们彼此产生了爱慕之心。在瑞典这个充满浪漫的国度里，一段纯粹的美好的爱情，悄然萌发。然而没过多久，他们的恋情传到了国王的耳朵里，国王大怒，下令马上将笛卡儿处死。在克里斯蒂娜的苦苦哀求下，国王将笛卡儿驱逐回国，公主则被软禁在皇宫之中。

当时欧洲大陆正在流行黑死病，身体孱弱的笛卡儿回到法国后不久便染上了重病。在生命进入倒计时的那段日子，他日夜思念着克里斯蒂娜，他每天坚持给她写信，盼望着她的回信。然而，这些信都被国王拦截下来了，公主一直没有收到他的任何消息。在笛卡儿给克里斯蒂娜寄出第 13 封信后，他就永远地离开了这个世界，此时被软禁在宫中的小公主依然思念着远方的情人。

笛卡儿在最后一封信上只写了一个方程 $\rho = a(1 - \sin\theta)$，没写一句话。当国王拿到这封信时，以为这个方程里隐藏着两人不可告人的秘密，便把全城的数学家召集到皇宫，但是没有人能解开这个函数式。他不忍心看到心爱的女儿每天闷闷不乐，就把这封信给了她，拿到信的克里斯蒂娜欣喜若狂，他立即明白了恋人的意图，拿来纸和笔把方程图形画了出来。

一颗心形图案出现在眼前，这条曲线就是著名的心形线（图 5.4.4）。克里斯蒂娜明白了，笛卡儿是把自己的心全部给了她，她流下了感动的泪水。不久国王去世了，克里斯蒂娜继承王位，登基后，她便立刻派人去法国寻找心上人的下落，收到的却是笛卡儿去世的消息，留下了一个永远的遗憾。这封享誉世界的另类情书，据说至今还保存在欧洲笛卡儿的纪念馆里。

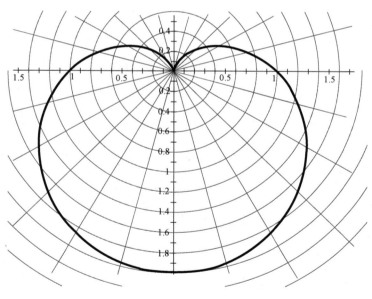

图 5.4.4

当然，这是一个不实的传说。实际上是瑞典女王克里斯蒂娜对笛卡儿的思想特别崇拜，邀请笛卡儿到她位于斯德哥尔摩的宫廷，想让笛卡儿面对面地教授她数学和哲学。1646 年 10 月笛卡儿抵达斯德哥尔摩，克里斯蒂娜女王当时只有 23 岁，比笛卡儿年轻很多，身体也更健康，工作繁忙的她坚持每天早上 5 点在冰冷的图书馆接受笛卡儿的教学。而这一安排对喜欢温暖与赖床思考问题的笛卡儿来说简直糟糕透顶。尽管如此,他还是尽其所能地去按照女王的旨意行事。然而,在斯德哥尔摩待了几个月后,他不幸感染了肺炎,于 1650 年阴冷的 2 月离世。笛卡儿的真正死因是天气寒冷加上过度操劳患上的肺炎,而不是黑死病。同样地,现在也没有任何证据证明"心形曲线"是由笛卡儿发明的。首次提出"心形曲线"的是位意大利数学家,那时是 1741 年,笛卡儿去世已经近一个世纪。再就是心形曲线使用的并不是直角坐标系,而是极坐标系,这个坐标系到了后来的牛顿时代才开始被科学界熟知。

第一个用极坐标来确定平面上点的位置的是牛顿。他的《流数法与无穷级数》,大约于 1671 年写成,出版于 1736 年。此书包括解析几何的许多应用,还引进了新的坐标系——极坐标系。由于牛顿的这个工作直到 1736 年才为人所知,而瑞士数学家雅各布·伯努利(1654—1705)于 1691 年出版的《博学通报》一书中正式使用极坐标,并通过极坐标系对曲线的曲率半径进行了研究。所以通常认为雅各布·伯努利是极坐标的发现者。

1729 年法国数学家雅各布·赫尔曼(1678—1733)把极坐标的概念进一步完善,他不仅正式宣布了极坐标的普遍可用,而且自由地应用极坐标去研究曲线,并给出了直角坐标和极坐标的变换公式。欧拉则扩充了极坐标的使用范围,而且明确地使用三角函数的记号。在解析几何的发展过程中,由于引进了极坐标的概念,使得对曲线的认识更加深刻。

解析几何的出现,改变了自古希腊以来代数和几何分离的趋向。笛卡儿用运动的观点,把曲线看成点的运动的轨迹,不仅建立了点与实数的对应关系,而且把"形"(包括点、线、面)和"数"两个对立的对象统一起来,建立了曲线和方程的对应关系。这种对应关系的建立,不仅标志着函数概念的萌芽,而且表明变数进入了数学,使数学在思想方法上发生了伟大的转折——由常量数学进入变量数学的时期。关于这一重大科学发现,恩格斯作了高度评价:"数学中的转折点是笛卡儿的变量,有了它,运动进入了数学,因而辩证法进入了数学,因而微分和积分的运算也就立刻成为必要的了。"解析几何的创立是数学史上的一次划时代的转折,这一伟大成就为后来牛顿、莱布尼茨发现微积分,为一大批数学家的新发现开辟了道路。

第五节
微积分——一场科技革命

微积分——一场科技革命 PPT

在一切理论成就中，未必再有什么像 17 世纪下半叶微积分的发现那样被看作人类精神的最高胜利了，如果在某个地方我们看到人类精神的纯粹的和唯一的功绩，那正是在这里。

——恩格斯

微积分是近代数学最伟大的成就，对它的重要性无论做怎样的估计都不过分。

——冯·诺依曼

微积分发展时间线	
公元前 4 世纪	希腊数学家欧多克索斯使用了"穷竭法"，这是一种早期的微积分形式
公元前 3 世纪	阿基米德利用"逼近法"算出球面积、球体积、抛物线、椭圆面积，他的《方法论》中的思想已经"十分接近现代微积分"
1615 年	开普勒的著作《酒桶的新立体几何》中包含用无穷小元素求面积和求体积的许多问题
1635 年	卡瓦列里发表《不可分素几何学》，不可分素量与现代微积分中的微元很相似
1637 年	费马完成了他的手稿《求最大值与最小值的方法》，通过"作曲线的切线"和"求函数极值"的方法，第一次发现了"导数"，被称为微积分的先驱
1669 年	巴罗在《光学和几何学讲义》中把作曲线的切线与曲线的求积联系起来，已经非常接近微积分基本定理了
17 世纪 60 年代	牛顿提出了"流数术"——这是牛顿的微积分
17 世纪 70 年代	莱布尼茨提出了他的微积分，这成为我们现在仍在使用的微积分

　　微积分的诞生是继欧氏几何建立之后，数学发展的又一个里程碑式的伟大创造。微

积分诞生之前，人类基本上还处在农耕文明时期。解析几何的诞生是新时代到来的序曲，但还不是新时代的开端。它对旧数学作了总结，使代数与几何融为一体，并引发出变量的概念。变量，这是一个全新的概念，它为研究运动提供了基础。由于变量的产生和运用的加深，也由于科学技术发展的需要，一门新的数学分支诞生了，这就是微积分。

不管是在数学中还是在科学中，微积分很可能都是最重要的工具，它的任务是处理变化的事物。微积分包括微分学和积分学。微分学研究的是变化率，它能使数学家分析一个量随时间的变化率，如物体在重力作用下的加速度。积分学涉及无穷小量的求和，如计算涉及曲线的图形的面积等。

一、微积分前期史

1. 积分学的早期史

积分学的起源可以追溯到古希腊时代，古希腊的欧多克索斯（约前400—前347）是在柏拉图学园学习的著名数学家，他建立了严谨的穷竭法，这是一种早期用来计算圆的面积的微积分方法。它就是通过画一系列多边形来确定圆的面积的方法，多边形的边数越多，多边形面积就越接近圆的面积。欧多克索斯的穷竭法可以看作微积分的第一步，但他没有明确地用极限概念，也回避了"无穷小"概念。

古希腊数学家阿基米德（前287—前212）对穷竭法作了最巧妙的应用，他利用"逼近法"算出球面积、球体积、抛物线、椭圆面积。阿基米德的数学思想中蕴含微积分，阿基米德的《方法论》已经"十分接近现代微积分"。这里有对数学上"无穷"的超前研究，他所缺的是没有极限概念，但其思想实质却延伸到17世纪趋于成熟的无穷小分析领域里去，预告了微积分的诞生。

第一个试图阐明阿基米德方法，并将他的方法给予推广的是德国天文学家和数学家约翰尼斯·开普勒（1571—1630），开普勒在1615年写了一本书，名为《酒桶的新立体几何》，书中包含用无穷小元素求面积和求体积的许多问题，其中有87种新的旋转体的体积。

开普勒的工作的直接继承者是意大利数学家B.卡瓦列里（1598—1647），积分学先驱者之一。他对数学的最大贡献是 1635 年发表的关于不可分素法的专论，名为《不可分素几何学》。卡瓦列里说："要决定平面图形的大小可以用一系列平行线，我们设想在这些图形上画了无穷多平行线。"他以同样的方式处理了立体，只是那里不是直线，而是平面。这些直线或（平面）就是不可分素，这与现代微积分中的微元法很相似。

卡瓦列里将这些结论加以整理，得到了卡瓦列里原理。

卡瓦列里原理 1：有两个平面片处于两条平行线之间，在这两个平面片内作任意平行于这两条平行线的直线，如果它们被平面片所截得的线段长度相等，则这两个平面片的面积相等。（图 5.5.1）

卡瓦列里原理 2：有两个立体处于两个平行平面之间，在这两个平行平面之间作任意平行于这两个平面的平面，如果它们被立体所截得的面积相等，则这两个立体的体积相等。（图 5.5.2）

卡瓦列里原理是计算面积和体积的有用工具，它的基础很容易用现代的微积分严格化。承认这两个原理我们就能解决许多求积问题。

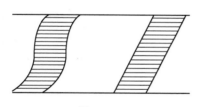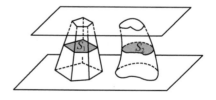

图 5.5.1　　　　　　　　　　　　　　　图 5.5.2

中国古代数学家对微积分的贡献很少为世人所知，但是中国古代数学家对微积分的确做出了重大贡献。我国数学家刘徽对积分学的贡献主要是"割圆术"和求体积的方法；祖冲之的儿子祖暅在推导"牟合方盖"体积的过程中，提出了"幂势既同，则积不容异"，即祖暅原理，就是若两立体在等高处具有相同的截面面积，则这两立体的体积相等，这就是卡瓦列里原理，但是比卡瓦列里早了一千多年。

2. 微分学的早期史

有趣的是，积分学的起源可追溯至古希腊时代，但直到 17 世纪微分学才出现重大突破。积分学的早期发展史纵跨了两千年的时间，相对来说，微分学的历史就短得多。原因是积分学研究的问题是"静"态的，而微分学则是"动"态的，它涉及运动，在生产力还没有发展到一定阶段的时候，微分学是不会产生的。

曲线的切线问题和函数的极大、极小值问题是微分学的基本问题，正是这两个问题的研究促进了微分学的诞生。在这两个问题上法国数学家费马（1601—1665）做出了重要贡献，被称为微积分学的先驱。费马处理这两个问题的方法是一致的，用现代语言来说就是先取增量，然后让增量趋向于零，而这正是微分学的实质所在。

1629 年，费马研究了作曲线的切线和求函数极值的方法。1637 年，费马完成了他的手稿《求最大值与最小值的方法》，通过"作曲线的切线"和"求函数极值"的方法，第一次发现了"导数"。他还通过切线与 x 轴平行的时刻，即导数为零的时刻，研究了极大值和极小值，即曲线的最高点和最低点。

3. 巴罗的贡献

最接近微积分的发明的是伊萨克·巴罗（1630—1677），巴罗是英国著名的数学家，在物理、数学、天文和神学方面都有造诣。1663 年，他被选为英国皇家学会会员，1664 年担任剑桥大学首届"卢卡斯教授"，1673 年被任命为剑桥大学三一学院院长。

巴罗是牛顿的老师，并且是第一个发现并赏识牛顿才能的人。牛顿对数学和光学的研究，受助于巴罗的地方甚多，尤其是巴罗的"几何讲座"和"微分三角形"的深刻思想给予牛顿极大的影响。而牛顿对待科学的严肃态度和锲而不舍的精神以及他那敏锐的洞察力深受巴罗的赞赏。为了更好地培养牛顿，他选定牛顿作为他的助手，协助他编写讲义，这为牛顿后来的发展打下了重要基础。1669 年，当他看到牛顿在数学、光学和力学上都有重大创见时，就坦然宣称牛顿的学识已经超过了自己，并把"卢卡斯教授"的职位让给年仅 26 岁的牛顿。"巴罗让贤"成为科学史上的一段感人佳话，一直为人们所称颂。现在英国剑桥大学三一学院牛顿雕像之北，矗立着巴罗雕像，为后世所敬仰。

巴罗最重要的著作是 1669 年写的《光学和几何学讲义》，在这本书的第十讲和第十一讲把作曲线的切线与曲线的求积联系了起来。也就是说，他把微分学和积分学的两个基本问题以几何对比形式联系了起来。巴罗的确已经走到了微积分基本定理的大门口，但在巴罗的书中，这两个定理相隔二十余个别的定理，也没有把它们对照起来，并且几乎没有使用过它们。这说明巴罗并没有从一般概念的意义下理解它们。但是我们知道，只有一般概念才能阐明问题的本质，才能开拓广阔的应用道路，显然，巴罗离微积分的创立仅有一步之遥。

巴罗在微分学和积分学中间搭起了一座桥梁，这样一来，这门新学科的基础已经具备。但是当时像现在这样的微积分还没有，正如后来莱布尼茨确切表达的："在这样的科学成就之后，所缺少的只是引出问题的迷宫的一条线，即依照代数样式的解析计算法。"

4. 微积分诞生

17 世纪是从中世纪向新时代过渡的时期。这一时期，科学技术获得了巨大的发展。精密科学从当时的生产与社会生活中获得巨大动力，航海学引起了对天文学及光学的高度兴趣，造船学、机器制造与建筑、堤坝及运河的修建、弹道学及一般的军事问题等促进了力学的发展。在这些学科的发展和实际生产中，迫切需要处理下面四类问题。

（1）已知物体运动的路程和时间的关系，求物体在任意时刻的速度和加速度。反过来，已知物体的加速度与速度，求物体在任意时刻的速度与经过的路程。计算平均速度可用运动的路程除以运动的时间，但对于瞬时速度，运动的距离和时间都是 0，这就碰到了 0/0 的问题。人类第一次碰到这样的问题 。

（2）求曲线的切线。这是一个纯几何的问题，但对于科学应用具有重大意义。例如，在光学中，透镜的设计就用到曲线的切线和法线的知识。在运动学中，也遇到曲线的切线问题，运动物体在它的轨迹上任一点处的运动方向，是轨迹的切线方向。

（3）求函数的最大值和最小值问题。在弹道学中，这涉及炮弹的射程问题；在天文学中，涉及行星和太阳的最近和最远距离。

（4）求积问题。求曲线的弧长，曲线所围区域的面积，曲面所围的体积，物体的重心等，这些问题在古希腊时期就已经开始研究，但他们的方法缺乏一般性。

正是科学和生产中面临的这些重要问题，促进了微积分的诞生与发展。在微积分诞生和发展时期，一大批伟大的数学家做出了杰出的贡献。17 世纪下半叶，终于由牛顿和莱布尼茨综合发展了前人的工作，几乎同时建立了微积分。正如恩格斯在《自然辩证法》中指出的：微积分是"由牛顿和莱布尼茨大体上完成的，但不是由他们发明的"。这也说明了科学工作的另一个极重要的方面，即科学的集体合作性。著名物理学家卢瑟福说："任何个人要想突然做出惊人的发现，这是不符合事物发展规律的。科学是一步一个脚印地向前发展的，每个人都要依赖前人的工作。当你听说一个突然的、意想不到的发现，仿佛晴天霹雳时，你永远可以确信，它总是由一个人对另一个人的影响所导致的，正是有这种相互影响才使科学的进展存在着巨大的可能性。科学家并不依赖于某一个人的思想，而是依赖于千百万人的集体智慧，千百万人思考着同一个问题，每一个人尽他自己的一份力量，知识的大厦就是这样建造起来的。"

微积分学的创立，极大地推动了数学的发展，过去很多用初等数学无法解决的问题，运用微积分，这些问题往往迎刃而解，显示出微积分学的非凡威力。

二、科学的巨人——牛顿

艾萨克·牛顿（1643—1727）是英国伟大的物理学家、数学家、天文学家（图 5.5.3）。牛顿 1643 年 1 月 4 日出生于英格兰东部小镇乌尔斯索普一个自耕农家庭，在牛顿出生前不久他的父亲就离开了人世。牛顿自小瘦弱，孤僻而倔强。3 岁时母亲改嫁，由外祖母抚养。在不幸的家庭生活中，牛顿小学时成绩较差，对功课也不感兴趣。12 岁时，他由农村小学转到格朗达姆镇学校，在班上被同学瞧不起，而且常常受欺负。有一次班上的一个大个子又欺负他，牛顿终于忍无可忍，奋起反

图 5.5.3

抗，竟然把对方打败了。从此，他发奋读书，成绩逐渐上升到全班第一。14 岁那年，他继父病故，母亲把他接回家，想把他培养成一个农民，但事实表明，牛顿并不适合做这方面的事情。他宁愿读书做一些木制模型。他曾经亲手做过一个以老鼠为动力的磨面粉的磨和一个用水推动的木钟，就是不愿意干农活。幸运的是，他母亲最终放弃了这种尝试，并让他回到中学去学习。

1661 年 6 月，18 岁的牛顿考进了剑桥大学的三一学院，1665 年获得剑桥大学学士学位，毕业后留校做研究工作。在此期间，牛顿开始把注意力放在数学上，他钻研了笛卡儿的《几何学》和沃利斯的《无穷算术》，奠定了坚实的数学基础。他从读数学到研究数学，23 岁时就发现了二项式定理的推广形式，并且创造了流数术，也就是我们现在所说的求导数的方法。

1666 年 6 月，由于凶猛的鼠疫横行，剑桥大学被迫停课，牛顿回到了乌尔斯索普家乡，住了将近两年，这短暂的时光成为牛顿科学生涯中的黄金岁月。他的三大成就：微积分、万有引力、光学分析的思想就是在这时孕育成形的。可以说，此时的牛顿已经开始着手描绘他一生大多数科学创造的蓝图。

1666 年 10 月他写出了世界上第一篇微积分论文《流数简论》，标志着这一学科的诞生。这篇论文虽然当时没有发表，但是他的思想被许多数学家了解到了，这对微积分的发展产生了重大影响。

1667 年，牛顿回到剑桥，1668 年获得硕士学位，1669 年他继承了巴罗的教授职位。从这年开始他成为全剑桥大学公认的大数学家，还被选为三一学院管理委员会成员。

牛顿在 1669 年写成了《运用无穷多项方程的分析学》（1711 年发表），又于 1671 年写成《流数术和无穷级数》（1736 年发表）。这两篇论文同《流数简论》一起奠定了微积分的理论基础。牛顿没有把他的发现叫作微积分，他把它叫作"流数术"。他设想一个粒子沿着坐标线移动并形成一条曲线，曲线上的点的 x 坐标和 y 坐标的变化被称为流动量。利用流数术，牛顿计算出了曲线上的点的切线斜率。

1685 年，他开始撰写《自然哲学的数学原理》，在哲学上深信物质、运动、空间和时间的客观存在性。他坚持用观察和实验的方法发现自然界的规律，并力求用数学定量方法表述的定律说明自然现象，其科学研究方法支配后世近 300 年的物理学研究。1687 年，牛顿发表了划时代的科学巨著《自然哲学的数学原理》。著名的牛顿力学三定律、万有引力及牛顿的微积分成果都载于此书，这些成果成为人类科学史上一个光彩夺目的里程碑。

1693 年，牛顿写成他的最后一部微积分专著《曲线求积术》，这也是牛顿最成熟的微积分专著。1696 年，牛顿在他所著的小册子《运用无穷多项方程的分析学》中不仅给出了求变化率的普遍方法，而且还证明了微积分基本定理。

牛顿在剑桥大学从事教学和科研工作，长达三十年之久，他的渊博学识和辉煌的科学成就，都是在剑桥大学取得的。这三十年是他刻苦钻研的三十年，为了科学研究，他的绝大部分时间都是在实验室里度过的。有时为了检验一个设想，他呕心沥血、通宵达旦，直到有了结果才罢休。由于他在科学上的伟大成就，1672 年牛顿当选为英国伦敦皇家学会会员，1705 年英国女王授予他爵士称号。

牛顿是人类历史上最伟大的数学家之一。像莱布尼茨这样做出了杰出贡献的人也评价道："在从世界开始到牛顿生活的年代的全部数学中，牛顿的工作超过了一半。"拉格朗日称他是历史上最有才能的人，也是最幸运的人，因为宇宙体系只能被发现一次。英国著名诗人波普是这样来描述这位伟大的科学家的：

> 自然和自然的规律，
>
> 沉浸在一片混沌之中，
>
> 生出牛顿，
>
> 一切都变得明朗。

但是，牛顿本人却很谦虚。他说："我不知道世间把我看成什么人，但是对我来说，就像一个在海边玩耍的小孩，有时为找到一块比较平滑的卵石或格外漂亮的贝壳而感到高兴，而在我前面是未被发现的真理的大海。"他很尊重前人的成果，他说："如果我比别人看得更远些，那是因为我站在巨人的肩膀上。"

三、百科全书式的人物——莱布尼茨

戈特弗里德·威廉·莱布尼茨（1646—1716）（图 5.5.4），德国数学家、哲学家，和牛顿同为微积分的创建人。

莱布尼茨 1646 年 7 月 1 日生于莱比锡，出身书香门第，父亲是莱比锡大学的哲学教授，耳濡目染，使莱布尼茨从小就十分好学。莱布尼茨 6 岁时，父亲便去世了，留给他的是十分丰厚的藏书，这为他早年的博学多识创造了良好的条件。

1661 年 15 岁的莱布尼茨进入莱比锡大学学习哲学、法律等，在答辩了关于逻辑的论文之后，获得了哲学学士学位。

图 5.5.4

1666 年他写了论文《论组合的艺术》，这就完成了他在阿尔特道夫大学的博士论文，并使他获得教授席位。1672 年，莱布尼茨作为外交官出使巴黎结识了许多科学家，包括从荷兰去的惠更斯。在惠更斯等人的影响下，他对自然科学，特别是数学产生了浓厚的兴趣，真正开始了他的学术生涯。1673年年初，他又出使伦敦，结识了胡克、波义耳等著名学者，3月回到巴黎，4月即被推荐为英国皇家学会的外籍会员。

莱布尼茨滞留巴黎的4年时间，是他在数学方面发明创造的黄金时代。在这期间，他研究了费马、帕斯卡、笛卡儿和巴罗等人的数学著作，写了大约100页的数学笔记。这些笔记虽不系统，且没有公开发表，但其中却包含着莱布尼茨的微积分思想、方法和符号，是他发明微积分的标志。

莱布尼茨终生奋斗的主要目标是寻求一种可以获得知识和创造发明的普遍方法，这种努力导致许多数学的发现，最突出的就是微积分学。1684年莱布尼茨在《博学学报》杂志上发表了他的第一篇微分学文章《一种求极大值与极小值和切线的新方法，它也适用于分式和无理量，以及这种新方法的奇妙类型的计算》，这是世界上最早的微积分文献，比牛顿的《自然哲学的数学原理》早3年，这篇论文虽仅有6页，内容并不丰富，说理也颇含混，但却有着划时代的意义，它包含有现代微分符号和基本微分法则。

莱布尼茨的符号具有独到之处，他不但为我们提供了今天正在使用的一套非常灵巧的微分学符号（如 dx，dy），而且还在1675年引入了现代积分符号 $\int$，用拉丁字 Summa（求和）的首字母 S 拉长得到的。莱布尼茨是数学史上最伟大的符号学者，堪称"符号大师"。他在创造微积分的过程中，花了很多时间去选择精巧的符号。他认识到，好的符号可以精确、深刻地表达概念、方法和逻辑关系。他说："要发明就得挑选恰当的符号，要做到这一点，就要用含义简明的少量符号来表达或比较忠实地描绘事物的内在的本质，从而最大限度地减少人的思维劳动。"现在微积分学的基本符号基本上都是莱布尼茨创造的，这些优越的符号为以后分析学的发展带来了极大的方便。

莱布尼茨关于积分学的第一篇论文《论一种深刻的几何学与不可分元分析》，1686年发表在同一刊物《博学学报》上，文中的积分号 $\int$ 是在出版物中首次出现。他得到的积分法有：变量替换法、分部积分法、利用部分分式求有理式的积分法等。

除了数学外，莱布尼茨的研究还涉及逻辑学、力学、地质学、法学、物理学、生物学、历史学、哲学、语言学、神学等诸多领域，并做出了卓越贡献，因而，他被誉为"百科全书式"的人物。

四、牛顿与莱布尼茨微积分工作的比较

在创立微积分方面，莱布尼茨与牛顿功绩相当，若将这两位数学家在微积分学领域中的卓越贡献概括起来，其主要贡献应该是：总结出处理各种关系问题的一般方法，认识到求积问题与切线问题是互逆的，揭示出微分学与积分学之间的本质联系，从而提出微积分学的基本定理。有充分证据判明，这两位数学家的工作是相互独立的，他们两人在微积分领域的工作，可称得上是相辅相成，珠联璧合。

比较二人的工作，其共同点是：

（1）他们各自独立地发现了微积分基本定理，并建立起一套有效的微分和积分算法；

（2）他们都把微积分作为一种适用于一般函数的普遍方法；

（3）他们都把微积分从几何形式中解脱出来，采用了代数方法和记号，从而扩展了它的应用范围；

（4）他们都是把面积、体积及以前作为"和"来处理的问题归结到微积分。

这样四个主要问题——速度、切线、极值、求和便全部归结为微分和积分。另外，二人的微积分基础也是一样的，都是无穷小量；都把瞬时变化率看作两个无穷小量之商，而曲线下的面积则被看作一组面积为无穷小的矩形之和。

然而，他们二人的工作也存在差异，主要表现在以下几方面。

（1）研究的方法论角度不同。牛顿作为物理学家，往往致力于能推广为一般方法的具体结果。莱布尼茨作为哲学家，则更多地关心能应用于特殊问题的一般方法。

（2）理论基础不同。牛顿以连续运动为出发点，因而具有比较明显的极限概念。莱布尼茨则以离散的无穷小为出发点，因而极限概念不甚鲜明。

（3）研究的侧重点不同。就微分学而言，牛顿以研究变量的各自独立的流数，以变化率即导数的概念作为他的学说的核心。莱布尼茨则以微分为基本点，把独立的微分 $\mathrm{d}x$ 和 $\mathrm{d}y$ 作为基本概念，并以微分法为中心内容，面积与体积被设想成无穷多个微分之和。就积分学而言，牛顿强调变化率问题的反问题即不定积分，而莱布尼茨强调微分的

无穷和即定积分。

（4）表达的方式不同。牛顿把无穷级数看成微积分学不可缺少的工具，而莱布尼茨更多地倾向于求有限形式的解，以实现微积分的解析式。莱布尼茨创建了巧妙的符号系统，建立微积分的方式法则体系。牛顿似乎对此兴趣不大，他不注重发现法则，而是把主要精力放在完善学说和扩大应用上。

最后，就创造与发表的年代看，牛顿创造微积分基本原理比莱布尼茨更早。牛顿奠基于 1665—1667 年，而莱布尼茨则是 1672—1676 年，但莱布尼茨比牛顿先于发表，故发明微积分的荣誉应属于他们二人。

五、微积分的地位

微积分的发现是数学上的一项重大突破，是一场科技革命。在微积分诞生之后的 18 世纪，数学迎来了一次空前的繁荣，人们将这个时代称为数学史上的英雄世纪。这个时期的数学家们的主要工作就是把微积分应用于天文学、力学、光学、热学等各个领域，并获得了丰硕的成果。

关于微积分的地位，恩格斯是这样评价的："在一切理论成就中，未必再有什么像 17 世纪下半叶微积分的发现那样被看作人类精神的最高胜利了，如果在某个地方我们看到人类精神的纯粹的和唯一的功绩，那正是在这里。"

我们看到微积分的发明远非一二人的工作。它经历了一个漫长而曲折的思想潮流，从古代的哲学思辨和数学证明引导到 17 世纪的极其成功的富于启发性的方法。17 世纪最伟大的数学家们都参与了这项伟大的工程。他们当中有开普勒、笛卡儿、卡瓦列里、费马、帕斯卡、巴罗等，最终在牛顿和莱布尼茨手中集其大成，迸发出新方法和新观点的发明，使数学达到一个更高的水平。英国的伟大诗人雪莱曾经把人类思想史上伟大进步的形成比作雪崩的形成：

> 一片一片的雪花，
>
> 经过风暴的再三筛选，
>
> 积成巨大的雪团，

在阳光的激发下形成雪崩！

思想也是这样，

一点一滴地积累在人心中，

终于迸发出伟大的真理，

在万国引起响应！

第六章

数学传奇人物

●●第一节
●多产的数学大师欧拉

多产的数学大师欧拉 PPT

读读欧拉，他是我们大家的老师。

——拉普拉斯

虽然不允许我们看透自然界本质的秘密，从而认识现象的真实原因，但仍可能发生这样的情形：一定的虚构假设足以解释许多现象。

——欧拉

　　莱昂哈德·欧拉（1707—1783）（图 6.1.1）是瑞士数学家、自然科学家，18 世纪数学界最杰出的人物之一。他是复变函数论的先驱，变分法的奠基人，理论流体力学的创始人。美国著名的数学史学家克莱因说："没有一个人像他那样多产，像他那样巧妙地把握数学，也没有一个人能收集和利用代数、几何、分析的手段去产生那么多令人钦佩的成果。"

图 6.1.1

一、天才少年

　　欧拉 1707 年 4 月 15 日出生在瑞士的巴塞尔，父亲是一名乡村牧师，曾是数学家雅各布·伯努利的学生，欧拉的早期教育大多是从父亲那里开始的。

　　欧拉自小聪明，7 岁那年，父亲把他送到巴塞尔神学校去学习神学。由于涉嫌对上帝的怀疑，这在神学校是绝不允许的，于是欧拉被学校开除了。

　　欧拉回家后，一边读书，一边帮父亲放羊。父亲的羊逐渐增多，现在已经有 100 只了，原来的羊圈已经不够用了，父亲决定建造一个大的羊圈，想让每只羊有 6 平方米的占地面积。父亲设计了一个长 40 米，宽 15 米的矩形羊圈，刚好 600 平方米。父亲打好桩正准备动工时，却发现这个羊圈需要 110 米的篱笆，但现在他只有 100 米长的篱笆。正当父亲左右为难不知道该怎么办时，小欧拉对父亲说：“让我来试试。”他将 40 米长的篱笆改成 25 米，15 米宽的篱笆也改成 25 米，这时所用的篱笆正好 100 米长，面积反而比原计划多 25 平方米。父亲看到他的设计非常高兴，就请他的朋友巴赛尔大学的数学教授约翰·伯努利教他数学。

由于欧拉聪明好学，13 岁时便破格进入巴赛尔大学，成为瑞士最年轻的大学生。父亲希望欧拉继承他的事业，长大了当个牧师。欧拉虽然遵照父亲的意愿学习哲学和法律，但却对数学情有独钟。欧拉学习勤奋，显露出很高的才能，得到了伯努利教授的赏识。伯努利决定每周单独给他上一节数学课。在教授家里，欧拉很快同伯努利教授的两个儿子尼古拉·伯努利和丹尼尔·伯努利成了好朋友。这里特别说一下，伯努利家族是个数学家族，祖孙四代出了十位数学家。

17 岁时欧拉取得了硕士学位，这时他的父亲要求他继承自己的职业，把全部时间和精力用到神学研究上，而放弃几乎不可能赚到钱的数学。在这关键时刻，约翰·伯努利特地去欧拉家里劝说：“您知道我遇到过不少才华洋溢的青年，但是要和您的儿子相比，他们都相形见绌。假如我的眼力不错，他无疑是瑞士未来最了不起的数学家。为了数学，为了孩子，我请求您重新考虑您的决定。”终于父亲被打动了，欧拉从事了他心爱的数学工作，当上了约翰·伯努利的助手。

1726 年，巴黎科学院提出了一个找出船上的桅杆的最优放置方法的问题作为有奖竞赛，19 岁的欧拉参与此次竞赛得到了一个二等奖，这是他的第一项独立发明。一等奖被誉为“舰船建造学之父”的皮埃尔·布格所获得，不过欧拉随后在他一生中一共12 次赢得该奖项的一等奖。

二、走进数学

在丹尼尔·伯努利和尼古拉·伯努利的帮助下，1727 年欧拉成了圣彼得堡科学院的一员，从此他的科学工作就与圣彼得堡科学院没有分开过。1733 年，丹尼尔·伯努利离开圣彼得堡回到瑞士，26 岁的欧拉接替了他的位置，成为数学教授及圣彼得堡科学院数学部的领导人。

欧拉在圣彼得堡异常勤奋，成果迭出，著名的"哥尼斯堡七桥问题"就是这个时候解决的。"哥尼斯堡七桥"问题就是"能否不重复地一次走遍七座桥"，欧拉成功地解决了这一问题，并创立了数学的一个新的分支——图论。（见第二章第一节数学美）

应该说欧拉在俄国的这段经历并不是很愉快，虽然俄国政府一直很重视科学院的工作，但是俄国政治纷争不断，欧拉不得不低调行事，以免被卷入其中。欧拉出色的研究成果使他在欧洲科学界享有很高的声望。这期间，普鲁士国王腓特烈大帝标榜要扶植学术研究。他说："在欧洲最伟大的国王身边也应该有最伟大的数学家。"1741 年应腓特烈大帝的邀请，欧拉出任柏林科学院物理数学所所长。在柏林期间，欧拉写了几百篇论文，有趣的"三十六名军官问题"就是在这时解决的。

"三十六名军官问题"是腓特烈大帝在一次阅兵式上提出的一个要求，腓特烈计划挑选一支由 36 名军官组成的军官方队作为阅兵式的先导。普鲁士当时有六支部队，他要求从每支部队选派出六名不同级别的军官各一名，共 36 名，要求这 36 名军官排成六行六列的方阵，使得每一行每一列都有各部队各级别的代表。结果他们谁也没有排出来，只好请教大数学家欧拉。欧拉从最基本的四行四列方阵着手研究，他发现按照腓特烈的要求，4×4 方阵可以排出来，但是 6×6 方阵怎么也排不出来。

将"三十六名军官问题"中的军队数和军阶数推广到一般的 n 的情况，而相应的满足条件的方队被称为 n 阶欧拉方。欧拉曾猜测：对任何非负整数 t，$n = 4t + 2$ 阶欧拉方都不存在。当 $t = 1$ 时，这就是三十六名军官问题；而 $t = 2$ 时，$n = 10$。数学家们构造出了 10 阶欧拉方，这说明欧拉猜想不对。但直到 1960 年，数学家们才彻底解决了这个问题，证明了 $n = 4t + 2$（$t \geqslant 2$）阶欧拉方都是存在的。

在柏林的这段时间，欧拉并没有与圣彼得堡科学院彻底分开，科学院仍然付给欧拉一部分薪金，而欧拉也经常寄去自己的研究成果。欧拉 59 岁时，沙皇叶卡捷琳娜二世诚恳地聘请欧拉重回圣彼得堡。他接受了邀请，成为圣彼得堡科学院的院长，他一直在那里工作，直到去世。

三、双目失明

1735 年，欧拉解决了一个天文学的难题（计算彗星轨道）。这个问题曾经几个著名数学家几个月的努力才得到解决，而欧拉却用自己发明的方法，三天便完成了。然而过度的工作使他得了眼病，并且不幸右眼失明了，这时他才 28 岁。

1766 年，欧拉从柏林回到圣彼得堡不久，仅剩的一只左眼视力衰退，只能模糊地看到物体，最后完全失明。不幸的事情接踵而来，1771 年，圣彼得堡一场大火，殃及欧拉的住宅，带病而失明的 64 岁的欧拉被围困在大火中，是一位仆人冒着生命危险把欧拉从大火中背出来。欧拉虽然幸免于难，可他的藏书及大量研究成果都化为灰烬了。

拉格朗日、达朗贝尔等数学家听说这些事情后，在通信中对欧拉都表示了同情，然而欧拉并没有因此而垮下，他的铮铮誓言是："如果命运是块顽石，我就化作大铁锤，将它砸得粉碎！"他凭着惊人的记忆力和心算能力继续数学研究，而让他的大儿子记录下他的发现。在他失明的 17 年里仍然口述了几本书和 400 多篇论文。

欧拉具有超强的记忆力，他能完整背诵出几十年前的笔记内容，能背诵前 100 个质数的前六次幂，数学公式更是能背诵如流。欧拉的心算并不限于简单的运算，高等数学中的问题也一样能用心算完成。有一件事能够说明欧拉惊人的心算能力：一次，欧拉的两个学生在计算一个颇为复杂的收敛级数前 17 项的和时，在第 50 位有一个数不一样，为了确定究竟谁对，欧拉仅用心算就找出了其中的错误。

四、多产的数学大师

欧拉是数学史上最多产的大师，他计算复杂的运算毫不费力。法国物理学家、天文学家阿拉戈说："欧拉进行计算看起来毫不费劲儿，就像人进行呼吸，像鹰在风中盘旋一样。"这句话对欧拉那无与伦比的数学才能来说毫不夸张。他编写论文就像是做数学游戏一样，据说他的许多研究报告都是在第一次和第二次叫他吃饭的半小时内写出来的，由于他的论文写得实在太快，而写完之后又随手放在桌子上，以至于书稿拿去付印时，总是将后写的文章先发表，所以许多不知情的人看到欧拉好的结果总是先于较差的结果时经常感到莫名其妙。欧拉撰写长篇学术论文就像一个文思敏捷的作家给亲密的朋友写一封信那样容易。甚至在他生命最后 17 年间的完全失明也未能阻止他的多产，如果说视力的丧失有什么影响的话，那倒是提高了他在内心世界进行思维的想象力。

欧拉本人虽不是教师，但他对教学的影响超过任何人。他编写了大量的力学、分析学、几何学、变分法等的课本，《无穷小分析引论》《微分学原理》《积分学原理》等都成为数学界的经典著作。欧拉在这方面与其他数学家如高斯、牛顿等都不同，他们所写的书一是数量少，二是晦涩难懂，而欧拉的书则文字轻松易懂。他从来不压缩字句，总是津津有味地把他那丰富的思想和广泛的兴趣写得有声有色。在普及教育和科研中，欧拉意识到符号的简化和规则化既有助于学生的学习，又有助于数学的发展，所以创立了许多新的符号，如用 sin, cos 等表示三角函数，用 e 表示自然对数的底，用 $f(x)$ 表示函数，用 $\sum$ 表示求和，用 i 表示虚数等。

欧拉是 18 世纪的数学巨星，他的学识博大精深，不仅在数学方面，在天文、物理、航海、建筑、地质、医学、植物、化学、神学、哲学、伦理、语言等方面都有不凡的工作成果。欧拉给人类留下的遗产十分丰富，以欧拉名字命名的术语、概念、公式、定理非常之多，譬如：欧拉公式、欧拉定理、欧拉常数、欧拉函数、欧拉方程、欧拉变换、欧拉积分等。

欧拉从 19 岁开始写作，直到逝世，留下了浩如烟海的论文、著作。他平均每年写出 800 多页的论文，据不完全统计，他一生共发表 886 篇论文和著作。瑞士自然科学基金会组织编写《欧拉全集》，计划出 84 卷，每卷都是 4 开本（一张报纸大小）。如果按每本 300 页计算，欧拉从 19 岁开始每天得写 1 张半纸。然而这些只是遗存的作品，欧拉的手稿在 1771 年彼得堡大火中还丢失了一部分。欧拉曾说他的遗稿大概够圣彼得堡科学院用 20 年，但实际上在他去世后的第 80 年，圣彼得堡科学院院报还在发表他的论著。就科研成果方面来说，欧拉是数学史上或者说是自然科学史上首屈一指的。

五、停止计算

欧拉始终是个乐观和精力充沛的人，1783 年 9 月 18 日下午，欧拉为了庆祝他计算气球上升定律的成功，请朋友们吃饭。那时天王星刚发现不久，欧拉提笔写出计算天王星轨道的要领。晚餐后，欧拉一边喝着茶，一边和小孙女玩耍，突然疾病发作，烟斗从手中落下,他喃喃自语:"我要死了。"就这样,欧拉停止了呼吸,结束了他辉煌的一生。正如法国哲学家兼数学家孔多赛所说:"欧拉停止了计算也就停止了生命。"

欧拉一生四海为家,生在瑞士,工作在俄国和德国,这三个国家都把欧拉作为自己的数学家而感到骄傲。1976 年 11 月 5 日瑞士发行了一张 10 法郎的纸币(图 6.1.2)纪念欧拉。在欧拉诞辰 300 周年之际,2007 年瑞士发行了一枚带有欧拉头像的纪念邮票(图 6.1.3)。欧拉在俄国生活了 30 多年,他将先进的科学知识传入长期闭塞落后的俄罗斯,创立了俄罗斯第一个数学学派——欧拉学派,亲手将一大批俄罗斯青年引进了辉煌的数学殿堂。因此,在许多苏联和俄罗斯的书籍里,都亲切地称欧拉是"伟大的俄罗斯数学家"。为了纪念欧拉诞辰 250 周年,苏联于 1957 年发行了印有欧拉头像的邮票。文字内容为:欧拉,伟大的数学家和学者,诞辰 250 周年(图 6.1.4)。欧拉在德国 25 年,为了纪念曾经生活在德国的欧拉,德国曾于 1950 年、1957 年、1983 年发行了纪念邮票。图 6.1.5 是 1957 年德国发行的纪念欧拉的邮票。

图 6.1.2

图 6.1.3

图 6.1.4

图 6.1.5

第二节
数学王子高斯

数学王子高斯 PPT

如果别人思考数学的真理像我一样深入持久，他也会找到我的发现。

——高斯

给我最大快乐的，不是已懂得的知识，而是不断地学习；不是已有的东西，而是不断地获取；不是已达到的高度，而是继续不断地攀登。

——高斯

约翰·卡尔·弗里德里希·高斯（1777—1855）（图6.2.1），德国著名数学家、物理学家、天文学家、大地测量学家，近代数学奠基者之一。高斯被公认为是19世纪最伟大的数学家，他和阿基米德、牛顿、欧拉并列为世界四大数学家，并享有"数学王子"的美誉。

图 6.2.1

一、寒门也能出贵子

高斯是一对贫穷夫妇的唯一的儿子，1777年4月30日出生于德国的不伦瑞克。母亲是一个贫穷石匠的女儿，虽然十分聪明，但却没有接受过教育。在她成为高斯父亲的第二个妻子之前，她从事女佣工作。他的父亲曾做过园丁、砌砖工人。父亲对高斯要求极为严厉，甚至有些过分。父亲希望他将来继承他的职业以谋生，幸运的是，他有一位鼎力支持他成才的母亲。高斯一生下来，就对一切现象和事物十分好奇，而且决心弄个水落石出，这已经超出了一个孩子能被许可的范围。当丈夫为此训斥孩子时，她总是支持高斯，坚决反对顽固的丈夫想把儿子变得跟他一样无知。在成长过程中，幼年的高斯主要得力于他的母亲和舅舅。高斯的舅舅是位织绸缎的工人，他见多识广，心灵手巧，常给高斯讲各种见闻，鼓励高斯奋发向上，是高斯的启蒙教师。

高斯小时候就表现出很高的数学天赋。高斯3岁时，一天晚上父亲正在计算工人一周的工钱，他在一旁非常专心地看着爸爸算账，当父亲长舒一口气，准备结束他长长的计算时，小高斯却说："爸爸，算错了，总数应该是……" 父亲半信半疑，核对了他的账单，结果发现真是自己算错了，孩子的答数是对的。对于此事，高斯晚年时总是开玩笑："我在没有学会说话之前就已经会数数了。"

高斯7岁那年开始上学，10岁的时候，他进入了学习数学的班级，这是一个首次创办的班，孩子们在这之前都没有听说过算术这么一门课程。数学教师是布特纳，他是从城里到乡下来教书的。布特纳认为，乡下的穷孩子天生就是笨蛋，教这些孩子简直是大材小用，于是心情不好的他经常把怒气撒到学生身上。一天，他阴沉着脸走进教室，站在讲台上命令学生："今天你们给我计算 $1+2+3+\cdots+100$，求出总和，算不出来，就别想回家吃饭。"

当同学们开始埋头苦算的时候，小高斯拿着自己演算的小石板交给老师说："老师，我做完了，你看看对不对？"布特纳看都没看，就不耐烦地说："再算算！"小高斯站着不走，把小石板往前递了一下，说："我这个答数是对的。"布特纳扭头一看，吃了一惊，小石板上端端正正地写着5050，一点儿也没错！更使他惊讶的是，高斯没有用一个数一个数相加的方法，而是从两头相加，把加法变成乘法来做的：

$$1+2+3+\cdots+99+100=（1+100）+（2+99）+\cdots+（50+51）=101×50=5050$$

高斯的做法深深地震撼了布特纳，这种方法正是数学家们长期努力找到的等差数列的求和方法，高斯在没有任何人指导的情况下，自己能够在很短时间内独立地做出，这绝对不是一件寻常的事情。从此，布特纳认识到看不起穷人家孩子是错误的。高斯在布特纳的指导下，学习了高深的知识，布特纳还自己花钱为高斯买了最好的算术书，没用多长时间高斯就看完了。布特纳认为高斯已经超过了他，他没有办法再教给他更多的东西了。

二、得到公爵资助

布特纳要为高斯寻找更好的老师，幸运的是，布特纳的助手巴特尔斯是个非常喜欢数学的人，高斯很快和这个比他大 7 岁的年轻人成了形影不离的好朋友。两人一起学习，相互帮助。1791 年巴特尔斯把高斯推荐给了不伦瑞克的斐迪南公爵，公爵也想见识一下这位传说中的神童，就召见了 14 岁的高斯，而高斯也凭借自己的聪明才智，得到了公爵的赏识。公爵发现高斯的确是个难得的人才，决定出钱资助高斯继续读书。

第二年 15 岁的高斯进入了卡罗琳学院学习，公爵信守承诺支付了学费。事实上，公爵对高斯的资助远不止于此，他还提供高斯一些经济来源。

卡罗琳学院里的一切都吸引着高斯，在这里他学会了希腊文、拉丁文、法文，还有代数、几何与微积分等课程。此时的高斯对语言学与数学兴趣很浓，也因此，一个问题始终困扰着他：自己究竟从事语言学研究还是数学研究？

课余时间，高斯经常去钻研外文与数学，他研读了牛顿、拉格朗日、欧拉等大数学家的原著。两年后 17 岁的高斯证明了数论中的一个定理——二次互反律，这是一个包括欧拉在内的许多数学家都研究过的问题，但高斯是第一个给出了严格证明的。

17 岁的高斯还发现了质数分布定理和最小二乘法。通过对足够多的测量数据的处理后，可以得到一个新的、概率性质的测量结果。在这些基础之上，高斯随后专注于曲面与曲线的计算，并成功得到高斯钟形曲线（正态分布曲线）。其函数被命名为标准正态分布（或高斯分布），并在概率计算中大量使用。

1795 年 10 月，18 岁的高斯在费迪南公爵的推荐下进入了哥廷根大学，在这所作为世界数学中心的学校里，丰富的藏书和良好的学术氛围深深地影响了高斯。

1796 年的一天晚上，高斯照例做导师布置给他的数学题，和往常一样，他在两小时内就顺利完成了前两道题，但第三道题一时把他难住了。这个题目是：只用圆规和没有刻度的直尺画一个正十七边形。困难并没有把这个年轻人打倒，而是越发让他士气高昂："我一定要把它做出来！"天亮时，高斯终于做出了这个难题。当他把作业交给导师时，导师对高斯说："这个题目是我不小心夹到里面的，你解开了一个有两千多年历史的难题，阿基米德、牛顿都没有做出来，你居然只用一个晚上就解出来了！"

几何学中的"尺规作图"问题，一直吸引着数学家。从古希腊的欧几里得，到后来的许多著名学者，他们用圆规和直尺作出了许多正多边形，但是作不出正十七边形，许多人认为正十七边形无法用圆规和直尺作出来。但出人意料的是，19 岁的高斯用圆规和直尺把正十七边形作了出来。不但如此，他还给出了可以用尺规作图法作出的正多边形的一般规律。

这件事坚定了高斯走数学研究而不是文学研究的道路的决心，多年后高斯回忆此事时说："如果我知道这是一个千年未解的难题，我不可能在一个晚上就解决它。" 中国有句成语，叫"无知者无畏"，不知道问题的难度，头脑里没框框，往往能够做得更好。真正的学问大家，都有着一个共同的特点：不迷信权威，勇于质疑与探索，这就是成功的关键所在。

发明了正十七边形的尺规作图法，解决了两千多年来悬而未决的难题，高斯也将其视为生平得意之作，还交待要把正十七边形刻在他的墓碑上。但后来他的墓碑上并没有刻上十七边形，而是十七角星，因为负责刻碑的雕刻家认为，正十七边形和圆太像了，大家一定分辨不出来。

1799 年，高斯完成了他的博士论文《每一个单变量的有理整函数都能分解成一阶或二阶实因子的一个新证明》。这篇论文证明了代数学中的一个基本定理：每一个 n 次方程在复数范围内必有一个根。

在哥廷根大学毕业前夕，高斯花了三年时间完成了他的著作《算术研究》。1800 年高斯将手稿寄给法国科学院请求出版，但被拒绝。于是他的好心的资助人斐迪南公爵帮他出资印刷了此书，并给予他一笔津贴，使他可以继续他的科学研究。为了表达对公爵的感激之情，高斯在 1801 年出版的《算术研究》里，写下了这样一句话："您的仁慈，将我从所有烦恼中解放出来，使我能从事这种独特的研究。"

《算术研究》是高斯最伟大的专著，它是现代数论的重要内容。它的出版结束了 19 世纪以前数论的无系统状态，在这部书中，高斯对前人在数论中的一切杰出而又零星的成果给予系统地整理与推广。

三、研究领域拓展

就在高斯出版《算术研究》的同年，意大利天文学家波亚齐观测到一颗接近太阳的星体，波亚齐怀疑是一颗"没有尾巴的彗星"，41 天之后它就消失了。当时人们无法确信它是一颗彗星还是一颗行星,这个问题引起了天文学界乃至哲学界的争论。正当高斯在他的数学王国辛苦耕耘的时候,这个问题把他引入天文学的领域。

高斯经过研究,创造了只需三次观测数据,就能确定行星运行轨迹的方法。高斯根据波亚齐观测的有限数据,算出了这颗"没有尾巴的彗星"的运行轨道。天文学家按着高斯算出的方法一找,果然重新找到了这颗丢失了的星,并确定它不是"没有尾巴的彗星",而是人类发现的第一颗小行星,命名为"谷神星"。隔了不到半年,天文学家又发现了第二颗小行星——智神星。

1806年,斐迪南公爵在抵抗拿破仑统帅的法军时不幸在耶拿战役阵亡,这给高斯以沉重打击。他悲痛欲绝,长时间对法国人有一种深深的敌意。公爵的去世给高斯带来了经济上的拮据,因此高斯必须找一份合适的工作,以维持一家人的生计。由于高斯在天文学、数学方面的杰出工作,他的名声从1802年起就已开始传遍欧洲。圣彼得堡科学院不断暗示他,自从1783年莱昂哈德·欧拉去世后,欧拉在圣彼得堡科学院的位置一直在等待着像高斯这样的天才。

为了不使德国失去最伟大的天才,德国著名学者洪堡联合其他学者和政界人物,为高斯争取到了享有特权的哥廷根大学数学和天文学教授,以及哥廷根天文台台长的职位。1807年,高斯赴哥廷根就职,全家迁居于此。从这时起,除了一次到柏林去参加科学会议以外,他一直住在哥廷根。洪堡等人的努力,不仅使得高斯一家人有了舒适的生活环境,高斯本人可以充分发挥其天才,而且为哥廷根数学学派的创立、为德国成为世界科学中心和数学中心创造了条件。同时,这也标志着科学研究社会化的一个良好开端。

从谷神星被发现直到1820年左右,高斯的主要兴趣都在天文学方面。1820年,高斯开始了对汉诺威全境的地图测量工作,又对测地学、保角映射做了研究,主要成果出版在《关于曲面的一般研究》中。

1828年高斯认识了物理学家威廉·爱德华·韦伯,从此与韦伯进行了长期的合作,他也因此闯入了一个全新的领域:数学物理学、电磁学。1833年,通过受电磁影响的罗盘指针,他向韦伯发送出电报。这不仅是从韦伯的实验室与天文台之间的第一个电话电报系统，也是世界第一个电话电报系统。1840 年，他和韦伯画出了世界第一张地球磁场图，这些位置得到美国科学家的证实。从 1841 年直到 1855 年去世，高斯的主要精力又放在了拓扑学，以及与单复变函数相联系的几何学中。

四、治学严谨

高斯生前发表了 155 篇论文，这些论文都有很深远的影响。高斯治学作风严谨，他自己认为不是尽善尽美的论文，绝不拿出来发表。他的格言是："宁肯少些，但要好些。"人们所看到的高斯论文是简练、完美和精彩的。高斯说："瑰丽的大厦建成之后，应该拆除杂乱无章的脚手架。"

他的代表作《算术研究》也是经过多次加工润色才决定发表的，集合论的创始人康托尔评价《算术研究》时说："它是数论的宪章。高斯总是迟迟不肯发表他的著作，这给科学带来的好处是，他付印的著作在今天仍然像第一次出版时一样正确和重要，他的出版物就是法典。"高斯的《算术研究》能够得到如此高的评价，也是由于他对于每一个小的问题都要求十分完美，都花费了不少的精力。他曾指着《算术研究》第 633 页上一个问题动情地说："别人都说我是天才，别信他！你看这个问题只占短短几行，却使我整整花了 4 年时间。4 年来我几乎没有一个星期不在考虑它的符号问题。"

高斯在他发现正多边形作法的那天，即 1976 年 3 月 30 日，他开始写数学日记，用密码的形式记录下了许多伟大的数学成果。高斯的日记中涉及数学的各个分支，大部分问题都因为他认为其不完善而没有发表，这也引起了他与其他数学家的冲突。他经常对他的同事表示，该同事的结论已经被自己以前证明过了，只是因为基础理论的不完备而没有发表。批评者说他这样做是因为喜欢出风头。事实上，高斯把他的研究结果都记录下来了。但他治学严谨，淡泊名利，从未拿出自己的日记证明。他死后，他的 20 部记录着他的研究结果和想法的笔记才被发现，证明高斯所说的是事实。

贝尔曾经这样评论高斯："在高斯死后，人们才知道他早就预见一些 19 世纪的数学，而且在 1800 年之前已经期待它们的出现。如果他能把他所知道的一些东西泄漏，很可能比当今数学还要先进半个世纪或更多的时间。"

高斯于 1855 年 2 月 23 日在哥廷根天文台的住所去世，享年 78 岁。在他去世后不久，哥廷根地方的领主汉诺威王乔治五世为表彰他的丰功伟业，命令为高斯铸造一个纪念章。汉诺威著名的雕刻像和奖章制作者布雷·默尔做成了一枚 70 毫米的奖章。上面刻着："汉诺威王乔治五世献给数学王子"。自那以后，高斯便以"数学王子"著称。

如果我们把 18 世纪的数学家想象为一系列的高山峻岭，那么最后一个令人肃然起敬的巅峰就是高斯；如果把 19 世纪的数学家想象为一条条江河，那么其源头就是高斯。

●●第三节
●无冕之王希尔伯特

无冕之王希尔伯特 PPT

只要一门科学分支能提出大量的问题，它就充满着生命力，而问题缺乏则预示独立发展的终止或衰亡。

—— 希尔伯特

我们必须知道，我们必将知道。

—— 希尔伯特

大卫·希尔伯特（1862—1943）（图 6.3.1），德国著名数学家，20 世纪最伟大的数学家之一。他对数学的贡献是巨大的和多方面的，研究领域涉及代数不变式、代数数域、几何基础、变分法、积分方程、无穷维空间、物理学和数学基础等。他几乎走遍了现代数学所有前沿阵地，从而把他的思想深深地渗透进了整个现代数学。他在 1899 年出版的《几何基础》成为近代公理化方法的代表作，且由此推动形成了"数学公理化学派"，可以说希尔伯特是近代形式公理学派的创始人。

图 6.3.1

一、天生是个"笨小孩"

希尔伯特 1862 年 1 月 23 日出生于东普鲁士哥尼斯堡（现俄罗斯加里宁格勒），这座城市与数学的渊源颇深，图论中著名的"哥尼斯堡七桥问题"就源于此地。

希尔伯特出生于一个普通的乡村法官家庭。他的祖父和父亲都是法官，父亲给他的早期教诲，着重在于使他具有普鲁士的美德：准时、俭朴、讲信义；勤奋、遵纪和守法。父亲的这些教诲，一直是希尔伯特一生做人的准则。母亲则是一个有知识有教养的女性，她虽然是一个没有社会职业的家庭主妇，可是她不仅懂得哲学和天文学，还对数学有着很深的研究。她读书学习并不是为了谋生，完全是出于个人的兴趣和爱好，长期对知识的追求使她成为学识丰富和视野开阔的人。

常言道："父母是孩子的第一任老师。"从希尔伯特出生起，父母就十分关注他的成长，采用多种方法对他进行启蒙教育。然而，希尔伯特小时候很令人失望。他语言能力很差，思维有些迟钝，各项能力也不及同龄的孩子。因此，他的父母经过再三考虑并没有急于把希尔伯特送进学校，而是在家对他进行启蒙教育。

8岁时，希尔伯特才开始上小学，比其他的孩子晚了两年。上学后，他学习非常吃力，除了数学之外没有一科成绩突出。在语言、作文以及需要记忆的科目中，希尔伯特考试经常不及格。在当时教学条件下，数学并不被人重视，可是希尔伯特对数学的浓厚兴趣，却使老师很高兴。他的老师有时专门出一些数学难题让学生们比赛，看谁做得多，以此来激发学生们学习数学的兴趣。这样的比赛最适合希尔伯特。他可以充分显示自己的数学才能。所以，每次数学竞赛都能给希尔伯特带来愉快。在老师的启发下，热爱数学的学生逐渐多了起来。由于希尔伯特的数学成绩突出，所以老师不在时，同学们遇到难题或解不出来的数学题，就向希尔伯特请教，这给希尔伯特带来了自信和荣誉。

读小学四年级时，班上转来了俄籍犹太人闵可夫斯基三兄弟，他们都聪明过人。其中赫尔曼·闵可夫斯基，希尔伯特一生的挚友，后来成为四维时空理论的创立者，赫尔曼的二哥奥斯卡·闵可夫斯基后来成为"胰岛素之父"。与这些早慧的孩子相比，希尔伯特回忆自己的少年时期就是个"笨孩子"。

闵可夫斯基兄弟三人的到来，使希尔伯特在数学上的才能大为逊色。这使他感到有些沮丧，在学校抬不起头来，回到家中则闷闷不乐。希尔伯特的父母及时发现了儿子的情绪变化，便和希尔伯特一起讨论学习中遇到的问题。他们帮助希尔伯特重新恢复信心，劝导他虽然在数学上暂时不如闵可夫斯基兄弟，可是，同其他同学相比，他还是有自己的优势的，而且他勤奋努力，进步还是很快的。希尔伯特的父母时刻提醒儿子，学习并不是为了比赛，而是为了掌握更多的知识，既然每一天的学习都能给自己带来收获，那么还有什么必要介意别人的看法呢？

希尔伯特在父母的帮助下恢复了信心，又找出了自己的长处和短处，在学习过程中不断扬长避短。虽然一路磕磕绊绊，希尔伯特还是考上了大学，即便父亲想让他成为一名律师，但数学偏科的希尔伯特却选择了进入哥尼斯堡大学攻读数学。

二、良师益友

哥尼斯堡大学是一所具有优良科学传统的大学。高斯时代，欧洲仅次于高斯的数学家雅可比就曾执教于此。1880 年秋，希尔伯特进入哥尼斯堡大学，大学的生活简直是要多自由就有多自由：教授们想教什么课就教什么课，学生们想学什么就选什么课上，这里不规定最少必修课的数目，不点名，平时也不考试，直到为取得学位才考一次。意想不到的自由使许多学生把大学第一年的时间全花到了饮酒和斗剑上——这些是学生互助会的传统活动。不过，对于 18 岁的希尔伯特来说，这种自由却为他提供了专心攻读数学的良好条件。

当时经过 19 世纪前半叶的发展，数学这棵枝繁叶茂的大树，在一些前辈数学家的精心修剪下已经形整貌美。在大学的第一学期，希尔伯特听了积分学、矩阵论和曲面的曲率论三门课，根据惯例，学生在第二学期可以转到另一所大学听讲，他选择了海德堡大学。

在海德堡，希尔伯特选听了著名的拉撒路·富克斯的课。拉散路课前不大做准备，课堂上习惯于把自己置于险境：对要讲的内容现想现推。这让学生得到了瞧一瞧数学思维的实际过程的一个机会。这种"现想现推"式的数学成了希尔伯特终生难以忘怀的教益。

接下去的一学期，本来允许希尔伯特再转往柏林听课，但他深深地依恋着他出生的家乡，于是他毅然返回了哥尼斯堡大学。1882 年春季，当他再次决定留在家乡的大学的时候，年仅 17 岁的赫尔曼·闵可夫斯基已在柏林学习了三个学期后回到了哥尼斯堡。

年轻的闵可夫斯基当时胸怀壮志，完全沉浸在一项很深奥的研究之中，他希望以此赢得巴黎科学院的数学科学大奖。那年巴黎科学院出榜征解的题目是：将一个数表示成 5 个平方数之和。闵可夫斯基的研究结果大大超过了原问题。1883 年春，比赛揭晓后，刚满 18 岁的闵可夫斯基同英国著名的数学家亨利·史密斯共享了这份大奖。此情此景，希尔伯特看在眼里，喜在心头，他们很快就建立起亲密的友谊。

1884 年春天，年仅 25 岁的阿道夫·赫维茨从哥廷根到哥尼斯堡任副教授，他像闵可夫斯基一样，也享有数学天资早熟的盛名。

希尔伯特发现新老师的外表"谦恭、朴实"，而"他那双闪耀着聪慧和快意的眼睛，就像是他精神的映照"。希尔伯特和闵可夫斯基很快就与赫维茨建立了密切的关系。每天下午"准五点"，三个人必定相会"去苹果树"下散步。这种学习方法对希尔伯特来说，要比钻在昏暗的教室或图书馆啃书本好了不知多少倍。

日复一日的"散步"中，他们全都埋头于讨论当前数学的实际问题，他们之间相互交换对问题新近获得的研究体会，交流彼此的想法和研究计划。他们以这种最悠然有趣的学习方式，考察着数学世界中的各个王国。赫维茨有着广泛"坚实的基础知识，又经过很好地整理，"所以他是理所当然的领头人，并使其他两位心悦诚服。从那时起，他们之间就结下了终身的友谊。

三、从博士到讲师

希尔伯特在大学度过了整整八个学期，走完了取得博士学位的必经之路，他开始考虑该选什么题目来做他的学位论文。起初，他想研究他喜欢的连分数的一种推广，但他的博士论文导师林德曼（林德曼 1882 年证明了 π 是超越数）告诉他，雅可比早就得到了这种推广。建议他做个代数不变量理论中的问题，因为这个题目的难度对志愿投考博士学位的人来说是恰到好处，既难而又有希望解决。这个题目当时非常热门，希尔伯特在研究中选择了一条和一般人完全不同的道路。他的创造才能充分显示出他那别出心裁的证明道路。漂亮的工作成绩，使林德曼教授感到相当满意。

1884 年 12 月 11 日，希尔伯特通过了博士的口试，1885 年获得博士学位。没有被召服兵役的希尔伯特为了弥补居住在小城市的不足，想去做一次学习旅行，赫维茨极力主张他去莱比锡拜访菲力克斯·克莱因。当年克莱因虽然刚刚 36 岁，却已是数学界的一位传奇人物。在莱比锡，希尔伯特参加了克莱因主持的讨论班，在这里相当多的人跟希尔伯特一样对不变量理论感兴趣，他很快成了莱比锡数学界内的一员。1885 年 12 月初，希尔伯特第一篇关于不变量的文章经克莱因提交给了科学院。克莱因总是试图把每个有培养前途的德国青年数学家送往巴黎，所以在 1886 年 3 月希尔伯特便踏上了去巴黎的旅途。在巴黎，他拜访了庞加莱、约当、埃尔米特等数学家。

埃尔米特知道他的年轻客人最关心不变量的课题，他就把他们的注意力引导到这个理论中最著名的、但仍悬而未决的问题上——"果尔丹问题"。这使得埃尔米特成了这些法国科学家中对希尔伯特最有吸引力的一位。希尔伯特在巴黎一心扑在数学上，从不做观光旅行。他在走访和听课之余，用漂亮的书法编辑并抄写了他为取得讲师资格而写的论文，这件工作进展很顺利。6 月底，在回哥尼斯堡的路上，希尔伯特特地到了哥廷根，向正在那里任教的克莱因汇报了在巴黎的情况。

1887 年 7 月，希尔伯特在哥尼斯堡顺利通过了获得讲师资格的学术考试。他对自己决定留在较偏僻的哥尼斯堡任教感到满意和欣慰，因为他可以在这里与赫维茨每天去"散步"。人的一生中，20～30 岁是最富于科学创造力的黄金时期，对希尔伯特来说，人生差不多已经过了一半。

四、果尔丹问题

希尔伯特果断地决定作为一名讲师，他所选择的课目除了教育学生，也要教育自己。跟许多讲师不同，他还决定不教重复的课，同时，在每天去苹果林散步的那段时间，他和赫维茨为他们自己确立了一个目标："系统地勘查"数学。

1888 年 3 月，他感到万事俱备，可以进行他期待已久的旅行了。他选好了旅行路线，使他能顺路访问 21 位杰出的数学家，其中有果尔丹、克莱因、许瓦尔兹、富克斯、赫尔姆霍斯、克隆尼克等。当然，他首先要去拜会的是埃尔兰根的"不变量之王"——果尔丹。

果尔丹研究的方向是代数不变量，这正是希尔伯特的博士课题，也是 19 世纪下半叶最热门的研究课题之一。什么是代数不变量？比如有一个向量，它由起点和终点确定，在向量移动时虽然起点和终点都发生了变化，但向量的长度却没有变化。如果我们把向量的变化抽象成矩阵，那么这个代数变化中的模长是不变的，这种量就是不变量。该领域著名的问题就是以他的名字命名的"果尔丹问题"。

一段时期以来，希尔伯特已经熟悉了果尔丹问题。现在，他终于听到了果尔丹本人的讲述。他似乎体验到了一种过去从未有过的新境界。这个问题唤起了他那几乎不可思议的完美想象力。"果尔丹问题"使他像着魔一般怎么也放不下手。在旅行访问结束之后，希尔伯特回到了哥尼斯堡，但他的思想却终日沉浸在这一问题中，甚至在他喜爱的舞会上也没有停止思考它。

希尔伯特很快在这个领域展现出惊人的天赋。他先是将"果尔丹"一个著名的证明从原来20页的长度简化为不到4页。1888年9月他又以一种出乎意料的全新思路解开了"果尔丹问题"，他的研究被称为"不变量理论的登峰造极的研究"，他开创了不变量理论的新时代。

随着希尔伯特超凡脱俗地拨开了"果尔丹问题"的迷雾，他开始认识了自己，也找到了他的研究方法——钻研单个的重要问题。这个问题的解决，其意义将远远超出问题本身。可是，正当大家期望希尔伯特能来重整果尔丹这个学术领域，从而使它摆脱一筹莫展的局面时，却出现了人们无论如何也意想不到的情况，希尔伯特不愿再为承担上述工作而花费时日了。最初引起他兴趣的问题被解决了，就意味着他自由了。他将坚决地离开它，迎着更深奥的课题前进。

五、从哥尼斯堡大学到哥廷根大学

在德国各大学争夺学术职衔的竞争中，当了8年副教授的赫维茨接受了苏黎世瑞士联邦技术学院正教授提名。虽然这意味着那日复一日的数学散步即将结束，但赫维茨的位置却为希尔伯特打开了希望之门。

1892年8月，教授会一致决议：由希尔伯特接任赫维茨副教授的职位。随着职务的变迁，希尔伯特开始表现出一种新的数学兴趣，"从现在起，我要献身于数论"，这是他在完成了最后一篇关于不变量的文章后曾经告诉过闵可夫斯基的。现在，他真的转向了这个新课题。众所周知，是高斯把数的理论置于科学之巅。他把它描绘成"一座仓库，贮藏着用之不尽的能引起人们兴趣的真理"。希尔伯特则把它看作"一幢出奇的美丽又和谐的大厦"。像高斯一样，希尔伯特被数论迷住了。

1893年希尔伯特的导师林德曼接受了慕尼黑大学的邀请，将要离开哥尼斯堡大学。不久，年仅31岁的希尔伯特接任了林德曼的教授职衔，这也为闵可夫斯基由波恩返回哥尼斯堡接任希尔伯特的副教授之职带来了良机。但是直到1894年春天，闵可夫斯基才在希尔伯特的帮助下摆脱了波恩方面的阻挠，回到了哥尼斯堡。每天在苹果园中散步以及关于数论的讨论终于又重新愉快地开始了。可是没过多久，这两位肝胆相照的挚友又得惜别。

1894年12月初，希尔伯特接到克莱因来自哥廷根的信，信中说："我将尽力让你取得哥廷根大学教授的任命，为了我的科学团体，我需要你这样的人。因为你的研究方向，你丰富而强有力的教学思想，以及你处在富于创造活力的年龄。但是，有件事你今天就得答应我，倘若你接到任命，你将不会拒绝。"没有记录说明希尔伯特曾考虑过拒绝，事实上，他欣喜若狂地给克莱因回信说："我的一切努力所追求的最终目的，本希望只能在遥远的未来才能实现的夙愿，已经有了实现的可能。""你，范围更大的影响力的环境，以及你们这所大学的光荣，都将提供一种科学上的刺激力，这对我来说是最有决定意义的。"

1895年3月希尔伯特来到哥廷根大学时，差不多刚好是高斯到达这里之后的整整100年。当时克莱因是这里著名的数学家，克莱因的声望吸引着世界各国的学生。他的讲演被奉为经典。因为他每次在开始讲课之前都已经为所有公式、图表和引文作好了周密的安排。讲演过程中写上黑板的东西从来不必擦掉。最后，整个黑板就包含了对讲演的内容的一个绝妙概括，每一个小方块都写得恰到好处井然有序。与之相比，希尔伯特的讲演就远不如其尽善尽美，他不修边幅，难免错漏，有时还表现出那种忽然有所发现的不适当的冲动。但是希尔伯特特别注重教会学生怎样提出问题和解决问题，他时常告诉学生："问题的完善提法意味着问题已经解决了一半。"他常常以极其充分的时间来透彻解释一个问题，使得接下去的证明就显得那么自然，以致常使别人惊异地抱怨自己为什么没有想到。学生们都被他深深地吸引着，一般来说，在几年中也不可能见到这么多的数学概念和领域的。听他的课，学生们会觉得数学是"活"的。希尔伯特的课简练、自然、逻辑严谨、思路清晰、观点鲜明，与克莱因的那种精心准备，百科全书式的"尽善尽美"的讲演相比，多数学生更喜欢希尔伯特的课。

自从1895年3月希尔伯特来到这里担任教授之后，哥廷根的数学实力引起世界数学界的瞩目。希尔伯特所开创的数学讨论班吸引了世界范围的数学家。对数学的深刻理解、高水准的授课内容、严谨的讲课方式使他成为一个真正的数学教育家。

20世纪的著名数学家和物理学家，如维纳、冯诺依曼、玻尔、玻恩等人，都数度聆听过他的教导。哥廷根成为全德，乃至全欧洲、全世界仰慕的数学朝圣之地，无可争议的世界数学中心。在当时，全世界几乎所有数学专业的学生，都怀着一个梦想："打起背包，到哥廷根去！"因为那里有希尔伯特。

在哥廷根，希尔伯特整整工作和生活了48年。他的不变量理论、代数数域理论、积分方程、引力论、张量理论、积分方程变分法、华林问题、特征值问题、希尔伯特空间等，无论哪个课题都称得上是对数学的开创性贡献。

六、希尔伯特的 23 个问题

1900年，20世纪诱人地展现在希尔伯特的面前，犹如一张白纸，一支新笔，等待他去书写最精彩的文章，画最美的图画。站在数学发展最前沿的希尔伯特，此时收到了第二届国际数学家代表大会的邀请，希望他能在1900年夏天于巴黎举行的大会上作主要发言。

他犹豫着该选怎样的题材。闵可夫斯基认为：最有意义的题材，莫过于展望数学的未来，提出数学家们应当在新世纪里努力解决的问题。这样，你的讲演在往后的数十年中将成为人们议论的中心话题。

希尔伯特一直在冥思苦想，可是直到6月还未写出讲稿。到了7月中旬，他才将以《数学问题》为题的讲稿清样寄给了闵可夫斯基。闵可夫斯基和赫维茨花了整整几个星期的时间，极其审慎地研究了希尔伯特的讲稿，他们从讲稿的内容以及讲的方式上都提出了建议，并且要他把"每个确定的数学问题都应该能得到明确的答案，或者是肯定的回答，或者是证明该问题的不可能性"这段话，作为整个演讲稿的有力结尾。

1900年8月8日，38岁的希尔伯特登上了讲坛。他明亮的蓝眼睛，透过闪亮的镜片射出纯真而又坚定的目光，他那刚强的品格和卓越的才智所酿成的气氛，驱走了巴黎的炎热，吸引着每一位与会者的心。

在讲演中，希尔伯特提出了精心准备的23个问题。他还强调了决定着一门科学发展方向的问题的重要性，考察了重大而富有成果的问题的特点。他说："一个重大的富有成效的数学问题应具备下述的每一个特点：清晰性和易懂性（因为清楚、易于理解的问题能吸引人的兴趣。而复杂的问题使人望而却步）；困难的（这才能引诱我们去研究它）而又不是完全无从下手解决的（免得我们劳而无功）；意义重大的（在通向那隐藏着的真理的曲折路径上，它是一盏指路明灯）。"他还阐述了对于问题的"解答"的要求。他相信，这些问题的解决，必将大大推动 20 世纪数学的发展。

下面是希尔伯特提出的 23 个问题：

（1）连续统假设；

（2）算术公理的相容性；

（3）两个等底等高的四面体的体积相等问题；

（4）直线作为两点间最短距离的问题；

（5）连续群的解析性；

（6）物理学的公理化；

（7）某些数的无理性与超越性；

（8）素数问题；

（9）在任意数域中证明最一般的互反律；

（10）丢番图方程的可解性；

（11）系数为任意代数数的二次型；

（12）阿贝尔域上的克罗内克定理在任意代数有理域上的推广；

（13）不可能用仅有两个变数的函数解一般的七次方程；

（14）证明某类完备函数系的有限性；

（15）舒伯特计数演算的严格基础；

（16）代数曲线与代数曲面的拓扑问题；

（17）半正定形式的平方和表示；

（18）用全等多面体构造空间；

（19）正则变分问题的解是否一定解析；

（20）一般边值问题；

（21）给定单值群微分方程解的存在性证明；

（22）由自守函数构成的解析函数的单值化；

（23）变分法的进一步发展。

"希尔伯特 23 问"被认为是 20 世纪数学的制高点。对这些问题的研究有力地推动了 20 世纪数学的发展，在世界上产生了深远的影响。希尔伯特领导的数学学派是 19 世纪末 20 世纪初数学界的一面旗帜，希尔伯特被称为"数学界的无冕之王"。

七、希尔伯特晚年

希尔伯特于 1930 年在哥廷根大学退休，并获得瑞典科学院的米塔格—莱福勒奖，1942 年成为柏林科学院荣誉院士。1942 年，希尔伯特没有举行 80 寿辰的聚会。柏林科学院决定纪念希尔伯特的这次生辰，给他那本《几何基础》以特殊的荣誉。就在这项决定的当天，希尔伯特在哥廷根的大街上跌倒了，摔断了胳膊。1943 年 2 月 14 日，希尔伯特永远地闭上了他那双深邃、智慧的眼睛，终年 81 岁。

希尔伯特逝世后，《自然科学》杂志作了这样的评述："世界上难得有一位数学家的工作不是以某种途径得益于希尔伯特的工作的。希尔伯特像是数学世界的亚历山大，在整个数学版图上，留下了他那巨大显赫的名字。诸如希尔伯特空间、希尔伯特不等式、希尔伯特变换、希尔伯特不变积分、希尔伯特不可约性定理、希尔约特定理、希尔伯特公理、希尔伯特子群、希尔伯特类域等。"

1950 年，当美国数学会请赫尔曼·魏依尔对 20 世纪前半叶的数学历史作总结时，魏依尔说：希尔伯特在巴黎数学会上提出的 23 个问题"是一张航图"，过去 50 多年间，我们数学家经常按照这张图来衡量自己的进步。

希尔伯特一生对数学都怀有一种天然的乐观，认为一切问题都是可以被解答的，他的名言"我们必须知道，我们必将知道"，便诠释了这种乐观。

●●第四节
●人民数学家——华罗庚

人民数学家——华罗庚 PPT

聪明在于勤奋，天才在于积累。

——华罗庚

数无形时少直觉，形少数时难入微，数与形，本是相倚依，焉能分作两边飞。

——华罗庚

在美国芝加哥科学技术博物馆中，展列了人类历史上 88 位最重要的数学伟人，中国数学家华罗庚就是其中之一。

华罗庚（1910—1985）（图 6.4.1）是中国科学院院士，美国国家科学院外籍院士，第三世界科学院院士，联邦德国巴伐利亚科学院院士。有位著名数学史学家曾这样评价他："华罗庚是中国的爱因斯坦，足够成为全世界所有著名科学院的院士。"

华罗庚只有初中文凭，却凭借勤奋自学成为清华大学教授，他被称为"中国数学的圆心"，是中国解析数论、典型群、矩阵几何、自导函数论的研究者和创始人，为我国数学发

图 6.4.1

展做出了巨大贡献。他将数学与生产实践相结合，在中国的广袤大地上，到处都有他推广优选法与统筹法的足迹，被誉为"人民数学家"。

一、慧眼识才

华罗庚 1910 年 11 月 12 日生于江苏省金坛县，父亲开一间小杂货铺，家境并不富

裕。在金坛中学读初一时，华罗庚因为字迹潦草又有些贪玩，成绩并不好，但王维克老师从作业涂改处发现了他是在不断改进和简化自己的解题方法。王维克老师就跟其他老师说："这孩子在数学方面比其他孩子有天赋，说不定以后会大有前途呢！"此后，华罗庚成了王维克老师家的常客，或是借书或是向老师请教问题。

有一次，华罗庚从王维克老师家借了一本美国人著的微积分教科书，10 天后便来归还，王维克对他说："数学这门功课是最有步骤的，你不可跳着看啊。我提几个问题问问你。"结果华罗庚不仅对答如流，而且把书上印误之处也指给老师看。年终考试时，王维克对华罗庚说："你不必考了，因为考你的问题别人做不出，考别人的问题不值得你做。我给你拟个论文题，你回家做吧。你的数学是 100 分，是第一。"

在王维克老师的悉心培养指导下，华罗庚对数学产生了浓厚的兴趣并为日后成为著名数学家打下了基础。王维克老师是华罗庚遇到的第一个伯乐。

二、自学成才

1925 年夏天，华罗庚以优异的成绩在金坛县初级中学毕业。初中毕业后，由于家境贫寒，华罗庚没有上高中。他听说上海的中华职业学校学费很低，就报考了那里，他想学习会计将来有个生计，但终因贫困，不到一年便退学回家。

回家后，华罗庚一边帮助父亲料理杂货铺，一边继续钻研数学。那时华罗庚的资料只有从王维克老师那里借的三本书：一本《大代数》，一本《解析几何》，还有一本只有50 页的《微积分》。他每天着迷似的钻研数学，人们经常看见华罗庚坐在柜台后面，埋头做数学题，有时计算得入迷了，经常忘记招呼客人。有一次一个顾客来买棉线，问多少钱，他把计算题目的结果当成要收的钱数说出来，把顾客吓了一跳。时间久了，街坊邻居都传为笑谈，大家给他起了绰号，叫"罗呆子"。父亲对此也是又气又急，说他念"天书"念呆了，要强行把他的书烧掉，以免影响生意。争执发生时，华罗庚总是死死地抱着书不放。

华罗庚 18 岁时，他的初中老师王维克当上了金坛县初级中学的校长。王老师很喜欢华罗庚的聪明好学，就让他到学校当了会计兼事务。他离开了父亲的小杂货店，可以专心研究数学了。

有一次，华罗庚借到一本名叫《学艺》的杂志，上面刊登了苏家驹教授写的《代数的五次方程式之解法》一文。他仔细一研究，发现苏教授这篇论文有错误。

华罗庚跑去问王校长："我能不能写文章指出苏教授的错误？"

王维克回答："当然可以，就是圣人也会有错误！"

华罗庚在王维克校长的鼓励下，写出了论文《苏家驹之代数的五次方程式解法不能成立之理由》，并寄给了上海《科学》杂志，那时华罗庚才 19 岁。

华罗庚刚刚迈上数学的殿堂，不幸染上了伤寒，病情严重。最后，虽然从死神的手中挣脱了出来，但是左腿骨弯曲变形，落了个终身残疾。也就在这个时候，他的论文在《科学》杂志第十五卷第二期上登出来了，这篇文章改变了华罗庚今后的道路。

三、再遇伯乐

华罗庚在《科学》杂志上发表的论文，被当时清华大学数学系主任熊庆来发现了。熊教授看到华罗庚的文章观点准确，层次清楚，说理明白，很是欣赏。经多方打听，才知道他是江苏金坛一位初中毕业的务工人员。熊庆来惊奇不已，一个初中毕业的人，通过自学能写出这样高深的数学论文，必是奇才。熊教授觉得这样的青年，经过系统培养，一定能成为大数学家。他当即做出决定，请华罗庚到清华大学来。

1931 年华罗庚被破例录用为清华大学数学系助理员，管理图书，并被允许旁听大学的课程。华罗庚十分勤奋，只用了一年半的时间就学完了数学系的全部课程。花了四个月自学英语，就能阅读英文数学文献。他用英文写了三篇论文，寄到国外，全部发表了。华罗庚夜以继日地刻苦攻读，为了弄懂一个问题有时连续几夜不睡。两年之中，他写出了一批很有质量的数论论文，凭借着他的天赋和实力，1933 年，经清华大学教授会议决定，华罗庚被破格聘为助教。一个乡间来的青年人，只有初中文凭，居然能登上中国最高学府的讲台，这简直是一个奇迹。

四、不慕虚名求真学

1936 年，熊庆来教授推荐华罗庚赴英国剑桥大学留学。剑桥大学首席教授哈代鼓励他申请博士学位，华罗庚却说："我来剑桥，是为了求学问，不是为了得学位的。"

对剑桥大学的求学者来说，"博士"是梦寐以求的头衔，但只能学习有限的课程。经过一番思索之后，华罗庚决定放弃博士学位，作为访问学者同时攻读七八门学科。在剑桥的两年时间，他写了十几篇高水平的论文，引起国际数学界的注意。他关于"塔内问题"的论文，被誉为"华氏定理"。他提出的"华氏定理"还改进了哈代的结论，哈代赞许他为"剑桥的光荣"。华罗庚还就19世纪欧洲数学之王高斯提出的问题，发表了《论高斯不完整的三角和估计问题》，赢得了各国数学大家的一致赞扬。

华罗庚的每一篇论文都有资格获得一个博士学位，但他一生仅有一张金坛中学的初中文凭。

五、艰难岁月

1937年7月卢沟桥事变爆发，消息传到英国，已是杰出数学家的华罗庚再也无法安心工作。按原订计划，第二年他应苏联科学院的邀请访问苏联。此刻，他放弃了继续逗留国外的计划，提前整理行装，回到当时多灾多难的中国。

1938年，华罗庚被西南联合大学聘请为教授。那时西南联大已迁至抗战大后方昆明，但是这里是美国军官陈纳德将军组建的援华抗日飞虎队空军总部的驻扎地，因此不断遭到日机空袭。有一次，一颗炸弹在防空洞附近爆炸，掀起的黄土瞬间将洞口淹没，幸好华罗庚的头没有被埋，空袭过后，赶来的亲人朋友用手刨了两三小时才把他解救出来。

恶劣的环境，艰难的生活，华罗庚以及联大的很多教授都维持着极低的温饱需求。妻子吴筱元把附近邻居送给的两个鸡蛋给他补充营养，他则用筷子一点一点地分给孩子们吃。华罗庚终年一身破衫，一双旧布鞋。1945年，三子出生，因没钱送妻子到医院，只好产在家里。他给这个出生在困境中的孩子取了个与"花光"谐音的名字"华光"，他心中期盼的是抗日战争早日结束，中华民族得以重光。

在这种艰苦条件下，华罗庚完成了20多篇论文。1941年他完成了用三年时间写出的巨著《堆垒素数论》，又把这本书翻译成英文。他把中文稿交给国民党的中央研究院，希望能出版，几次询问，总是说正在研究。在华罗庚的一再催促下，中央研究院答应把书稿退给他，可是一找，书稿不见了！华罗庚非常痛心，难过了好多日子。幸好，还有一部英文稿，华罗庚把这部英文稿交给了苏联著名数学家维诺格拉托夫。维诺格拉托夫是苏联科学院院士，他非常赏识这本书。他答应华罗庚，战争结束后就给他出版。果然战争一结束，他就组织人把它从英文翻译成俄文，在苏联出版了。

中华人民共和国成立以后，由于没有中文稿，他只好把《堆垒素数论》再从俄文翻译成中文。这部巨著后来得到了国家的奖励。

六、爱国情深

1946 年秋，华罗庚远赴重洋，来到世界最著名的数学中心——美国普林斯顿高等研究院任研究员，同时在普林斯顿大学任教。1948 年，他又到美国伊利诺伊大学任教并被聘为终身教授。

1949 年新中国成立的消息传到远在美国的华罗庚住所，为报效新生的祖国，华罗庚放弃了美国优裕的生活条件，克服重重困难离开美国，于 1950 年 3 月带领全家回到北京。在回来的途中，他发表了一封致美留学生的公开信，信中写道："梁园虽好，非久居之乡，归去来兮！""为了抉择真理，我们应当回去；为了国家民族，我们应当回去；为了为人民服务，我们应当回去；就是为了个人出路，也应当早日回去！"

回国后，华罗庚担任了清华大学数学系的主任，并开始筹建中国科学院数学研究所。他为新中国培养了一大批数学人才，王元、陆启铿、龚升、陈景润、万哲先等在他的培养下成为世界知名的数学家。

他不仅为中国数学研究做出了贡献，还对中学生的数学教育有较大的热情。他在北京发起并组织了中学生数学竞赛活动，从出题、监考到阅卷，都亲自参加，并多次到外地去推广这一活动。他还写了一系列数学通俗读物，如《从杨辉三角谈起》《从祖冲之的神奇妙算谈起》《数学归纳法》等，在青少年中影响极大。

他撰写的论文《典型域上的多元复变函数论》于 1957 年 1 月获国家发明一等奖，并先后出版了中、俄、英文版专著，出版了《数论导引》《典型群》（与万哲先合著）《数论在近似分析中的应用》等著作。

1957 年 1 月 24 日，中国科学院首次颁布中国科学院科学奖金（现已改称"国家自然科学奖"）。这是新中国成立后，第一次颁发面向全国的科学奖金。获得首届该奖一等奖的科学家分别是钱学森、华罗庚、吴文俊。

得奖后的华罗庚在《人民日报》上发表了获奖感言："在我接受了这崇高的奖励之后，我只有益自奋发，做出更多更好的工作来报答祖国，只有用培养出更多更好的青年来报答人民。"

七、人民数学家

从 1960 年起，华罗庚开始在工农业生产中推广统筹法和优选法，足迹遍及 27 个省、市、区，创造了巨大的物质财富和经济效益。

优选法，即对某类单因素问题（且是单峰函数），用最少的试验次数找到"最佳点"的方法。例如，炼钢时要掺入某种化学元素增加钢的强度，掺入多少最合适？假定已经知道每吨钢加入该化学元素的数量在 1000～2000 克，现求最佳加入量，误差不得超过 1 克。最"笨"的方法是分别加入 1001 克，1002 克，……，2000 克，做 1 千次试验，就能发现最佳方案。

一种动脑筋的办法是二分法，取 1000～2000 克的中点 1500 克。再取进一步二分法的中点 1250～1750 克，分别做两次试验。如果 1750 克处效果较差，就删去 1750～2000 克的一段，如果 1250 克处效果较差，就删去 1000～1250 克的一段。再在剩下的一段中取中点做试验，比较效果决定下一次的取舍，这种"二分法"会不断接近最好点，而且所用的试验次数与上法相比，大大减少。

表面上看来，似乎这就是最好的方法。但华罗庚证明了，每次取中点的试验方法并不是最好的方法；每次取试验区间的 0.618 处去做试验的方法，才是最好的，称之为"优选法"或"0.618 法"。这种方法可以通过折纸来快速找到最优点，制作一张纸条，在两端分别标上 1000 和 2000。取纸条的 0.618 长度，即 1618，做第一次试验，如下图。

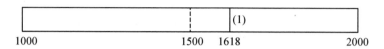

把纸条对折过来，得到第一个试验点的镜像点 0.382，即 1382，做第二次试验。

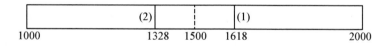

比较两次试验，如果（1）好于（2），则将（2）左边的纸条剪掉，反之剪掉（1）右边的纸条，剩下的长度就是原长的 0.618。这里假设（2）比（1）好，就剪掉（1）右边的纸条，即剪开的纸条，扔掉短的，保留长的。然后再将剩下的纸条对折，找到第三个试验点，即 1236。

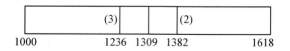

比较两次试验，如果（2）好于（3），则剪掉（3）左边的纸条，留下 0.618 的长度，然后再对折，找到下一个试验点，直至找到最佳点。

黄金分割法与二分法相比可以大大减少实验次数，因为第二个点和第三个点构成区间的黄金分割，当确定是在第二个点到第四个点的时候，第三个点刚好是新区间的黄金分割，可以在下一次实验中复用。而且这种优选法以 0.618^k 逐渐减小，以指数函数的速度迅速趋于 0，呈指数收敛。比如，5 次试验就可以将范围缩小到原来的 $0.618^5 \approx 0.09$，6 次可以将范围缩小到原来的 $0.618^6 \approx 0.056$。华罗庚证明了，这是一种可以用较少的试验次数，较快地逼近最佳方案的方法。

1964 年年初，他写出了《统筹方法平话及补充》《优选法平话及补充》。华罗庚曾在大庆油田搞过 2000 多个优选项目，取得 1000 多项具体成果；使两淮煤炭开发规划提前两年完成，提前一年即能为国家多生产 4000 万吨原煤；优化湖南一军工厂生产某个产品，每年可节约 120 万元等。

1978 年 3 月，他被任命为中科院副院长，1979 年光荣地加入中国共产党。应该说华罗庚回国后很大一部分精力用在了数学科普及数学应用上，用在了中国数学的宏观发展上。

美国的有关媒体曾这样评论："华罗庚若留在美国，本可对数学界做出更多贡献，但他回国对中国的数学十分重要，很难想象，如果他不回国，中国的数学将会怎样。"

八、工作到生命最后一天

1985 年 6 月，应日本亚洲交流协会邀请，75 岁的数学家华罗庚赴日进行国际学术交流。12 日下午在东京大学理学部作了题为《理论数学及其应用》的演讲（图 6.4.2），原定 45 分钟的演讲在日本学者的热情支持下被延长到了 60 多分钟。在这次演讲中，华罗庚先生就讲到了他的优选法以及优选法在实践中的应用。

图 6.4.2

演讲完毕，华罗庚在掌声中走向轮椅，一位日本女数学家上前献花，这时他却缓缓倒下。当晚 10 点，医疗小组宣布华罗庚因心肌梗死逝世。

就在华罗庚逝世前半个月，一位记者曾问他，"你最大的希望是什么？"华罗庚思索片刻后回答道："我最大的希望是工作到我生命的最后一天。"他用行动实践了自己的愿望"工作到生命的最后一刻。"

如今，华罗庚的名字为科技爱好者所熟悉，他写的课外读物曾是中学生们打开数学殿堂的神奇钥匙，他自学成才的故事鼓舞了无数有志青年勇攀科学高峰。在中国的广袤大地上，到处都留有他推广优选法与统筹法的艰辛足迹。这位"人民的数学家"，为他钟爱的数学事业奉献了毕生的精力与汗水。

2021 年 9 月 28 日，"华罗庚星"命名仪式在常州金坛举行。中科院紫金山天文台发现的国际编号为 364875 号小行星，经国际天文学联合会（IAU）小行星命名委员会批准，以我国著名数学家华罗庚院士的名字命名。国际天文学联合会关于"华罗庚星"发布公告称："364875"这串数字正好契合了华罗庚先生的 3 个时间节点：1936 年以访问学者身份赴英国剑桥大学进修；1948 年被中央研究院选举为第一届院士；有着 75 年传奇而辉煌的生命历程。

星耀苍穹，永恒纪念。此后，天上多了一颗华罗庚星。他是"中国现代数学之父"，是中国数学最闪耀的一颗"星"，是我们追逐的方向！

●● 第五节
● 陈省身的几何人生

　　一个数学家的目的，是要了解数学。历史上数学的进展不外两途：增加对于已知材料的了解和推广范围。

——陈省身

　　我们欣赏数学，我们需要数学。

——陈省身

　　陈省身（图 6.5.1）（1911—2004），祖籍浙江嘉兴，是 20 世纪最伟大的几何学家之一，被誉为"微分几何之父"。前中央研究院首届院士、美国国家科学院院士、第三世界科学院创始成员、英国皇家学会国外会员、意大利国家科学院外籍院士、法国科学院外籍院士、中国科学院首批外籍院士。

图 6.5.1

一、少年时代，显露才华

　　陈省身 1911 年 10 月 28 日生于浙江嘉兴秀水县。这一年，震惊中外的武昌起义成功，革命波及嘉兴，陈省身出生刚 9 天，就随母亲一起逃往乡下避难。父亲陈宝桢，1904 年中秀才，辛亥革命后，毕业于浙江法政专门学校，在司法界做事。他为他的长子取名为"省身"，希望儿子能像曾子一样"吾日三省吾身"。

　　陈宝桢长期游宦在外，很难顾及子女的教育。而祖母又十分宠爱这个长孙，不放心他进入学校，于是就任陈省身自然成长。家中有时也请先生来教，但总是断断续续的。陈省身小时候，常跟祖母在一起，有时随她烧香、拜佛、念经。除了祖母，尚未出嫁的姑姑也时常教他一点国文。家里有一部《笔算数学》，但陈省身并未接触过，直到有一次父亲回家过年时，教了他阿拉伯数字及四则算法，这部书才派上用场。就像新生的婴儿第一次睁眼一样，陈省身蓦然发现了一个新奇的世界，父亲走后，他便沉迷于此书之中，做了书中大量的习题。

陈省身9岁考入秀州中学预科一年级。这时他已能做相当复杂的数学题，并且读完了《封神榜》《说岳全传》等书。1922年秋，父亲到天津法院任职，陈省身全家迁往天津。第二年，他进入离家较近的扶轮中学（今天津铁路一中）。陈省身在班上年纪虽小，却充分显露出他在数学方面的才华。陈省身考入南开大学理科那一年还不满15岁。他是全校闻名的少年才子，大同学遇到问题都要向他请教，他也非常乐于帮助别人。一年级时有国文课，老师出题写作文，陈省身写得很快，一个题目往往能写出好几篇内容不同的文章。同学找他要，他自己留一篇，其余的都送人。到发作文时他才发现，给别人的那些得的分数反倒比自己那篇要高。

二、大学时代，专攻几何

在南开，陈省身做出主修数学的第一次选择，一方面是因为他的数学能力一向比较好，另一方面则是由于他上第一堂化学实验课，在吹玻璃管时手足无措，而助教又是特别严厉的，使他对理化充满畏惧。因此，他想：看来每考数学必是王牌，他是为数学而准备的。

1927年，南开理学院数学系主任姜立夫由厦门大学讲学回来，陈省身因为厌恶实验而进了数学系，成了姜立夫的学生。

姜立夫在人格上、道德上，被认为是近代的一个圣人。他教书极其认真，每课必留习题，每题必经评阅。陈省身和另一位数学家吴大任都是姜立夫的得意弟子，他特意为他们开了许多当时认为高深的课，如线性代数、微分几何、非欧几何等。他教学态度严正，循循善诱，使人感觉读数学有无限的趣味和前途。60多年以后，陈省身回忆起姜立夫时说道："我从事于几何大都亏了我的大学老师姜立夫博士。"

陈省身对数学有天然的兴趣，班上他年纪最小，但成绩总是出类拔萃。姜立夫非常喜欢这个弟子。当时南开大学初建，系里人手少，于是姜立夫就让正在念三年级的陈省身做他的助手，帮他改卷子，每月有 10 元补助，改善一点学习生活条件。1929 年，陈省身等当选为南开大学理科科学会委员，同时还是《南开大学周刊》学术组的骨干。在姜立夫的努力下，当时南开数学系的数学藏书在国内是首屈一指的。陈省身喜欢阅览，到 1930 年毕业时，他已经能读德、法文的数学书籍，对美国的文献尤其熟悉。

大学四年级，陈省身开始有了自己明确的努力方向。他闻知清华大学理科研究所算学部招收研究生，三年毕业后授予硕士学位，成绩优异者可派送出国两年。于是，他和吴大任经过多次商讨一起报考了清华，并且都被录取了。

那时，清华经费充裕，一片兴旺气象。数学系主任是熊庆来，教授有孙光远、杨武之（杨振宁的父亲），还有后来成为陈省身岳父的郑桐荪等。

陈省身去清华有一个重要的目的，是想跟孙光远做一点研究。孙光远是芝加哥大学的博士，专攻"投影微分几何学"。孙光远天真率直，陈省身与之相处甚欢。1932 年，在孙光远的指导下，陈省身在清华发表了第一篇有关"投影微分几何"的研究论文。以后，又继续写了两篇这方面的论文，都发表在日本东北大学主办的数学杂志上。陈省身在他的指导下，用了许多时间研究投影微分几何。投影微分几何是数学的一个旁支，但那时该方面研究已到结束阶段。当时国内数学界还没有人了解数学研究的主流所在，这几篇论文，据陈省身后来说，都是他做不出难题时用来调剂心情的结果。

在清华，陈省身确定了微分几何为自己的研究方向。微分几何的出发点是微积分在几何学上的应用，有三百多年的历史。微分几何的正确方向是所谓"大型微分几何"，即研究微分流形上的几何性质，它与拓扑学密切相关，其系统研究，那时才刚刚开始。这是陈省身在清华始终憧憬着的方向，但未曾入门。陈省身描述那时候的心情时说，像是远望着一座美丽的高山，还不知如何可以攀登。

这个时期，有些国外学者来华访问，数学家有美国哈佛大学的伯克霍夫及德国汉堡大学的布拉施克。布拉施克（1885—1962）是有名的几何学家，他做了一组演讲，题目是"微分几何的拓扑问题"。布拉施克演讲的内容深入浅出，使陈省身大开眼界，于是萌发了去汉堡读书的念头。

三、出国学习，成果丰硕

1934 年夏，陈省身毕业于清华研究院，以优异的成绩获得了公费留学的资格。陈省身再一次显示了他"喜欢自由与独立，不肯随俗"的个性，用留美的公费留学德法。这是一次重要而关键的选择。他主动放弃了已经熟习的"投影微分几何"，到德国去开垦新的沃土。

陈省身在他 23 岁时离开了祖国远涉重洋，来到了德国汉堡。19 世纪德国的数学领导全欧洲，也就是领导全世界，20 世纪初此热未衰。汉堡大学是第一次世界大战以后才成立的，但数学系已很有名。那年希特勒获得政权，驱逐犹太教授，德国的著名大学如哥廷根大学、柏林大学等都闹学潮。汉堡大学数学系的局面比较安静且工作活跃，系内教授除了布拉施克外，还有阿廷、黑克，均极富声望，汉堡大学成为继哥廷根以后新的数学中心。

学校 11 月开课，10 月间布拉施克给陈省身一堆他新写的论文复印本。陈省身潜心研读，发现其中有一篇证明不全。布拉施克听了很高兴，并嘱咐陈省身把它补齐。一个月后，陈省身把证明补齐，并推广了布拉施克的结果，写成一篇论文在汉堡数学杂志发表。此文确立了他在汉堡的地位。

布拉施克的助手凯勒博士写了一本小书《微分方程组论》，发挥法国大数学家嘉当（1869—1951）的理论。书中的基本定理后来被称为嘉当—凯勒定理。凯勒领导一个讨论班，研读嘉当的著作。但这理论十分复杂，能坚持听下来的人不多。陈省身目标始终如一，从中受到了不少教诲。由此，陈省身逐渐认识了嘉当这个伟大数学天才。

嘉当的论文素以难读出名。连著名数学大师外尔都说："嘉当是当今最伟大的数学家""但我必须承认，我觉得他的书和他的文章一样难读。"但陈省身却渐渐习惯于他的风格，觉得实在是最自然的。他的博士论文写的就是嘉当方法在微分几何上的应用。

1935 年年底，24 岁的陈省身完成了他的博士论文。1936 年，陈省身得到了他的博士学位。同时他还得到中华文化基金会的资助可以继续在国外学习一年。他接受了布拉施克的建议，决定去巴黎，跟嘉当作博士后研究，这在陈省身的数学研究发展上是具有决定性的选择。

嘉当不但是个伟大的数学家，而且是最好的教员。他为人和蔼随便，深得学生喜爱。他是巴黎大学的几何学教授，学生众多，在他办公时间，候见的要排队，要见他一面非常困难。不到两个月，陈省身以其对嘉当数学思想的深刻理解，受到了嘉当的青睐，特许他隔周去他家一次。"听君一席话，胜读十年书"，大师面对面的指导，使陈省身学到了老师的数学语言及思维方式，终身受益。陈省身数十年后回忆这段紧张而愉快的时光时说，"年轻人做学问应该去找这方面最好的人"。陈省身在巴黎艰苦奋斗了一年，德法之行奠定了他一生学术事业的基础。

四、学成归国，培养英才

1937 年 7 月 7 日，日本全面侵华战争爆发。陈省身于 7 月 10 日告别嘉当，离法经美返国，直奔由北大、清华、南开组成的长沙临时大学，后又随三校迁至昆明。三校组成西南联合大学，集三校精英，对年轻学子有很强的吸引力，致人才辈出，在中国教育史上写下了光辉的一页。

联大数学系人才济济，南开的姜立夫曾培养许多杰出的数学家，是当时中国数学界的领袖；清华的系主任是杨武之，专长数论与代数；联大年轻教授有许宝禄与华罗庚等。一时西南联大的数学研究风气极盛。联大数学系教师不缺，因此陈省身有机会开一些"拓扑学""外微分方程"等新课和高深的课程。

1939 年，他还和华罗庚以及物理系的王竹溪三人合开了一个"李群"讨论班，这在国内外都算得上是先进的。那时，陈省身周围聚集了一批优秀的学生，数学系有王宪钟、严志达、吴光磊等，物理系的杨振宁、张守廉、黄昆也选他的课，这几位学生日后都成为国内外知名的学者。陈省身说："得天下英才而教育之，是我一生的幸运。尤其幸运的是这些好学生对我的要求和督促，使我对课材有了更深入地了解。"这也促使陈省身进行更深入地研究。

1939 年陈省身和郑桐荪的女儿郑士宁女士结婚。次年郑士宁去上海分娩，陈省身在滇重过独身生活。是时，战事紧张，西南交通受阻，陈省身教课之余，潜心研究，笔耕不辍。他开始闭门苦读嘉当的论文，开始思索许多没有人思考过的问题。

陈省身在西南联大六年，写了十多篇论文，范围广泛，在国内外杂志发表。他把法国大数学家嘉当的工作，搞得很熟。后来这些成为近代数学主流之一。昆明六年的"闭门精思"，奠定了陈省身以后在普林斯顿所做的一些著名工作的基础。

五、功成名就——访问普林斯顿

美国普林斯顿高级研究院是一个私人创立的研究机构，创办时即以数学研究为主要目的。该机构初聘的教授有爱因斯坦、外尔等，人才汇集，不多久便代替了哥廷根而成为国际数学中心。此时中国的大西南数学界正硕果累累，陈省身的数学工作受到了国际数学界的瞩目。

1942 年普林斯顿研究院正式邀请陈省身前往访问。当时大战犹酣，去美途中有很大风险。陈省身执著于自己的理想，想要在普林斯顿干出一番事业来。次年，他便搭乘美军飞机辗转赴美。

在普林斯顿，他很快见到了爱因斯坦，并能时常和这位大师探讨包括广义相对论在内的各种课题。抵美仅两个月，陈省身就用自己强有力的独特方法，完成了一个被人们视为"现代微分几何出发点"的定理的内蕴证明，成为整体微分几何的一个经典定理。

普林斯顿的环境与工作节奏使陈省身十分惬意，激动人心的新的发展随之而来。1945 年，陈省身又发现了著名的"陈省身示性类"，简称"陈类"。半个世纪以来，这一工作对整个数学界乃至理论物理的发展都产生了广泛而又深刻的影响。法国数学家安德烈·韦伊评论说："示性类的概念被陈的工作整个地改观了。"陈类现在不仅在数学中几乎随处可见，而且与杨—米尔斯场及其他物理问题有密切关系，是最基本、最有应用前景的示性类。

杨振宁的《赞陈氏级》诗云：

天衣岂无缝，匠心剪接成。

浑然归一体，广邃妙绝伦。

造化爱几何，四力纤维能。

千古寸心事，欧高黎嘉陈。

他称赞陈类"不但是划时代的贡献，也是十分美妙的构想"。他认为陈省身今天在几何界的地位已直追欧几里得、高斯、黎曼和嘉当。而法国著名数学家 A. 韦伊对他的评价是：我相信未来的微分几何史一定会认为他是 E. 嘉当当之无愧的继承人。他说，如果没有 E. 嘉当、H. 霍普夫、陈省身和另外几个人的几何直觉，20 世纪的数学绝不可能有如此惊人的进展。

1946 年年初，《美国数学会通报》发表陈省身长达 30 页的重要论文《大范围微分几何的若干新观点》，标志着陈省身作为现代微分几何奠基人之一的历史地位已经确立。

六、创办数学研究所，促进数学发展

1946 年抗战胜利后，陈省身回国。"中央研究院"请陈省身帮姜立夫办数学所。他一到任就把"训练新人"作为最重要的工作，"代数拓扑"作为主攻方向。他想在中国建立一个以大范围或整体微分几何为主要目标的学派。他孜孜不倦地为振兴中华数学培养了一批拓扑学人才，如吴文俊、陈国才、周毓麟、杨忠道、孙以丰等。那时在处、所工作过的年轻人，日后均有大成，成为中国数学界的骨干力量。1948 年南京"中央研究院"数学研究所正式成立，陈省身任代理所长，主持数学所工作。当年，"中央研究院"举行第一届院士选举，37 岁的陈省身当选为最年轻的院士。

陈省身两年来忙于研究所的事情，没有注意到国内政情的变化。远在美国的普林斯顿高级研究所，清楚地看到中国时局的发展。1948 年 10 月底，陈省身忽然接到奥本海默的一封电报："如果我们做什么事可以便利你来美，请告知。"奥本海默是美国主持研究第一颗原子弹的物理学家，时任普林斯顿高级研究所的所长。这封电报当然是非常正式的安排。陈省身于是把当时的英文报纸找来阅读，才对局势有了比较清楚的了解。国民党政府下令把"中央研究院"搬迁到台湾。陈省身和他的同事们终于知道南京政府已经危在旦夕。于是，1948 年年底，陈省身携妻儿举家赴美，再度进入普林斯顿，担任微分几何讨论班的主讲人。

1949 年，他转往芝加哥大学，开了"大范围微分几何"的课程。1949 年秋，陈省身应邀在第 11 届国际数学家大会作《纤维丛的微分几何》全会演讲。它标志着炎黄子孙在 20 世纪中叶，在现代数学的一个主流方向已居国际领袖地位。在芝加哥大学的十年里，陈省身与其他数学家合作，促进了微分几何同周围的数学领域相结合的演化，对后来逐渐地把几何学推向数学的"中央舞台"起了重要的作用。1960 年，陈省身迁往加州大学伯克利分校。次年当选为美国科学院院士，使伯克利成为一个"几何和拓扑的中心"。1970 年，陈省身再次应邀在第十六届国际数学大会全会上作了《微分几何的过去和未来》的演讲。1975 年，福特总统给他颁发了美国国家科学奖。

1981年，陈省身在加州大学伯克利分校筹建以纯粹数学为主的美国国家数学科学研究所（MSRI），并担任首任所长，直到1984年。

1984年5月，陈省身获得数学界的最高奖——沃尔夫奖。获奖证书上写道："此奖授予陈省身。因为他在整体微分几何上的卓越成就，其影响遍及整个数学。"

邓小平复出后，中国数学界恢复了同外界的交流。陈省身也开始帮助推动中国数学的复苏。1984年中华人民共和国教育部聘请陈省身担任南开大学数学研究所所长（任期至1992年）。1984年8月25日，邓小平设午宴招待陈省身夫妇，支持他任南开大学数学研究所所长，赞扬他为发展中国数学所做的努力。

在南开大学数学研究所筹建初期，房无一间，书无一册，人员编制也没有，真可谓是"白手起家"。南开大学副校长胡国定曾在回忆录中写道，陈省身刚来筹备数学研究所的时候，连一间像样的会客室都没有，那天在数学系主任办公室接待陈省身，赶忙从校长办公室临时搬一张沙发来应急。

1985年10月17日，南开大学数学研究所正式成立，在成立大会上，陈省身在发言最后说："我将为中国数学、南开数学，鞠躬尽瘁，死而后已。"陈省身随即以南开大学为基地，亲自主持举办学术活动，在中国数学界的支持下，培养了许多优秀的青年数学家。

陈省身毅然放弃旧金山的高薪、别墅，决定担任南开大学数学研究所的所长，这意味着他不仅仅是做一些报告，而是要比"名誉所长"花费多得多的精力。从南开大学数学研究所的筹备、建立到发展，都能看到陈省身所投入的心力。他在南开大学数学研究所主持工作，培育新人，只为实现心中的一个梦想：使中国成为21世纪的数学大国。

在南开大学数学研究所的运作问题上，陈省身有着自己的明确想法。他始终认为南开大学数学研究所要办成"开放的所"，南开大学的教学活动应该能够让全国受益。根据陈省身的想法，吴大任归纳出了"立足南开，面向全国，放眼世界"十二字的南开大学数学研究所办所方针。陈省身最终是要把南开大学数学研究所建成一个国际数学研究中心的。

七、老骥伏枥，落叶归根

20世纪70年代，中美关系解冻。1972年9月，陈省身和夫人郑士宁得以回到阔别

23 年的故土。当时陈省身以美国科学院院士的身份访华，受到党和政府的高度重视，人民日报也长篇报道。陈省身回国待了半个月之久，其间见了很多老友，包括华罗庚先生。还专程到中国科学院数学研究所作了题为"纤维丛和示性类"的演讲。

1974 年，陈省身以"回国"为题，写了一首"七绝"：

> 飘零纸笔过一生，世誉犹如春梦痕；
>
> 喜看家国成乐土，廿一世纪国无伦。

进入 20 世纪 80 年代，陈省身回国创建南开大学数学研究所，提出建设"21 世纪数学大国"，并为此殚精竭虑，身体力行，重新走上了年轻时已开始的报效祖国的奋斗历程。

陈省身既是一位伟大的数学家，又是一位伟大的数学活动家。他为 2002 年北京国际数学家大会的成功举办做出了重要贡献。他以九十岁高龄的年纪在大会开幕式上致辞，其中的高尚与睿智永远留在世界各地朋友与同事们的记忆中。陈省身说："自己一生只会做一件事，就是数学。天下美妙的事不多，数学就是这样美妙的事之一。"陈省身还在世界数学家大会上为少年儿童题词"数学好玩"，希望可以激发起少年儿童对数学的兴趣和热爱，在他心里，少年儿童是让中国成为数学强国的根基。

2004 年 5 月 27 日，陈省身获邵逸夫数学科学奖，同年 11 月 2 日，国际小行星中心将一颗小行星命名为"陈省身星"。

2004 年 12 月 3 日，陈省身在天津逝世，享年 93 岁。从二十多岁入数学之门直到 93 岁去世，他的脑子像一台机器一样，一直为数学运算了七十多年。

他的数学，至美、至纯，他的一生，至简、至定。陈省身先生献身科学、追求真理的精神和在科学上的功绩将永垂青史。

参考文献

［1］顾沛.数学文化.北京：高等教育出版社，2008.

［2］张顺燕.数学的美与理.北京：北京大学出版社，2004.

［3］张顺燕.数学的思想、方法和应用.北京：北京大学出版社，2003.

［4］张顺燕.数学的源与流.北京：高等教育出版社，2003.

［5］李毓佩.数学天地.南京：江苏少年儿童出版社，1999.

［6］张景中.数学与哲学.北京：中国少年儿童出版社，1999.

［7］张景中.从 $\sqrt{2}$ 谈起.北京：中国少年儿童出版社，2004.

［8］张景中，任宏硕.漫话数学.北京：中国少年儿童出版社，2003.

［9］傅海伦.数学·科学与文化的殿堂.西安：陕西科学技术出版社，2003.

［10］傅海伦，贾冠军.数学思想方法发展概论.济南：山东教育出版社，2009.

［11］吴振奎，吴旻.数学中的美.上海：上海教育出版社，2002.

［12］谈祥柏.乐在其中的数学.北京：科学出版社，2005.

［13］易南轩.数学美拾趣.北京：科学出版社，2004.

［14］王树禾.数学聊斋.北京：科学出版社，2004.

［15］谈祥柏.数学与文史.上海：上海教育出版社，2002.

［16］史树中.数学与金融.上海：上海教育出版社，2006.

［17］蒋声，蒋文蓓，刘浩.数学与建筑.上海：上海教育出版社，2004.

［18］李尚志.数学大观.北京：高等教育出版社，2015.

［19］M.克莱因.西方文化中的数学.上海：复旦大学出版社，2004.

［20］黑木哲德.数学符号理解手册.上海：学林出版社，2011.

［21］罗伯特·斯奈登.极简数学史：生命无代数 人生有几何.北京：电子工业出版

社，2020.

［22］迈克·戈德史密斯.奇妙数学史：从代数到微积分.北京：人民邮电出版社，2020.

［23］G. 伽莫夫.从一到无穷大：科学中的事实和臆测.北京：科学出版社，2002.

［24］扎奥丁·萨德尔，杰力·瑞维茨，博林·梵·隆.视读数学.合肥：安徽文艺出版社，2007.

［25］扎奥丁·萨德尔，艾沃纳·艾布拉姆斯.视读混沌学.合肥：安徽文艺出版社，2007.

［26］梁洪昌.话说极限.北京：科学出版社，2009.

［27］郭熙汉，刘知海，刘健.数学知识探源.武汉：湖北教育出版社，1999.

［28］马锐，罗兆富.数学文化与数学欣赏.北京：科学出版社，2015.

［29］康永强.应用数学与数学文化.北京：高等教育出版社，2011.

［30］陈忠怀，范军，田富德，赵红.数学传奇.太原：山西教育出版社，2020.

［31］布鲁诺·恩斯特.魔镜：埃舍尔的不可能世界.上海：上海科技教育出版社，2020.